AI时代高等学校通识教育系列教材

人工智能通识
——理论与实践

吕云翔　梁跞方　编著

清华大学出版社
北京

内容简介

本书分为理论篇和实践篇两部分，系统介绍人工智能的核心技术及其应用。理论篇涵盖人工智能发展概述、机器学习基础、生成式人工智能、智能体系统、感知技术、大模型技术，以及人工智能在推荐系统、自动驾驶、医疗诊断等领域的应用，同时探讨了人工智能对社会的影响。实践篇详细指导如何本地部署DeepSeek模型，并利用其辅助Word、Excel办公，生成PPT图片与视频，搭建个人AI智能体，以及部署多模态大模型。附录提供Python编程基础，助力读者快速上手人工智能开发。

全书内容全面，兼顾理论与实践，适合高等学校非计算机专业的学生及人工智能爱好者参考学习。

图书在版编目（CIP）数据

人工智能通识：理论与实践 / 吕云翔，梁跞方编著. 北京：清华大学出版社，2025. 8. --（AI时代高等学校通识教育系列教材）. -- ISBN 978-7-302-69870-8

Ⅰ. TP18

中国国家版本馆CIP数据核字第2025WP3605号

责任编辑：黄　芝　李　燕
封面设计：刘　键
责任校对：胡伟民
责任印制：沈　露

出版发行：清华大学出版社

网　　址：https://www.tup.com.cn，https://www.wqxuetang.com
地　　址：北京清华大学学研大厦A座　　**邮　　编**：100084
社 总 机：010-83470000　　**邮　　购**：010-62786544
投稿与读者服务：010-62776969，c-service@tup.tsinghua.edu.cn
质量反馈：010-62772015，zhiliang@tup.tsinghua.edu.cn
课件下载：https://www.tup.com.cn，010-83470236

印 装 者：三河市人民印务有限公司
经　　销：全国新华书店
开　　本：185mm×260mm　　**印　　张**：16.75　　**字　　数**：420千字
版　　次：2025年8月第1版　　**印　　次**：2025年8月第1次印刷
印　　数：1～1500
定　　价：59.80元

产品编号：112605-01

前言

在人类文明发展的历史长河中，每一次重大技术革命都深刻改变了人们的生活方式和社会结构。今天，我们正站在人工智能技术革命的浪潮之巅，见证着一个全新时代的来临。人工智能已不再仅仅是实验室里的前沿课题，它正在以惊人的速度渗透到人们工作、学习和生活的方方面面，重塑着各行各业的运行模式。

本书的诞生源于人们对人工智能技术普及应用的深层思考。我们观察到，当前人工智能领域的理论与应用之间存在着一个明显的鸿沟：一方面，理论研究日新月异，新技术层出不穷；另一方面，实际应用却常常面临“最后一公里”的落地难题。许多对人工智能充满热情的学习者和从业者，往往在理论学习和实践应用之间感到迷茫。正是为了弥合这一鸿沟，我们精心编写了这本兼顾理论深度与实践指导的著作。

全书采用“理论筑基＋实践赋能”的双轮驱动架构，分为理论篇和实践篇两大部分。理论篇系统梳理人工智能的发展脉络和技术体系，从基础的机器学习原理到前沿的大模型技术，从传统的计算机视觉到新兴的多模态融合，构建起完整的知识框架。实践篇则聚焦真实场景中的技术落地，通过翔实的操作指南和丰富的应用案例，带领读者亲身体验人工智能技术的强大能力。

在内容编排上，特别注重以下几点特色：首先，坚持“由浅入深”的认知规律，确保技术小白也能循序渐进地掌握核心要点；其次，强调“学以致用”的实用导向，每个理论知识点都配有相应的实例；再次，保持“与时俱进”的前沿视野，涵盖当前最热门的生成式人工智能、大模型等技术热点；最后，秉持“负责任人工智能”的发展理念，专门探讨人工智能的伦理规范和社会影响。

本书适合多类读者群体：高等学校相关专业的学生可以用作拓展教材；IT 行业的工程师可以视为技术手册；企业管理者能够从中获取人工智能转型的灵感；甚至对人工智能感兴趣的普通读者也能通过本书开启智能科技的大门。建议读者根据自身需求灵活选择阅读路径——理论研究者可重点研读理论篇，应用开发者可直奔实践篇，而管理者则不妨先浏览第 8 章和第 9 章。

本书主要由吕云翔、梁跞方编写，曾洪立参与了部分内容的编写并负责素材整理及配套资源的制作等。

在编写本书的过程中得到了众多专家学者和业界同仁的鼎力支持，在此深表谢意。特别要感谢那些在人工智能领域孜孜不倦的开拓者，正是他们的智慧和勇气，才让这项技术得以造福人类。由于人工智能技术发展迅猛，书中疏漏之处在所难免，恳请广大读者批评指正。

展望未来，人工智能将继续以人们难以想象的方式改变世界。希望本书能够成为读者探索人工智能世界的可靠指南，陪伴读者在智能时代的浪潮中把握机遇、迎接挑战。让我们携手人工智能共建美好未来！

编　者

2025 年春

目录

理 论 篇

第 1 章 人工智能发展概述 …… 3

1.1 人工智能的定义与日常应用实例 …… 3

1.2 从图灵测试到 DeepSeek …… 5

1.2.1 图灵测试 …… 5

1.2.2 人工智能的第一次兴起和低谷 …… 6

1.2.3 人工智能的第二次兴起和低谷 …… 6

1.2.4 人工智能的第三次兴起 …… 7

1.2.5 人工智能的当代发展 …… 8

1.3 人工智能的支撑体系 …… 10

1.3.1 算法的作用 …… 10

1.3.2 数据的重要性 …… 11

1.3.3 算力的进步 …… 13

1.4 当代人工智能突破的关键要素 …… 16

1.5 本章小结 …… 17

1.6 习题 …… 17

第 2 章 机器学习的基础知识 …… 19

2.1 机器学习的定义、分类与基本概念 …… 19

2.1.1 机器学习的定义 …… 19

2.1.2 机器学习的分类 …… 19

2.1.3 机器学习中的基本概念 …… 22

2.2 经典机器学习算法 …… 23

2.2.1 线性模型 …… 24

2.2.2 决策树与集成算法 …… 24

2.2.3 支持向量机 …… 25

2.2.4 聚类算法 …… 26

2.2.5 降维方法 …… 26

2.3 神经网络与深度学习 …… 28
2.3.1 神经网络的基本结构 …… 28
2.3.2 深度学习框架 …… 28
2.3.3 卷积神经网络 …… 29
2.3.4 循环神经网络和自然语言处理 …… 30
2.4 强化学习的反馈训练机制 …… 32
2.4.1 强化学习的基本概念 …… 32
2.4.2 经典强化学习算法 …… 32
2.4.3 应用场景与案例 …… 33
2.4.4 强化学习的挑战与未来方向 …… 33
2.5 本章小结 …… 34
2.6 习题 …… 35

第3章 生成式人工智能 …… 37

3.1 生成对抗网络与扩散模型原理 …… 37
3.2 大语言模型架构与对话机制 …… 42
3.2.1 大语言模型的结构 …… 42
3.2.2 对话系统的实现原理 …… 44
3.3 多模态生成技术的实现 …… 44
3.3.1 多模态生成的基础 …… 44
3.3.2 多模态生成的应用 …… 45
3.4 生成系统的可靠性验证方法 …… 51
3.5 本章小结 …… 53
3.6 习题 …… 53

第4章 智能体系统与实体应用 …… 55

4.1 软件智能体的工作机制 …… 55
4.1.1 软件智能体的定义与特点 …… 55
4.1.2 智能体的感知、决策与执行过程 …… 56
4.1.3 基于规则与学习的智能体系统 …… 58
4.1.4 常见的软件智能体架构与应用场景 …… 60
4.1.5 通用型 AI 智能体 Manus …… 61
4.2 具身智能体的感知与交互系统 …… 61
4.2.1 具身智能体的概念与发展背景 …… 61
4.2.2 感知系统 …… 63
4.2.3 具身智能体的应用 …… 66
4.3 群体智能协同算法研究 …… 66
4.3.1 群体智能的基本概念与应用场景 …… 66
4.3.2 群体智能中的个体行为与集体决策机制 …… 67

4.3.3 群体协同算法 …… 68
4.3.4 群体智能的实际应用 …… 70
4.4 人机协同的认知增强模式 …… 71
4.4.1 人机协同的基本理念与目标 …… 71
4.4.2 认知增强的技术手段 …… 72
4.4.3 信息流与任务分配 …… 74
4.5 本章小结 …… 75
4.6 习题 …… 75

第 5 章 人工智能感知技术 …… 77

5.1 计算机视觉与图像识别原理 …… 77
5.1.1 计算机视觉概述 …… 77
5.1.2 图像处理基础 …… 80
5.1.3 图像分类任务 …… 81
5.1.4 图像检测任务 …… 82
5.2 语音交互系统的技术架构 …… 84
5.2.1 语音交互概述 …… 84
5.2.2 语音识别技术 …… 85
5.2.3 语音合成技术 …… 86
5.2.4 语音对话系统 …… 88
5.2.5 语音交互系统的优化与挑战 …… 89
5.3 自然语言处理核心算法 …… 89
5.3.1 自然语言处理概述 …… 89
5.3.2 自然语言处理如何理解语言 …… 90
5.4 多模态信息融合技术 …… 92
5.4.1 多模态信息融合概述 …… 92
5.4.2 模态间的关联与对齐 …… 93
5.4.3 深度学习在多模态融合中的应用 …… 95
5.4.4 多模态信息融合的算法与框架 …… 97
5.4.5 多模态系统的挑战 …… 98
5.5 本章小结 …… 99
5.6 习题 …… 99

第 6 章 大模型技术介绍 …… 101

6.1 模型参数规模与智能表现关联性 …… 101
6.1.1 大模型的定义及发展趋势 …… 101
6.1.2 参数规模对模型性能的影响 …… 102
6.1.3 计算能力与数据需求 …… 103
6.1.4 参数扩展与泛化能力 …… 103

6.2 预训练知识表征机制 …… 104
6.2.1 预训练模型的概念 …… 104
6.2.2 知识迁移与表征学习 …… 106
6.2.3 主要的预训练方法 …… 107
6.2.4 预训练模型与多任务学习 …… 108
6.3 Token 化处理机制 …… 110
6.3.1 Token 的定义和重要性 …… 110
6.3.2 上下文窗口与 Token 限制 …… 111
6.3.3 Token 效率与模型性能的关系 …… 112
6.4 提示语设计的交互策略 …… 112
6.4.1 提示语的基本概念 …… 113
6.4.2 提示语的重要性 …… 114
6.4.3 不同任务的提示语策略 …… 115
6.5 开源模型与专有模型的发展路径 …… 116
6.5.1 开源模型概述 …… 116
6.5.2 专有模型的优势与挑战 …… 117
6.5.3 发展趋势和前景 …… 118
6.6 本章小结 …… 118
6.7 习题 …… 119

第 7 章 人工智能技术的应用场景 …… 121

7.1 推荐系统算法解析 …… 121
7.1.1 推荐系统的基本概念 …… 121
7.1.2 人工智能在推荐系统中的应用 …… 121
7.1.3 最新的发展与趋势 …… 123
7.2 自动驾驶决策系统的原理 …… 125
7.2.1 自动驾驶的核心技术 …… 125
7.2.2 决策算法的演进 …… 126
7.2.3 最新发展与趋势 …… 128
7.3 医疗诊断辅助系统简介 …… 128
7.3.1 诊断辅助系统的核心技术 …… 128
7.3.2 最新技术与发展 …… 130
7.3.3 面临的风险及挑战 …… 131
7.4 本章小结 …… 131
7.5 习题 …… 132

第 8 章 人工智能对社会的影响 …… 134

8.1 技术革新与职业结构变迁 …… 134
8.2 数字内容真实性验证技术 …… 136

8.3 人工智能伦理框架构建 …… 138
8.4 技术依赖与自主性丧失 …… 139
8.5 本章小结 …… 141
8.6 习题 …… 141

实 践 篇

第 9 章 本地部署 DeepSeek …… 145

9.1 背景 …… 145
9.1.1 DeepSeek 大模型简介 …… 145
9.1.2 本地部署 DeepSeek 的优点 …… 146
9.2 任务目标 …… 146
9.3 操作流程与实现 …… 146
9.3.1 使用网页版 DeepSeek …… 146
9.3.2 本地部署 DeepSeek …… 148
9.3.3 可视化 DeepSeek …… 151
9.4 实例 …… 153
9.5 本章小结 …… 154
9.6 实践题 …… 154

第 10 章 DeepSeek 辅助 Word 处理文字 …… 155

10.1 背景 …… 155
10.1.1 Word 应用的重要性 …… 155
10.1.2 DeepSeek 接入 Word 的优势 …… 156
10.2 任务目标 …… 156
10.3 操作流程与实现 …… 157
10.3.1 开通 DeepSeek 的网页版 API …… 157
10.3.2 将在线 DeepSeek 部署到 Word …… 159
10.3.3 将本地 DeepSeek 部署到 Word …… 165
10.4 实例 …… 165
10.5 本章小结 …… 166
10.6 实践题 …… 166

第 11 章 DeepSeek 辅助 Excel 处理数据 …… 167

11.1 背景 …… 167
11.1.1 Excel 的重要性 …… 167
11.1.2 DeepSeek 接入 Excel 的优势 …… 168
11.2 任务目标 …… 169

11.3 操作流程与实现 …… 169
11.3.1 配置 Excel 的基本内容 …… 169
11.3.2 数据分析助手 …… 175
11.3.3 数据格式修改助手 …… 176
11.4 实例 …… 176
11.5 本章小结 …… 180
11.6 实践题 …… 180

第 12 章 DeepSeek＋X 实现自动化制作 PPT …… 181

12.1 背景 …… 181
12.1.1 PPT 应用的重要性 …… 181
12.1.2 PPT 制作的难点 …… 181
12.1.3 直接使用 PPT 生成工具的缺点 …… 182
12.2 任务目标 …… 182
12.3 操作流程与实现 …… 182
12.3.1 使用 DeepSeek 生成 PPT 大纲 …… 182
12.3.2 使用 DeepSeek＋Kimi 生成 PPT …… 186
12.3.3 使用 DeepSeek＋通义千问生成 PPT …… 190
12.4 生成 PPT 方案总结 …… 193
12.5 本章小结 …… 193
12.6 实践题 …… 194

第 13 章 生成个性化的图片 …… 195

13.1 背景 …… 195
13.1.1 图片在信息传达中的重要性 …… 195
13.1.2 生成高质量图片的挑战 …… 195
13.2 任务目标 …… 196
13.3 操作流程与实现 …… 196
13.3.1 生成图片 …… 196
13.3.2 编辑图片 …… 200
13.3.3 精准生成图片 …… 203
13.4 本章小结 …… 206
13.5 实践题 …… 206

第 14 章 生成定制视频 …… 207

14.1 背景 …… 207
14.1.1 视频制作的重要性 …… 207
14.1.2 制作视频的难点 …… 208
14.2 任务目标 …… 208

14.3 操作流程与实现 …… 208
14.3.1 使用文字生成视频 …… 208
14.3.2 使用图片生成视频 …… 209
14.3.3 精准生成视频 …… 212
14.4 本章小结 …… 215
14.5 实践题 …… 215

第15章 搭建个人的AI智能体辅助学习 …… 216

15.1 背景 …… 216
15.1.1 大模型时代中智能体的重要性 …… 216
15.1.2 通用大模型的不足 …… 217
15.1.3 个人AI智能体的优点 …… 217
15.2 任务目标 …… 217
15.3 操作流程与实现 …… 217
15.3.1 使用预先配置好的个性化AI智能体 …… 218
15.3.2 配置私人的个性化智能体 …… 222
15.4 本章小结 …… 229
15.5 实践题 …… 229

第16章 在本地部署多模态大模型 …… 230

16.1 背景 …… 230
16.1.1 本地部署多模态大模型的优势 …… 230
16.1.2 QWen-VL模型介绍 …… 230
16.2 任务目标 …… 231
16.3 操作步骤 …… 231
16.3.1 下载QWen-VL代码 …… 231
16.3.2 配置Python的基础环境 …… 231
16.3.3 配置项目环境 …… 237
16.3.4 运行项目代码 …… 237
16.4 本章小结 …… 238
16.5 实践题 …… 238

附录A Python编程基础 …… 239

A.1 Python简介 …… 239
A.1.1 Python是什么 …… 239
A.1.2 Python的安装 …… 239
A.1.3 初试Python …… 239
A.2 基本元素 …… 241
A.2.1 四则运算 …… 241

A.2.2 数值类型 …… 242
A.2.3 变量 …… 242
A.2.4 运算符 …… 242
A.2.5 字符串 …… 243
A.2.6 Tuple、List 与 Dict …… 243
A.3 控制语句 …… 244
A.3.1 执行结构 …… 244
A.3.2 控制语句 …… 245
A.4 面向对象编程 …… 250
A.4.1 面向对象简介 …… 250
A.4.2 类 …… 250
A.4.3 对象 …… 251
A.4.4 类和对象的关系 …… 252
A.4.5 面向过程还是对象 …… 252

参考文献 …… 254

理 论 篇

第 1 章　人工智能发展概述

第 2 章　机器学习的基础知识

第 3 章　生成式人工智能

第 4 章　智能体系统与实体应用

第 5 章　人工智能感知技术

第 6 章　大模型技术介绍

第 7 章　人工智能技术的应用场景

第 8 章　人工智能对社会的影响

第1章

人工智能发展概述

本章目标

- 了解人工智能的定义及其在日常生活中的典型应用实例。
- 知晓从图灵测试到 DeepSeek 的发展脉络，熟悉人工智能发展历程中经历的三次兴起与低谷，以及当代的发展状况。
- 理解人工智能支撑体系中算法、数据和算力各自的作用、重要性及进步情况。
- 明确当代人工智能实现突破的关键要素。

当 AlphaGo 在棋盘上战胜人类顶尖棋手，当语音助手能精准理解你的每一条指令，人工智能已从科幻想象走入现实。从图灵测试勾勒的智能雏形，到深度学习驱动的技术爆发，它历经三次兴衰，终在算法、数据与算力的共振中实现突破。本章将追溯人工智能的发展脉络，解析其支撑体系与当代突破的关键要素，揭示这一变革性技术如何重塑世界——它不仅是代码与算力的结晶，更是人类对智能边界的永恒探索。

1.1 人工智能的定义与日常应用实例

人工智能（Artificial Intelligence，AI）是计算机科学的一个分支，旨在研究和构建具有智能行为的机器，使其能够模拟人类在思考、决策、学习和适应环境中的能力。从本质上讲，人工智能试图回答一个重要问题：如何使机器像人类一样“智能”？尽管这一目标听起来简单，但实现的过程却极为复杂。它不仅涉及对人类思维和行为的深刻理解，还需要跨越计算机科学、数学、心理学、神经科学等多个领域，以解决算法设计、数据获取和计算资源等诸多挑战。

从比较宽泛的覆盖范围来讲，人工智能的研究可以分为两个主要方向：强人工智能和弱人工智能。其中，强人工智能旨在创造能够完成任何人类能完成的认知任务的通用智能机器，这些机器拥有强大的理解力，能够自主学习和推理知识。相比之下，弱人工智能则专注于解决某一个领域内特定的应用问题，如图像识别、语音识别或推荐系统。虽然目前的绝大多数人工智能技术仍属于弱人工智能，但其在实际应用中的表现已经让人感到惊艳。

如今，与人工智能有关的应用几乎渗透到人们生活的方方面面，其中，最常见的表现形式之一是手机中的语音助手。Siri、小爱同学、小艺等语音助手通过语音识别技术与用户进行互动，它们不仅能够理解自然语言，还可以根据指令执行任务，如播放音乐、设置闹钟或查询天气。这背后是自然语言处理（NLP）和深度学习的强大支持，使得机器能够理解和生成类人类的语言。这些助手不仅大幅提高了人们的生活效率，也改变了人与设备之间的交互方式。

人工智能的另一个重要应用场景就是推荐系统。无论是抖音为用户推荐短视频，还是小红书根据用户的兴趣标签和浏览行为推荐生活方式内容，推荐系统的核心目标都是通过分析用户的历史行为预测其未来需求。以抖音为例，抖音依靠先进的推荐算法，根据用户每次观看视频的时长、点赞、评论和分享行为，快速学习用户的兴趣偏好，并为其提供高度个性化的视频内容。这种实时变化的推荐算法不仅能够大幅提升用户的沉浸感和使用时长，还可以为内容创作者和广告投放方带来更多的曝光和收益。这样的良性循环模式让抖音的使用用户黏性非常高，有效地预防了相似应用抢夺用户资源，建立了自己的“护城河”。

小红书的推荐系统则是以社区化和垂直内容为特色，通过分析用户的搜索记录、收藏夹内容以及社交互动，精准推荐包括美妆、穿搭、旅游等领域的内容。它不仅满足了用户的个性化需求，还通过将推荐内容与用户生成内容（UGC）无缝结合，打造出一个高互动性和强信任感的社区环境。如图 1-1 所示，在这种模式下，推荐系统不仅是工具，更成为平台生态中不可或缺的关键部分，也是当今的一些内容推送、社交类别的应用中最重要的资源之一，好的推荐系统往往能留存更多的用户。

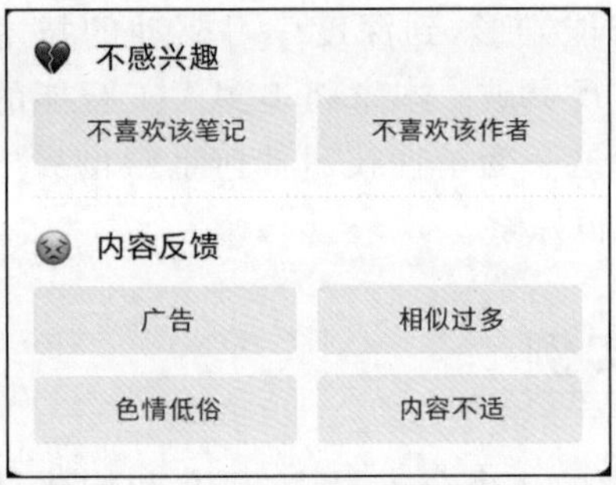

图 1-1　小红书应用及推荐算法说明

无论是抖音还是小红书，它们的推荐系统背后都依赖于复杂的机器学习算法。例如，协同过滤算法通过将具有相似兴趣的用户群体进行关联，实现内容的精准匹配；深度学习模型则能够在大规模数据中挖掘复杂的用户行为模式，将显性行为和隐性需求相结合，从而生成更符合用户期望的推荐结果。此外，这些平台的推荐算法会持续迭代优化，通过 AB 测试（AB 测试是通过将用户随机分组并对比不同方案在预设指标下的表现，以数据驱动方式选择最优解决方案的科学实验方法）等方法验证算法性能，从而保证平台的用户体验始终处于行业领先水平。

在交通领域，人工智能同样展现了强大的能力。以高德地图和百度地图为代表的导航工具可以根据实时交通状况和用户需求规划最佳路径，为用户的日常通勤和长途旅行提供便利。而自动驾驶技术更是人工智能在交通领域的前沿探索，它结合了计算机视觉、深度学习和传感器融合技术，使车辆能够实时感知周围环境并做出决策。这种技术不仅能够提高交通效率，推进智慧城市建设，还可以减少因人为失误导致的交通事故，为未来的智慧城市建设提供支持。

医疗领域是另一个人工智能大显身手的场景。人工智能已经被广泛应用于医学影像分析中，如识别 X 光片、CT 扫描和 MRI（Magnetic Resonance Imaging，磁共振成像）中的病变区域。相比传统的人工诊断，人工智能具有更高的速度和准确性，尤其是在癌症早期筛查和诊断中表现出巨大潜力。此外，人工智能还被用于个性化医疗，通过分析患者的基因数据和病历，制定更精准的治疗方案。

金融领域同样因为人工智能而焕发新的活力。以信用评估为例，传统的信用评估依赖于固定的指标，如收入、负债和信用历史，这种方法往往缺乏灵活性，难以全面反映用户的真实信用风险。而基于人工智能的信用评估系统则能够利用机器学习技术对大量用户的财务数据和行为模式进行深入分析，包括社交行为、电商消费记录、地理位置数据等多维信息。通过建立复杂的预测模型，这些系统不仅可以提供更精准的信用评分，还能发现潜在的高风险用户，帮助银行和贷款机构制定更加科学的信贷策略。这种智能化的评估方式显著提升了信贷服务的效率和覆盖范围，尤其是在传统金融服务难以触及的群体中表现出色。

从人工智能在当今各个领域的应用来看，人工智能展示了其广泛的影响力和巨大潜力。从语音助手到自动驾驶，从医学影像分析到金融服务，人工智能正在逐步改变人们的生活方式和工作方式。随着技术的进一步发展，人工智能将在更多领域发挥不可替代的作用，推动人类社会向更高效、更智能的方向迈进。

1.2 从图灵测试到 DeepSeek

本节讲述图灵测试及人工智能的三次兴起和当代的发展。

1.2.1 图灵测试

图灵测试不仅是人工智能思想的起点，也是一个激励着科技进步和哲学探讨的里程碑。它的提出不仅推动了技术的演进，也让人类重新思考什么是智能以及人们与机器的关系。这种跨越技术和哲学界限的深刻影响，使得图灵测试成为人工智能历史上的经典篇章。

图灵测试是由计算机科学家艾伦·图灵（Alan Turing）于 1950 年提出的一项思想实验，它标志着人类对人工智能概念的初步探索。图灵测试的核心思想是通过对话评估机器是否能够表现出类人智能。具体来说，一位观察者分别与一台机器和一位人类进行对话，但观察者无法看到对话对象。当观察者无法区分机器和人类的回答时，就认为机器通过了图灵测试。整体的实验过程如图 1-2 所示。这一测试从理论上提出了智能的外在表现标准，将人工智能的衡量从技术层面上升到认知和哲学层面。

图灵测试的重要性在于，它不仅奠定了人工智能的理论基础，还开启了关于智能本质的哲学辩论。图灵大胆地抛弃了“机器是否能够像人类一样思考”的问题，而是聚焦于“机器是否能够表现出像人类一样的智能行为”。这种以功能性为导向的视角避免了陷入定义“思维”本质的复杂争论，为人工智能研究提供了一个可操作的目标。这一思想与后来人工智能的发展紧密相连，成为评估机器智能的经典基准。

图 1-2 图灵测试示意图

尽管当时的技术水平尚不足以构建能够通过图灵测试的机器，但这一设想极大地激发了学术界的兴趣，推动了机器学习、自然语言处理和计算机科学的初步发展。更为重要的是，图灵测试还引发了人类对自身智能的深刻反思：如果一台机器能够以假乱真地模仿人类行为，那么“智能”是否仍然是人类所独有的特质呢？这样的思考不仅拓展了人工智能研究的视野，也为后续的技术突破提供了理论支持。

从实践角度来看，图灵测试也对人工智能系统的设计产生了深远影响。当前许多基于自然语言处理的大语言模型（如 DeepSeek、ChatGPT 等）就是图灵测试思想的直接体现。这些系统的目标是与用户进行尽可能自然的对话，模仿人类的语言模式和表达方式。虽然现代人工智能尚未完全通过图灵测试，但其逐步逼近人类智能表现的能力显示了这一思想的长远意义。

1.2.2 人工智能的第一次兴起和低谷

1956 年，达特茅斯会议被视为人工智能正式诞生的标志性事件。这次由约翰·麦卡锡（John McCarthy）、马文·明斯基（Marvin Minsky）等学者组织的会议首次明确提出了“人工智能”这一术语，并奠定了其作为一门独立学科的基础。在会议中，研究者们畅想了一种能够模拟人类智能的机器，它能够进行逻辑推理、学习、语言理解以及问题求解等被认为类人类的任务，如图 1-3 所示。这次会议不仅吸引了来自数学、计算机科学、神经科学等多个领域的学者，还为未来数十年的研究设定了方向。然而，由于当时的技术条件限制，早期人工智能的研究主要集中在符号逻辑和启发式搜索等领域。这些方法通过形式化的规则来模拟人类推理过程，如用于自动证明定理的逻辑程序和用于游戏策略的搜索算法。

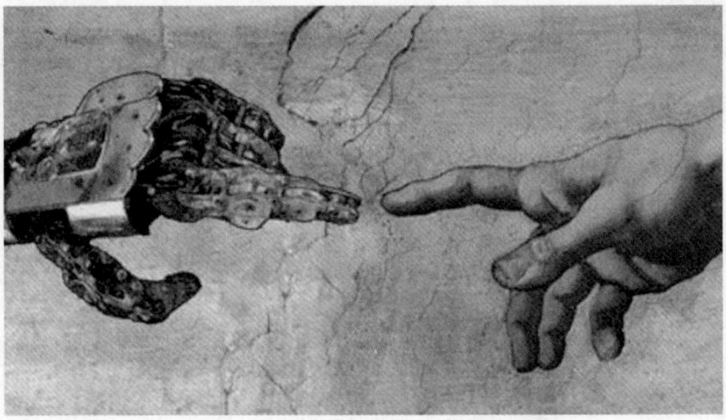

图 1-3 模拟人类智能的机器

尽管这些早期方法在小规模问题中取得了一定成功，但它们在面对复杂任务时仍显得力不从心。例如，符号逻辑虽然能够解决明确定义的问题，但在处理模糊性和不确定性时效果较差。

同时，硬件性能的限制和算力不足也极大地制约了在当时人工智能方面研究的进展。当时的计算机存储容量小、处理速度慢，难以支持大规模的数据处理。这使得人工智能的发展在 20 世纪 60 年代末期进入了第一次低谷，许多原本雄心勃勃的项目被迫搁置。

1.2.3 人工智能的第二次兴起和低谷

进入 20 世纪 70 年代，人工智能领域迎来了以专家系统为核心的复苏阶段。如图 1-4 所示，专家系统是一类专门设计用来模拟人类专家解决特定领域问题的计算机程序，它们依赖于由领域专家提供的知识库和推理引擎。在这些系统中，知识库存储了特定领域的专业知识，而推理引擎则使用这些知识来解决实际问题。DENDRAL 是这一时期的代表性成果之一，它被设计用于化学分子结构的分析，能够根据质谱数据推断出分子的组成和结构。

此外，医学领域的 MYCIN 系统也取得了重要进展，它能够根据病患的症状和实验室数据为感染性疾病提供诊断和治疗建议。MYCIN 的表现甚至在某些方面超越了人类专家，显示了人工智能在特定任务中的巨大潜力。

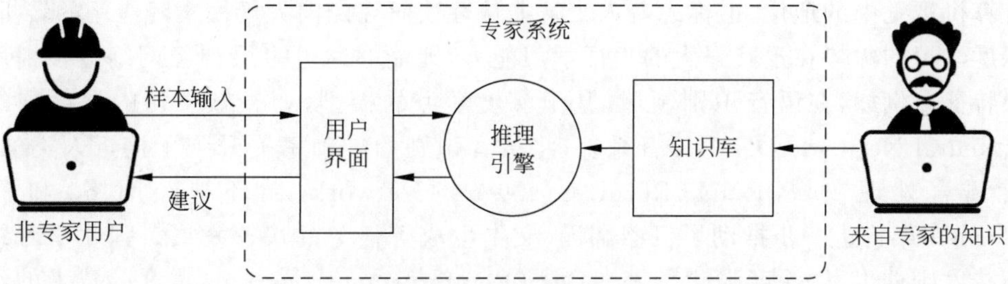

图 1-4 专家系统示意图

然而，专家系统的成功也伴随着局限性。首先，这些系统的通用性较差，通常只能解决特定领域的问题。例如，DENDRAL 不能应用于医学诊断，而 MYCIN 也无法应用于化学分析。其次，专家系统的构建过程高度依赖于人工输入的知识库，而这些知识的获取和维护需要消耗大量时间和人力。尤其是在知识更新速度较快的领域，系统很容易因为知识库过时而失效。此外，早期专家系统无法很好地应对不确定性和多变性，它们的推理能力局限于预先定义的规则，缺乏自适应性。

人工智能的研究在 20 世纪 80 年代末到 90 年代初经历了第二段低潮期，这段时期被称为"AI 寒冬"，由于缺乏实际应用的突破和资金支持，许多研究项目停滞不前。到 1987 年时，苹果和 IBM 公司生产的台式机性能都超过了 Symbolics（Symbolics 是一家为人工智能和符号处理应用提供了强大的计算平台的美国公司）等厂商生产的通用计算机。从此，专家系统也失去了应用市场，人工智能的研究在当时也被判了"死刑"。

1.2.4 人工智能的第三次兴起

随着计算能力的快速提升、互联网的发展带来的海量数据积累，以及算法研究的不断深入，这一局面在 21 世纪初发生了根本性改变，深度学习逐渐成为引领新一轮人工智能革命的核心技术。

2006 年，Geoffrey Hinton 及其团队提出了深度信念网络（Deep Belief Network，DBN），这是基于无监督学习的多层神经网络模型，能够有效提取数据的深层特征，整体结构如图 1-5 所示。DBN 的提出标志着深度学习研究的兴起，重新点燃了学术界和工业界对人工智能的热情。深度学习以其能够自动学习数据特征的能力，迅速在图像、语音和文本等任务中展现出显著优势。

2012 年，深度学习的潜力在计算机视觉领域得到了革命性验证。当年，Alex Krizhevsky 及其团队在 ImageNet 大规模视觉识别挑战赛（ILSVRC）中提出的 AlexNet 模型，首次展示了深度卷积神经网络（Convolutional Neural Network，CNN）的强大性能。AlexNet 的架构

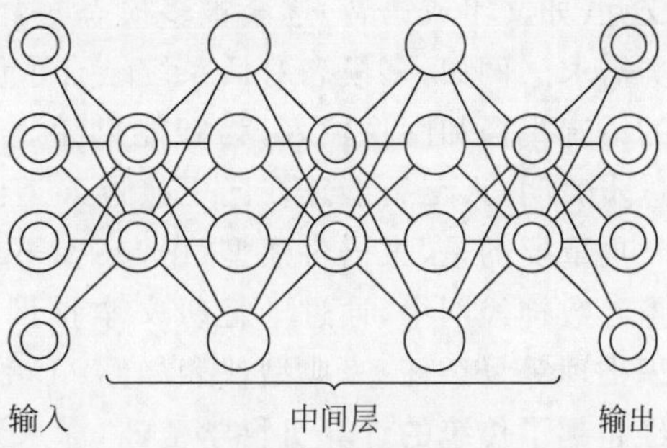

图 1-5 深度信念网络结构示意图

包含了多层卷积和池化操作，并利用了当时最新的 GPU(Graphics Processing Unit，图形处理器)计算技术，加速了训练过程。这一模型在比赛中大幅超越了传统方法，将图像分类错误率降低了 10 个百分点，震惊了整个学术界和工业界。AlexNet 的成功不仅确立了深度学习在计算机视觉中的地位，也标志着人工智能从理论研究走向大规模实际应用的转折点。

深度学习的优势在于其强大的表征学习能力，即能够通过多层神经网络逐步提取数据的抽象特征。例如，在语音识别领域，基于深度学习的模型，如谷歌公司的深度神经网络(Deep Neural Network，DNN)语音系统，将语音识别的准确率提升到了接近人类的水平。在自然语言处理领域，RNN(Recurrent Neural Network，循环神经网络)和后来的 Transformer 架构进一步推动了机器翻译、文本生成等任务的快速发展。强化学习结合深度学习技术则催生了“深度强化学习”(Deep Reinforcement Learning)，这一技术的经典应用包括 AlphaGo，它通过对弈和自我训练，于 2016 年成功击败了人类围棋冠军，成为人工智能史上的又一里程碑。

深度学习的成功不仅归功于算法本身，也得益于硬件性能的飞跃和数据规模的迅速增长。GPU 和 TPU(Tensor Processing Unit，张量处理单元)等硬件的应用显著加速了模型的训练和推理，而大数据的可用性为深度学习模型提供了丰富的训练素材。此外，开源社区的兴起也在深度学习的普及中起到了重要作用。开源框架如 TensorFlow、PyTorch 等，使研究者和开发者能够更方便地构建和优化深度学习模型，进一步加速了技术传播。

1.2.5 人工智能的当代发展

进入 21 世纪 20 年代，人工智能技术迎来了以大模型和多模态技术为核心的新阶段。这一时期的代表性成果包括 OpenAI 公司的 GPT 系列模型、DALL-E 生成模型和 DeepSeek 系列模型等，它们展示了人工智能在语言理解、图像生成以及多模态融合中的强大能力，DeepSeek 的使用界面如图 1-6 所示。以 GPT-4 为例，这种大规模生成预训练模型不仅能够生成接近人类水平的自然语言内容，还能够理解复杂语境并提供精准的回答。这一能力使其广泛应用于内容创作、教育辅导、医疗咨询等领域。此外，DALL-E 等模型则结合了自然语言处理和计算机视觉技术，能够根据文本描述生成高质量图像，极大地拓展了人工智能在艺术创作、广告设计等场景中的潜力。这些模型的核心在于 Transformer 架构，其多头注意力机制使得模型能够高效处理和整合多模态数据，成为大模型技术的基础支柱。

不仅如此，多模态人工智能的快速发展还推动了人机交互方式的变革。传统的单一模态交互(如文字或语音)逐渐被多模态融合的方式所取代，使机器能够更自然地理解和回应人类需求。例如，多模态对话系统结合了语音识别、文本处理和图像分析，可以同时处理用户的语音指令和图像输入，为智能助手、机器人等应用带来了更高的交互体验。这些技术的进步表明，人工智能正在向更接近人类认知的方向发展。

更重要的是，大语言模型(Large Language Model，LLM)(指基于 Transformer 架构的海量参数神经网络，通过千亿级文本预训练掌握语言规律，能够实现文本生成、语义理解、知识推理等复杂任务，典型代表如 GPT 系列和 DeepSeek 模型，通常也称为大模型)的影响已经超越了传统的计算机科学范畴，深入到生物学、天文学等多个科学领域，为跨学科研究提供了新的工具和方法。在生命科学领域，DeepMind 公司开发的 AlphaFold 取得了革命

图 1-6　DeepSeek 的使用界面

性突破，其人工智能模型成功预测了蛋白质的三维结构，解决了这一困扰科学家数十年的难题，它的使用界面如图 1-7 所示。这一成就不仅极大地推动了药物研发，还为疾病机制的研究提供了宝贵的理论支持。同样，在天文学领域，人工智能被用来分析海量天文数据，帮助科学家发现新的星系、行星和超新星现象。通过对天体数据的模式识别和预测，人工智能加速了天文观测与研究的进程，为人类更深入地探索宇宙提供了强有力的支持。

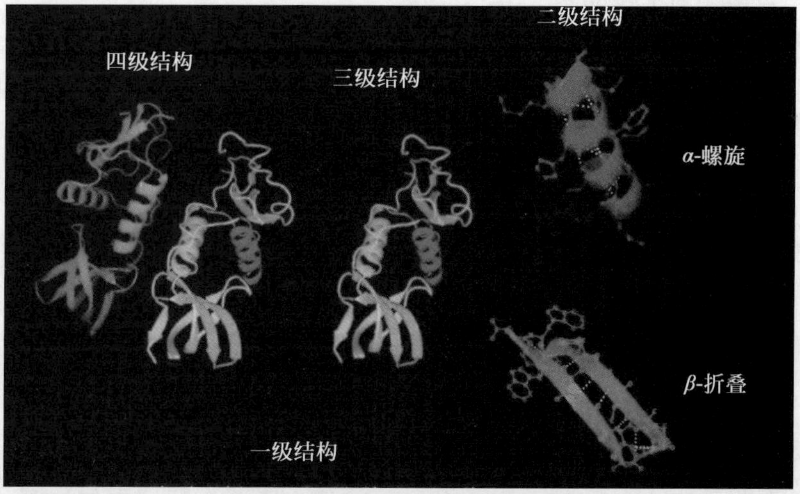

图 1-7　AlphaFold 的使用界面

在工业和能源领域，人工智能技术也在帮助解决实际问题。例如，人工智能被广泛应用于优化能源分配、预测设备维护需求和提升生产效率。在智能制造中，大模型能够对多模态数据（如视频监控、传感器数据等）进行整合分析，从而实现更加精准的质量控制和生产管理。人工智能技术的跨界应用不仅扩大了其适用范围，也为解决许多长期存在的科学和社会问题提供了全新视角。

从图灵测试到 DeepSeek，人工智能的发展历程展现了从概念提出到技术落地、从单一领域突破到多学科融合的非凡进步。这一演进过程不仅反映了算法、算力和数据的综合进步，也揭示了人类对智能本质理解的不断深化。每一次技术突破的背后都伴随着深刻的哲学思考和技术革新，推动着人类对自身认知能力的探索到开创实际应用的新边界。

1.3 人工智能的支撑体系

人工智能的支撑体系主要由三个板块构成，分别是算法、数据和算力，这三者共同构成了人工智能技术创新的基础。在这一体系中，算法决定了人工智能的执行逻辑，数据为算法提供了训练的素材，而算力则为算法的高效执行提供了必要的硬件支撑。这三者的协同发展直接推动了人工智能从理论研究走向实际应用的转变。

1.3.1 算法的作用

算法是指解决问题或执行任务的明确步骤序列，通过有限操作将输入转换为预期输出，确保结果正确且资源高效利用。它是人工智能实现智能行为的根本，也是人工智能的核心驱动力。从模拟人类思维的推理过程到模仿人类学习的经验积累，算法始终是人工智能的核心逻辑所在。算法不仅决定了人工智能系统如何理解和处理信息，也塑造了机器如何模拟人类智能。人工智能的算法历经数十年的发展，从早期的符号逻辑和决策树，到如今的深度神经网络和强化学习技术，逐步走向成熟并展现出强大的应用潜力。每一次算法的巨大进步都带来了人工智能领域的变革，也正是这些算法推动了人工智能从初期的理论设想到如今广泛应用的实践过程。

符号逻辑与决策树等传统算法曾是人工智能的主流，这些方法通过基于规则的推理系统，能够解决某些特定问题，如专家系统的推理引擎。然而，这类方法往往难以处理复杂且动态的环境数据，因此在面对需要感知与学习的新型任务时，逐渐被更灵活和高效的学习算法取代。

进入21世纪后，深度神经网络已成为人工智能的主流算法之一。它通过多层感知机的层级结构，对复杂数据进行表征学习。深度学习的核心思想是自动提取抽象特征，这使得它在图像识别、语音处理、自然语言理解等领域表现出色。例如，在计算机视觉领域，卷积神经网络（CNN）能够有效提取图像中的空间特征，而在自然语言处理领域，Transformer模型通过自注意力机制实现了对文本的深度理解和生成能力。此外，循环神经网络（RNN）及其变种，如LSTM（Long Short Term Memory，长短期记忆）网络和GRU（Gated Recurrent Unit，门控循环单元），在处理时间序列数据时也具有显著优势。

此外，强化学习（Reinforcement Learning，RL）聚焦于动态环境中的决策优化，通过设计奖励机制，引导模型逐步学习最佳策略。这种算法在复杂环境中的表现尤为出色，例如，AlphaGo在围棋比赛中击败顶级棋手，背后依赖的正是深度强化学习技术。类似地，强化学习也在游戏人工智能、机器人路径规划和自动驾驶等领域展现出强大的应用潜力。

近几年来，生成式人工智能（Generative AI）成为算法领域的核心突破点。基于Transformer架构的大语言模型，如GPT-4、DeepSeek和PaLM-2，不仅在自然语言处理（NLP）中表现卓越，还在多模态任务中崭露头角。生成模型能够根据用户的输入生成对应的自然语言、图像甚至视频内容。例如，文本生成领域的DeepSeek模型实现了与人类相媲美的对话水平；而在视觉领域，在扩散模型(Diffusion Model)中，如 Stable Diffusion 和 DALL-E 等模型则可以通过训练理解文本描述并生成高质量图像。这些生成模型已广泛应用于内容创作、训练图像制作、医疗影像合成和虚拟助手等场景。尤其是在最近几年，生成式人工智能的发展非常迅速，代表性的模型出现时间线如图 1-8 所示。

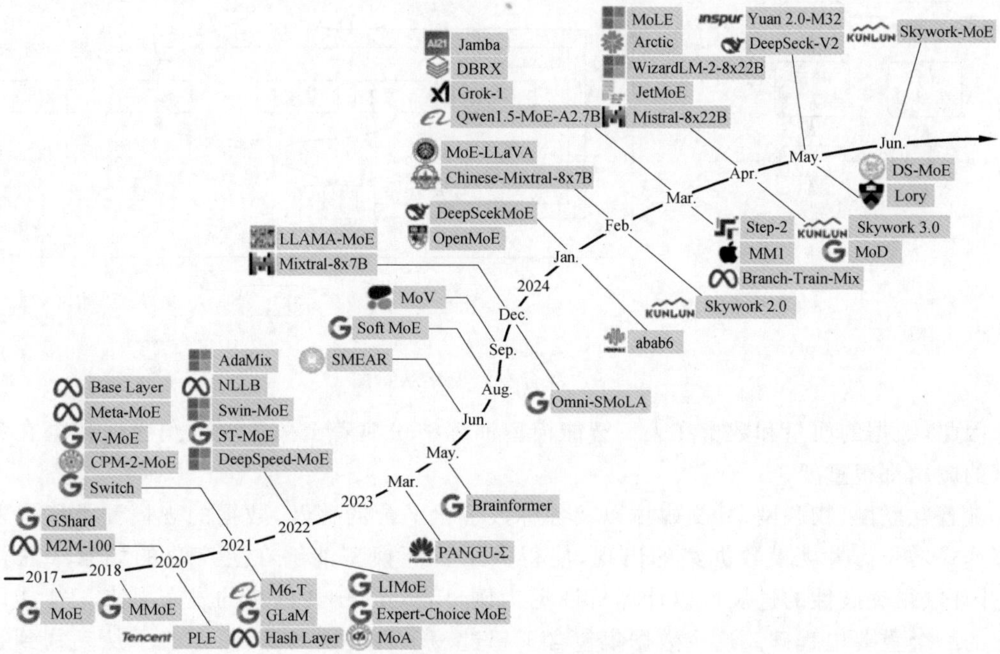

图 1-8 生成式人工智能的发展历程

除了生成式模型，人工智能算法在深度学习基础上进一步延伸至高效模型和个性化方向。例如，LoRA(Low Rank Adaptation)等参数(大语言模型的参数是模型在训练过程中学习到的、用于调整神经网络中神经元连接强度和激活阈值的大量权重和偏差数值，它们决定了模型的表达能力和泛化能力)高效微调技术解决了大规模模型训练成本高昂的问题，使得定制化人工智能应用成为可能。与此同时，混合专家模型(Mixture of Expert, MoE)通过动态激活部分网络，提高了模型在多任务环境中的灵活性和效率，混合专家模型的示意图如图 1-9 所示。此外，近年来提出的因果推理(Causal Inference)算法正在解决传统机器学习"相关性不等于因果性"的问题，为医疗诊断、经济决策等领域提供更具可靠性和解释性的模型。

算法不仅是推动人工智能技术进步的核心驱动力，也是人工智能从理论走向实践的重要桥梁。从早期的规则推理到现代的深度学习和生成式人工智能，算法的发展不断突破智能的边界，为未来的人工智能应用提供了更广阔的前景。

1.3.2 数据的重要性

数据被形象地比喻为"人工智能的燃料"。算法虽然是人工智能的"大脑"，但数据则是其"血液"。没有充足的、高质量的数据支持，即使是最先进的算法也难以发挥其潜力。数据通过为人工智能模型提供丰富的训练样本，帮助其在复杂任务中实现准确的决策和预

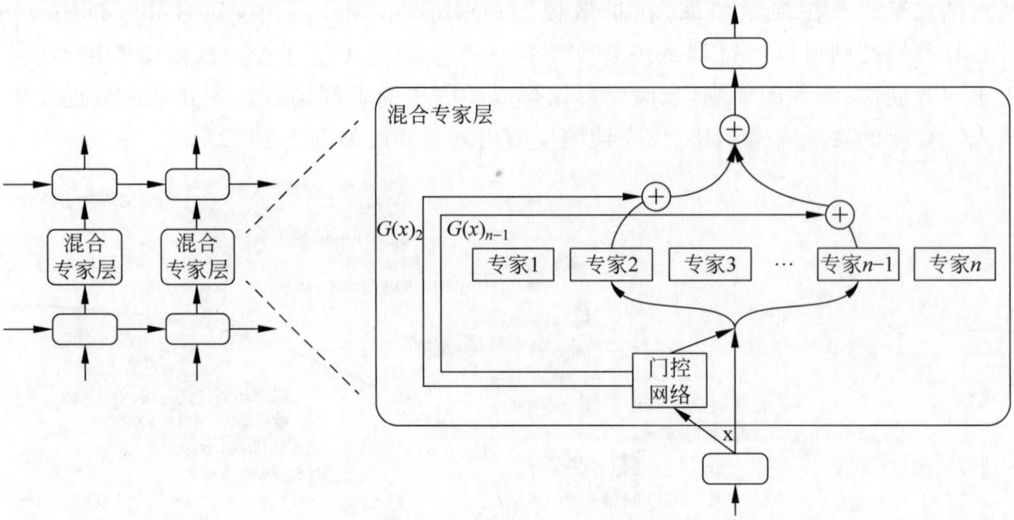

图 1-9　混合专家模型示意图

测。因此，数据的质量和数量在人工智能模型训练中扮演着至关重要的角色。数据在各个领域的应用都很重要。

随着互联网、物联网、社交媒体以及各种数字化平台的普及，数据的规模和类型也迎来了爆炸式增长。大规模数据集的出现，使得人工智能模型能够在更广泛的场景中获得训练，并且取得突破性的进展。以计算机视觉为例，ImageNet 数据集的发布是人工智能研究史上的一个重要里程碑。这个数据集包含了超过一千种类别的图像，涵盖了从动物到物品的各种图像，推动了图像分类算法的迅猛发展，并最终助力深度学习模型（如 AlexNet）在大规模图像识别任务中获得显著成功。

类似地，语音识别和自然语言处理领域的进步也离不开海量数据的支撑，例如，谷歌公司的语音识别系统和 OpenAI 的 GPT 模型都基于数十亿文本样本进行训练。大模型（如 GPT-4、BERT、DeepSeek 等）的成功依赖于海量且多样化的数据。与传统模型相比，大模型需要更庞大的数据集来训练数十亿甚至数百亿个参数，以确保其高效学习和精准表现。大量的数据使大模型能够捕捉细致且复杂的特征，增强其在多领域的泛化能力。例如，通过海量文本数据的训练，GPT-4 能够理解各种语言模式并生成创造性文本；而在计算机视觉领域，大型数据集帮助模型提取视觉特征进行目标识别和图像生成。然而，随着大模型对数据需求的增加，如何高效存储、处理和利用数据，以及如何避免冗余，已成为当前的挑战。数据不仅是大模型训练的基础，也是其超强性能的关键，未来随着数据量和多样性的不断增长，大模型将能够解决更复杂的多模态和多任务问题多模态。

然而，随着数据量的激增，如何高效地利用这些数据成为一大挑战。数据的质量和多样性往往比数据的数量更加重要。不均衡的数据分布，尤其是在涉及分类问题时，可能会导致模型在某些类别上的表现不佳，甚至产生偏见。例如，在训练大语言模型时，由于主要投入的训练文本的语言不同，因此导致大模型在不同语言的问答之中表现不同。在医疗图像分析中，如果训练数据中某类疾病的样本远远少于其他疾病类型，训练出来的模型可能会忽视或错误诊断这一疾病。此外，低质量的数据会影响模型的泛化能力，导致模型在现实世界中的表现不如预期。因此,数据清洗和数据增强等技术成为确保人工智能模型高效工作的关键。

数据的隐私与安全问题也是当今人工智能应用中不可忽视的挑战。随着AI技术越来越多地应用于个人隐私领域,如智能健康、金融服务等领域,如何保护用户数据的隐私成为亟待解决的问题。近年来,数据泄露和滥用事件时有发生,这不仅影响了用户的信任,也引发了对数据隐私的广泛关注。为了确保人工智能在合法合规的框架下发展,许多国家和地区开始加强数据隐私保护的法规,如欧盟的《通用数据保护条例》(GDPR)就对数据的收集、存储和处理设立了严格的规范。

除了数据隐私,数据的多样性和代表性也成为人工智能发展的关键问题。在全球化和多元化的背景下,如何保证人工智能系统在不同文化、地域和社会群体中的公平性和准确性,成为研究者和工程师们关注的焦点。例如,面部识别技术的偏见问题,表明数据集中的性别、种族不平衡可能导致某些群体的识别精度较低,这直接影响了人工智能系统在实际应用中的公正性。

未来,如何在保护数据隐私的同时高效地利用大规模数据,将是人工智能发展的一个关键议题。技术上,联邦学习(Federated Learning)等技术的提出为解决这一问题提供了新的思路。联邦学习允许多个设备在不直接交换数据的情况下共同训练人工智能模型,这样既能保护用户数据隐私,又能提高模型的训练效果。具体的训练过程示意图如图1-10所示。

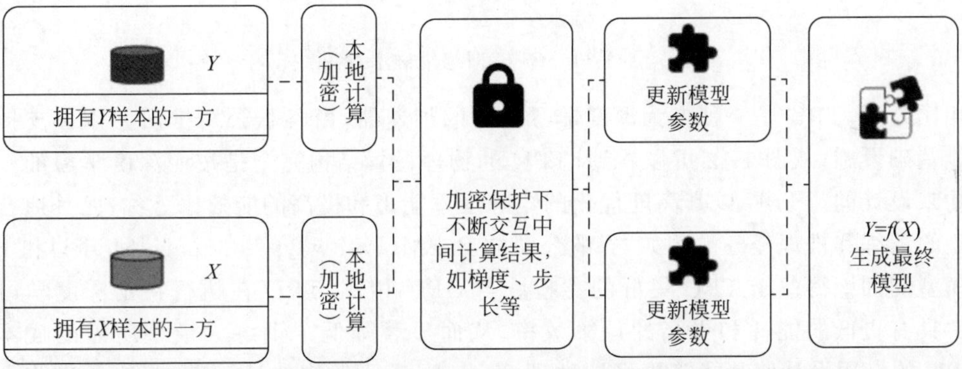

图1-10 联邦学习的训练过程示意图

总体来说,数据作为人工智能的核心资源,其作用不仅是提供训练样本,它还决定了模型的性能、可解释性和公平性。随着数据量的不断增加以及数据应用场景的不断扩展,如何在确保数据质量和隐私的前提下高效利用数据,将成为推动人工智能技术发展的关键因素。

1.3.3 算力的进步

算力是人工智能从理论到实践的核心动力,它决定了模型训练和推理的速度与规模。从20世纪中期的传统CPU计算,到21世纪初GPU的崛起,再到近年来专为人工智能设计的TPU(张量处理单元),硬件的不断进步为人工智能技术的快速发展奠定了基础。从1.2.2节中就可以看到,人工智能发展的第一次低谷就是因为当时的计算机算力不足，制约了该技术的发展。而当今大模型的快速发展，也离不开计算机算力的突飞猛进。

GPU 最初是为图形渲染设计的，但其高度并行的计算能力使其成为深度学习算法，尤其是卷积神经网络(CNN)训练的理想选择。在当前大模型的快速发展过程中，GPU 的性能优势尤为显著。例如，GPT-3 和 GPT-4 等超大规模语言模型的训练依赖于数千张甚至数万张 GPU 组成的计算集群，这些 GPU 能够高效处理庞大的矩阵运算和向量计算任务，计算集群的示例如图 1-11 所示。在训练阶段，GPU 的并行架构允许对巨大的数据批次和网络参数进行快速处理，从而缩短训练时间；在推理阶段，GPU 也能够支持高吞吐量的实时任务，使得大模型在实际应用中表现出色。

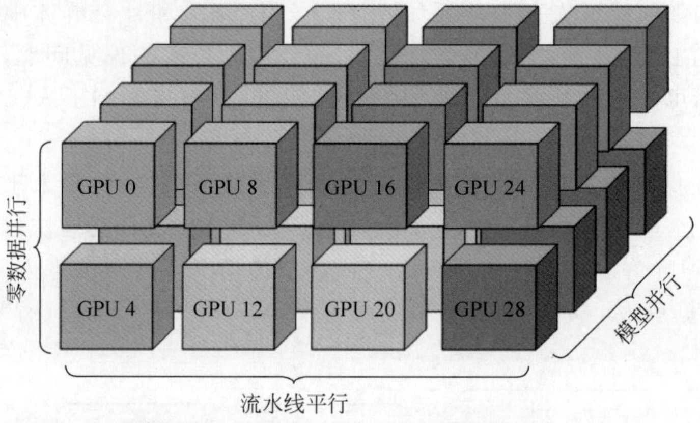

图 1-11　GPU 训练集群示意图

相比之下，TPU 是一种专为深度学习设计的加速器，由谷歌公司推出并用于支持其人工智能基础设施，从图 1-12 可以看到，TPU 的物理设置结构完全是按照深度学习的一个层的结构来设计的。TPU 以其高度优化的矩阵运算能力和极高的能效比著称，尤其适合大规模模型的训练和推理任务。例如，谷歌公司的 PaLM(Pathways Language Model)和 BERT 等大模型的训练得益于 TPU 集群的支持。与 GPU 相比，TPU 在执行特定深度学习任务时通常具有更低的能耗和更高的计算效率，从而显著降低了训练大模型所需的成本。此外，TPU 的专用设计使其能够更好地处理 Transformer 架构的计算需求，这是当前大模型的主流架构。

GPU 和 TPU 的共同作用推动了大模型的规模化发展，使得数百亿甚至数万亿参数的模型成为现实。它们不仅缩短了训练时间，还大幅降低了大模型应用的硬件门槛，为自然语言处理、计算机视觉、多模态学习等领域的创新提供了可能。然而，大模型对算力的极端需求也带来了挑战，如能源消耗过高和硬件资源有限。因此，如何在 GPU 和 TPU 基础上进一步提升硬件效率，同时优化算法以降低对算力的依赖，是未来人工智能发展的重要方向。

除了硬件的进步，分布式计算技术的应用也在算力革命中发挥了重要作用。分布式计算通过将大规模计算任务分配到多台服务器上协同工作，显著加快了模型训练的速度，它的示意图如图 1-13 所示。当前许多前沿的大模型，如 OpenAI 的 GPT-4 和谷歌公司的 PaLM，均依赖于大规模分布式计算集群完成训练。在分布式计算的支持下，这些模型能够高效处理海量数据并优化数百亿到数千亿个参数。

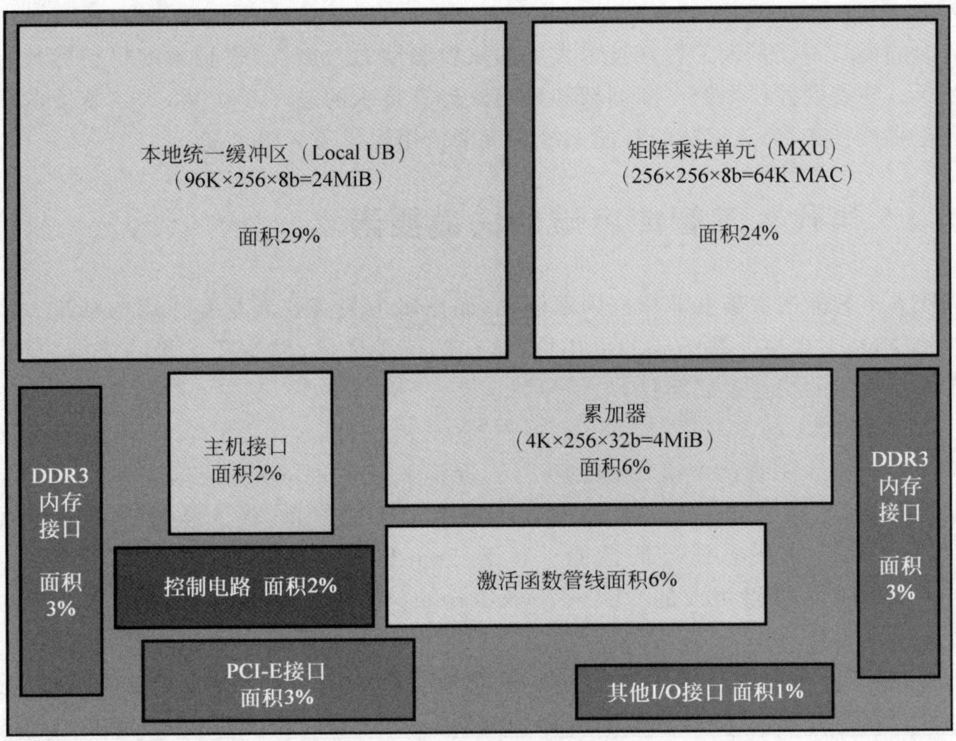

图 1-12 TPU 的结构示意图

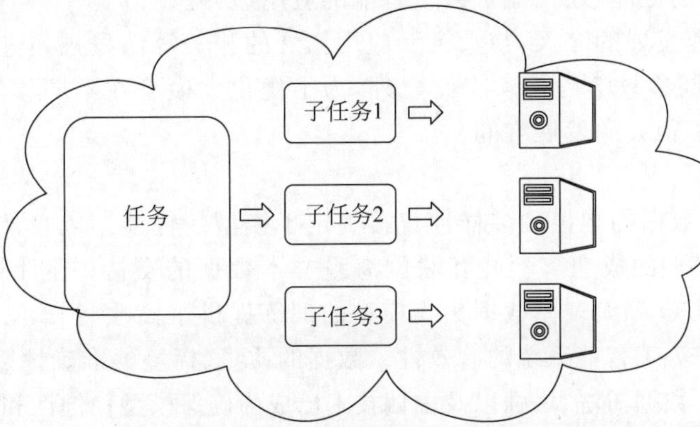

图 1-13 分布式计算示意图

然而，随着算力需求的持续增长，能源消耗和环境问题逐渐显现。大型数据中心的高能耗成为一个亟需解决的问题，而训练一个超大规模模型可能需要耗费数十万甚至数百万美元的电力成本。为此，学术界和工业界正在积极探索优化算力效率的解决方案，如开发更节能的硬件设备、设计轻量化模型，以及采用低算力成本的量子计算，减少训练参数等新兴技术。其中中国人工智能企业 DeepSeek 的创新实践尤为瞩目，其首创的 MoE 架构通过稀疏计算与动态路由算法，在同等精度下将千亿参数模型训练能耗降低 70%。DeepSeek 的开源生态更推动技术民主化进程，其优化的 DeepSeek-R1 模型仅需单张 NVIDIA V100 显卡即可实现高效推理，这种突破性算效平衡正是其技术在全球开发者社区引发热潮的核心原因。

算力的提升不仅是人工智能技术发展的重要驱动力，也对未来技术的可持续性提出了更高要求。随着硬件技术的不断创新和分布式计算技术的进一步优化，人工智能的算力瓶颈正在逐步被打破，为更复杂的智能系统和模型应用提供了无限可能。

1.4 当代人工智能突破的关键要素

当代人工智能的突破并非单一因素驱动，而是多个关键要素相互作用的结果。数据的丰富性和质量、大规模计算资源的可用性、算法的持续优化，以及跨学科的协同应用，共同塑造了人工智能的快速发展路径。

1. 算法优化

算法优化是人工智能突破的核心动力。近年来，Transformer 架构成为人工智能领域的颠覆性技术，它通过自注意力机制有效地捕捉上下文信息，极大地提升了自然语言处理、图像生成以及多模态任务的性能。基于 Transformer 的模型，如 BERT、GPT 系列、DALL-E，以及用于图像生成的 Vision Transformer（ViT），都展现了算法优化带来的巨大潜力。

此外，新的优化方法不断涌现。例如，自监督学习和迁移学习技术使得模型能够利用未标注的数据进行有效训练，降低了对标注数据的依赖；稀疏化模型的设计则显著减少了训练和推理的算力需求，为大规模模型的轻量化提供了新的解决方案。这些技术的持续优化，不仅提高了模型的性能，还拓宽了人工智能的应用边界。

而在大模型快速发展的今天，与大模型应用拓展的相关算法发展迅速，如蒸馏学习、知识注入、模型微调、低参数学习等。除此之外，为了优化大模型在不同领域的效果，新时代的专家模型也得到了很大的发展空间。

2. 数据驱动

在大模型时代，数据的规模和多样性直接决定了模型的性能。以自然语言处理模型为例，GPT 系列语言模型的成功离不开互联网海量文本数据的支持；在计算机视觉领域，诸如 ImageNet 和 COCO 等大规模数据集为模型的训练提供了高质量样本。然而，仅有数据的数量还不足以支撑人工智能系统的有效性。数据的质量、标签的准确性以及数据分布的公平性同样至关重要。数据清洗、增强以及去偏技术已成为确保模型稳健性和性能的重要步骤。

此外，数据隐私和合规性问题正日益受到重视。如何在保障用户隐私的同时获取和利用高质量数据，是现代人工智能面临的重要挑战之一。联邦学习等技术正在尝试通过分布式数据处理来应对这一问题，为数据驱动的人工智能带来更安全的发展路径。

3. 大规模计算资源

大规模计算资源是支持现代人工智能模型训练的必要条件。随着模型参数规模的指数增长，对算力的需求也呈现几何级上升趋势。云计算的普及和硬件技术的突破，如 GPU、TPU 和专用人工智能芯片的开发，为超大规模模型的训练和部署提供了强有力的支持。例如，GPT-4 的训练依赖于数千张 GPU 组成的分布式集群，而谷歌公司的 PaLM 模型则利用 TPU 集群进行高效计算。

与此同时，云计算平台的服务化使得中小企业和研究机构也能以较低的成本获取强大的算力支持。这种算力的普惠化推动了人工智能技术的广泛应用。然而,随着模型规模的持续增长,计算能耗问题日益突出。开发高效的硬件、优化模型架构以降低算力需求,成为当前学术界和工业界关注的焦点。

4. 跨学科协同

人工智能的发展不再局限于计算机科学领域,而是通过与生物学、医学、社会科学等多学科的深度结合,催生了全新的应用场景。例如,DeepMind 的 AlphaFold 在蛋白质三维结构预测中的突破性进展,得益于人工智能与生物学的交叉应用;在医学领域,人工智能技术正在加速药物研发和医学影像分析,为提高诊断效率和精准医疗提供了技术支撑。如图 1-14 所示,很多学科都可以和人工智能有机结合。

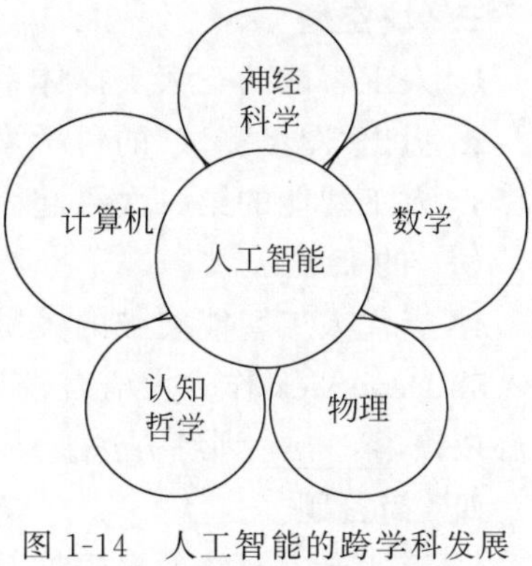

图 1-14 人工智能的跨学科发展

跨学科协同不仅推动了人工智能技术的应用,也为其他学科带来了新的研究范式。例如,在气候科学中,人工智能帮助分析复杂的气象数据,预测极端天气;在社会科学中,人工智能模型正被用于分析社会网络和模拟社会行为。随着人工智能技术的深入发展,跨学科协同将为解决人类社会面临的重大挑战提供更多可能性。

1.5 本章小结

本章系统梳理了人工智能的发展脉络、技术支撑及机器学习基础。首先回顾了人工智能从图灵测试到现代大模型的演进,历经三次起伏,当前以深度学习和多模态技术为核心进入新阶段。重点剖析了算法、数据、算力三大支撑体系:算法从符号逻辑发展到深度神经网络与生成模型,数据成为驱动人工智能的核心资源,算力进步则依赖 GPU/TPU 等硬件及分布式计算技术。当代人工智能突破得益于算法优化(如 Transformer)、数据规模增长、算力提升及跨学科协同,应用覆盖医疗、金融、交通等领域。

1.6 习题

在线答题

一、判断题

1. 强人工智能旨在解决特定领域问题。( )
2. 图灵测试通过对话评估机器智能。( )
3. 专家系统依赖人工输入的知识库。( )
4. AlphaGo 使用强化学习技术。( )
5. 联邦学习可以保护数据隐私。( )

二、选择题

1. 人工智能第一次低谷的主要原因是什么?( )

   A. 数据不足　B. 算力限制　C. 算法落后　D. 政策限制

2. 以下哪项属于生成式人工智能?( )

   A. AlphaFold　B. GPT-4　C. 专家系统　D. 联邦学习

3. 数据增强的主要目的是什么？(　　)

A. 减少数据量　B. 提高数据质量　C. 保护隐私　D. 降低算力需求

4. 多模态技术整合了哪些信息？(　　)

A. 文本、图像、语音　B. 仅文本和图像　C. 仅语音和视频　D. 单一模态

5. 混合专家模型(MoE)的核心优势是什么？(　　)

A. 降低参数规模　B. 动态激活部分网络

C. 增强因果推理　D. 提升训练速度

三、填空题

1. 人工智能的三大支撑体系是________、________和________。

2. 提出"图灵测试"的科学家是________，用于判断机器是否具备________。

3. 人工智能的第一次兴起因________技术的局限性而陷入低谷，而第三次兴起得益于________的突破。

4. 当代人工智能突破的关键要素包括大规模数据、________和________的进步。

5. DeepSeek 作为大语言模型，属于人工智能第________次兴起阶段的代表性技术，其核心依赖________训练方法。

四、简答题

1. 简述专家系统的局限性。

2. 深度学习的优势是什么？

3. 数据质量对人工智能模型的影响有哪些？

4. 分布式计算如何助力人工智能发展？

5. 跨学科协同对人工智能的意义是什么？

五、思考题

1. 算法-算力平衡：如何设计动态调整算法复杂度的机制，以适应不同硬件环境(如边缘设备与云端)？

2. 多模态数据对齐：在跨模态任务(如文生图)中，如何解决文本语义与图像特征的语义鸿沟问题？例如，如何量化对齐精度并优化训练目标？

3. 数据隐私保护：联邦学习在保护数据隐私的同时，如何平衡模型训练效果与通信成本？是否存在更高效的隐私保护机制？

4. 跨学科融合案例：除 AlphaFold 外，人工智能与天文学的结合有哪些具体应用？例如，如何利用人工智能分析宇宙暗物质分布？

5. 大模型可解释性：如何通过可视化技术(如注意力热力图)解释 Transformer 模型的决策过程？

第2章

机器学习的基础知识

本章目标

- 理解机器学习的基本概念，掌握其分类方式及基本术语的含义。
- 熟悉经典机器学习算法，包括线性模型、决策树与集成算法、支持向量机、聚类算法和降维方法的原理及应用场景。
- 了解神经网络与深度学习的基本结构、常用框架，以及卷积神经网络、循环神经网络在自然语言处理中的应用。
- 掌握强化学习的反馈训练机制，包括基本概念、经典算法、应用场景及面临的挑战与未来发展方向。

人工智能从概念走向应用，离不开机器学习的核心驱动。从线性模型的基础预测，到深度学习的复杂模式识别；从决策树的逻辑判断，到强化学习的动态反馈，每一种算法都是解锁智能的密钥。本章将深入解析机器学习的基本概念与经典算法，探索神经网络、深度学习和强化学习的技术奥秘，揭示数据如何在算法训练中转化为智能，为读者打开通往人工智能技术内核的大门。

2.1 机器学习的定义、分类与基本概念

本节讲述机器学习的定义、分类与基础概念。

2.1.1 机器学习的定义

机器学习(Machine Learning，ML)是一门通过分析和利用数据来让计算机不断改进任务执行能力的技术与方法。简单来说，机器学习的核心目标是通过构建数学模型，从已有的数据中学习规律，并将这些规律应用于未来的数据预测或决策。这一领域的基础由数据、算法和算力共同支撑。

如图 2-1 所示，与人工智能相比，机器学习更专注于数据驱动的模型训练，属于人工智能的一个重要分支。统计学则为机器学习提供了理论支持，如概率论、贝叶斯方法和线性回归等统计工具为许多机器学习算法奠定了基础。然而，与传统统计方法不同，机器学习算法更加关注算法本身的预测能力，而不仅仅是解释变量之间的关系。此外，随着数据规模的不断增长和算力的飞跃，机器学习正成为推动人工智能快速发展的核心动力。

2.1.2 机器学习的分类

机器学习的分类方式因研究角度的不同而异，以下是几种常见的分类视角。

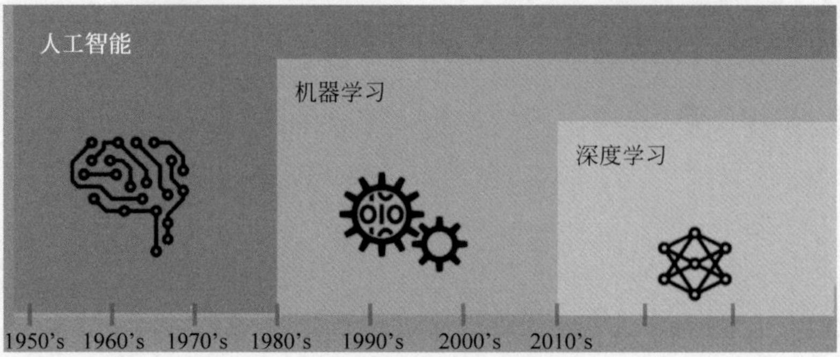

图 2-1　机器学习与人工智能的关系

按学习任务目标分类，机器学习可以分为监督学习、无监督学习、强化学习、半监督学习、深度学习几种主要方式，这几种学习方式的区别主要是训练数据的标记标签情况，分类如图 2-2 所示。

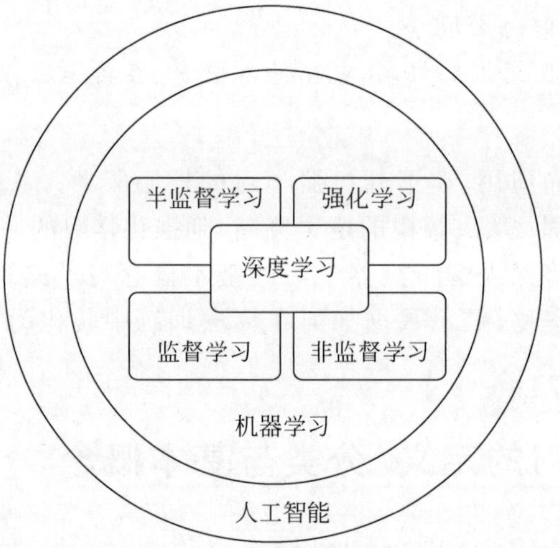

图 2-2　机器学习的分类

按学习方式分类，机器学习可以分类为批量学习（Batch Learning）和在线学习（Online Learning）。两种方式的主要区别是训练的数据集是否固定，在线学习可以在训练过程中逐步接收新数据动态更新，适应变化环境。

按输入数据特征分类，机器学习可以分类为离散数据学习和连续数据学习。两种方式的主要区别是输入、输出数据的格式。

按应用场景分类，机器学习可以分类为生成模型和判别模型。生成模型主要解决的是生成新样本，判别模型则主要解决的是分类和预测任务。

类似的分类方式还有很多，但是在学习研究领域，最主要使用的分类方式还是按照学习任务目标分类，其中最常见的就是监督学习和无监督学习，接下来将详细介绍这两种学习。

监督学习是机器学习中最常见的一种形式，其核心特点是数据具有明确的输入和输出关系，也就是说，每个样本都附带一个标签，它的算法原理如图 2-3 所示。监督学习的目标是通过学习样本的输入与标签之间的映射关系，在新数据上实现准确的预测。典型的监督学习任务包括分类和回归两种类型。在分类任务中，模型需要预测离散的类别。例如，垃圾邮件分类系统通过分析邮件内容，判断一封邮件是垃圾邮件还是正常邮件；人脸识别系统需要将输入的图片分配到某一个特定的类别，如"张三"或"李四"。相比之下，回归任务则用于预测连续值。例如，基于历史房价数据预测未来某一房产的售价，或者根据天气特征预测未来的气温。这些任务的实现依赖于一系列代表性算法，如线性回归、逻辑回归、支持向量机（SVM）和神经网络等。这些算法通过优化损失函数（损失函数是机器学习中量化模型预测与真实值差异的核心指标，通过优化算法持续降低该数值以提升模型性能）来调整模型参数，使其能够准确地拟合数据并推广到未见样本。

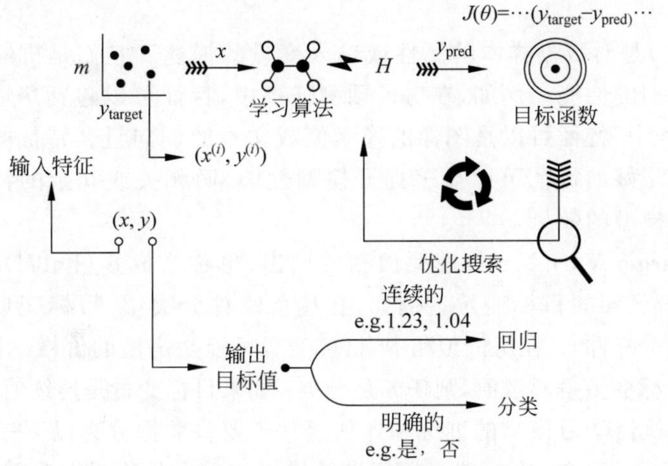

图 2-3　监督学习的算法原理

无监督学习则主要处理没有标签的数据，目标是从数据中发现隐藏的结构或模式。由于缺乏明确的目标变量，无监督学习更多地用于数据分析、特征提取和降维等任务，而不是直接的预测，它的算法原理如图 2-4 所示。在无监督学习中，聚类和降维是两个最为典型的应用任务。聚类任务通过分析样本之间的相似性，将数据划分为多个组，例如，将消费者根据其消费行为分为不同类别，以制定个性化的营销策略；或者在社交网络中发现社区结构，用于优化信息传播。在降维任务中，模型通过降低数据的维度减少复杂性，同时尽可能保

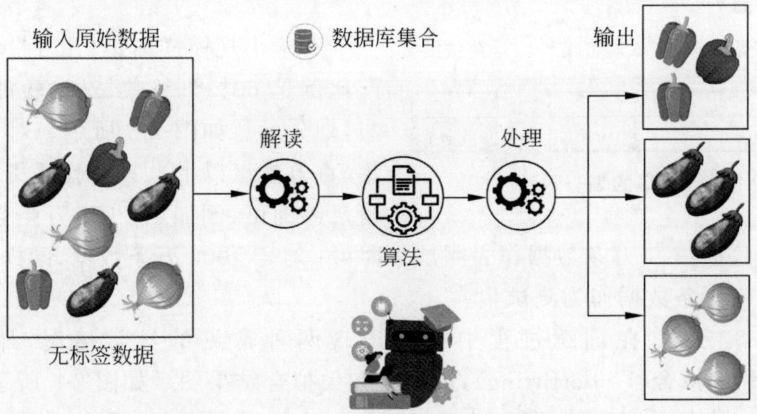

图 2-4　无监督学习的算法原理

留原始信息。这种方法在高维数据的可视化中尤其重要，例如，主成分分析(PCA)可以提取数据的主要变化方向，将其投影到二维或三维空间中，方便分析。无监督学习的常用算法包括 K 均值聚类、层次聚类、密度聚类(DBSCAN)等。这些方法能够在数据缺乏标注的情况下，揭示数据的潜在规律，为后续的任务提供支持。

2.1.3 机器学习中的基本概念

在机器学习中有很多在训练、构建算法中常用的基本概念和术语，了解这些基本概念和术语有助于学习机器学习，下面将简单介绍几个在机器学习中常用的概念和术语，便于之后的理解。

特征(Feature)是对数据样本的属性或输入变量的描述。它们是机器学习算法训练的依据，直接影响模型的性能。例如，在房价预测任务中，特征可以包括房屋的面积、位置、房龄等。在分类任务中，特征可以是图像的像素值或文本的词向量。特征的选择和处理是机器学习的重要环节，好的特征可以显著提升模型性能，而无关或冗余的特征可能会导致噪声增加，甚至降低模型的效果。

目标变量(Target Variable)是模型预测的输出，也称为标签(Label)。在监督学习中，每个样本都有一个已知的目标变量。例如，在垃圾邮件分类中，目标变量可能是邮件的类别(垃圾邮件或正常邮件)；在房价预测中，目标变量可能是房屋的价格。目标变量决定了任务的类型：如果目标变量是离散值，则任务是分类；如果目标变量是连续值，则任务是回归。

在训练方面，机器学习模型的训练和评估通常需要将数据分为以下三部分。

训练集(Training Set)：训练集是用于训练模型的数据子集，模型通过在训练集上学习特征与目标变量之间的映射关系，优化内部参数。例如，神经网络在训练集上调整权重以最小化误差函数。

验证集(Validation Set)：验证集是用于调参和模型选择的数据子集。它在训练过程中帮助评估模型在未见数据上的表现，从而选择最佳的超参数(如学习率、树的深度等)并避免过拟合。验证集并不直接用于优化模型参数，而是用来指导模型的调整。

测试集(Test Set)：测试集是用于评估最终模型性能的数据子集。测试集上的表现是衡量模型泛化能力的重要指标。测试集的数据在训练和验证过程中均不可见，以保证评估的公正性和可靠性。

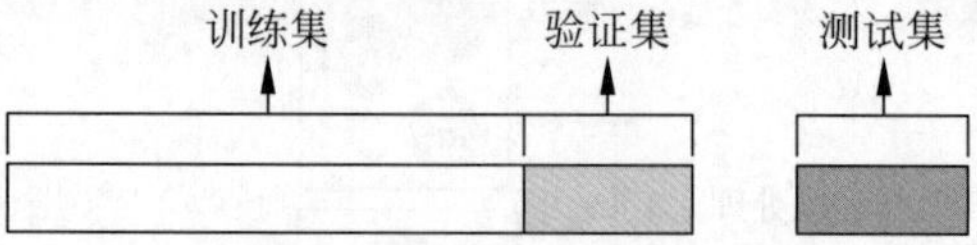

图 2-5 数据集的划分示意

对于小规模样本集(几万量级)，常用的分配比例是 60%训练集、20%验证集、20%测试集，划分示意如图 2-5 所示。对于大规模样本集(百万量级以上)，只要验证集和测试集的数量足够即可，例如，有 100 万条数据，那么留 1 万条数据作为验证集，1 万条数据作为测试集即可；对于 1000 万条数据，同样留 1 万条数据作为验证集和 1 万条数据作为测试集。

除了数据集方面，在训练过程中也会出现两种常见的异常情况，那就是过拟合(Overfitting)和欠拟合(Underfitting)，过拟合和欠拟合结果图示如图 2-6 所示，它们是机器学习模型训练中常见的两种问题，反映了模型复杂度与泛化能力之间的平衡。

过拟合是指模型在训练集上表现优异，但在测试集或实际应用中表现不佳。这通常是

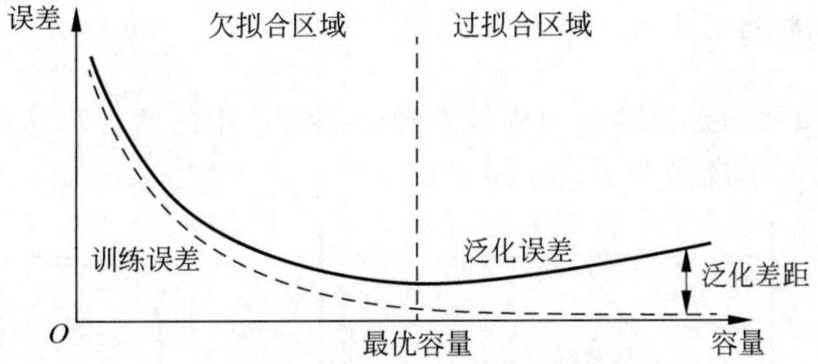

图 2-6 过拟合和欠拟合结果图示

因为模型过于复杂，捕捉到了训练数据中的噪声和偶然模式，而这些模式并不能推广到新数据。过拟合的解决方法包括：降低模型复杂度（如降低神经网络的层数或节点数）、增加正则化（正则化是通过在模型训练过程中添加约束项来抑制过拟合的技术手段，典型的如 $L1/L2$ 正则化通过限制参数规模提升模型泛化能力）、使用数据增强或扩展训练数据集、提前停止（Early Stopping）训练等。

欠拟合是指模型在训练集上的表现也很差，未能充分学习数据中的规律。这通常是因为模型过于简单，无法捕捉数据的复杂模式。解决欠拟合的方法包括：增加模型复杂度（如使用更深的神经网络）、提高特征工程质量（提供更多的有用特征）、调整超参数（如增加训练轮次或提高学习率）等。

为了评价模型和算法的效果，需要有一系列统一的指标来比较算法的效果。下面介绍几种使用率最高的评价指标。

在分类问题中，准确率（Accuracy）是分类模型最常用的指标之一，定义为正确分类的样本数与总样本数之比。然而，当数据类别分布不平衡时，准确率可能会产生误导，公式如下：

$$\text{Accuracy}=\frac{\text{正确分类样本数}}{\text{总样本数}}$$

除此之外，精确率（Precision）是指被预测为正类的样本中实际为正类的比例；召回率（Recall）是指实际为正类的样本中被正确预测为正类的比例。二者的权衡通常通过 F1 分数（F1 Score）来综合考虑，F1 分数指的是分类模型中精确率与召回率的调和平均数。

在回归问题中，均方误差（Mean Squared Error，MSE）是衡量模型预测值与真实值之间的差异值，用于评估模型的预测精度。它通过计算所有样本预测误差平方的平均值，量化模型整体预测精度，其平方特性使较大误差对结果影响更显著。

均方根误差（Root Mean Squared Error，RMSE）是 MSE 的平方根，单位与目标变量一致，更便于直观理解。

决定系数（R^2）表示模型对目标变量总变异的解释程度，范围为[0，1]，越接近 1 表示模型的预测能力越强。

2.2 经典机器学习算法

在神经网络、大模型等最新的算法出现之前，有很多效果很好的经典机器学习算法，为之后的机器学习发展打下了良好的基础。

2.2.1 线性模型

线性回归和逻辑回归是机器学习中最基础也是最常用的两种算法，广泛应用于回归与分类问题，两种算法的示意如图 2-7 所示。

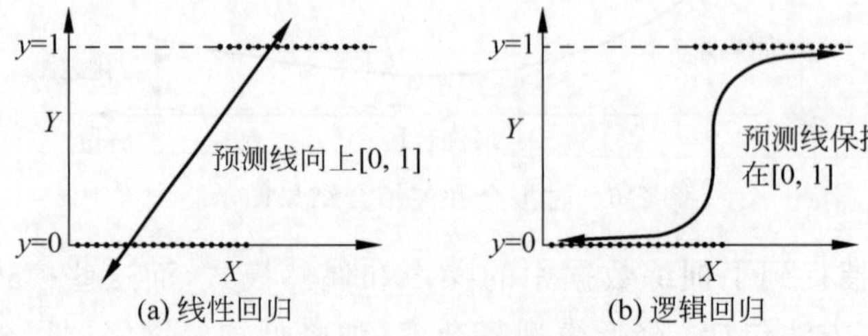

图 2-7 线性回归和逻辑回归示意图

线性回归模型试图通过拟合一条直线或超平面来描述自变量（特征）与因变量（目标变量）之间的关系。

逻辑回归主要用于二分类问题，它通过拟合一个 S 型的逻辑函数（Sigmoid 函数）来预测某个类别的概率。

无论是线性回归还是逻辑回归，优化方法通常采用梯度下降（Gradient Descent）。梯度下降方法通过反向传播（反向传播是通过链式求导法则将损失函数的梯度从输出层逐层反向传递至输入层，从而高效计算神经网络各层参数更新方向的优化算法，相关内容将在 2.3 节介绍）误差来更新模型参数。常见的梯度下降方法有批量梯度下降和随机梯度下降。为了防止过拟合，还常常使用正则化（如 $L1$ 或 $L2$ 正则化）来约束模型的复杂度。

2.2.2 决策树与集成算法

决策树是一种经典的监督学习算法，适用于分类和回归问题。如图 2-8 所示，它通过树状结构对数据进行划分，叶节点代表预测结果，内部节点表示特征的划分。决策树的优点是易于理解和解释，能够处理非线性数据。但它的局限性是容易过拟合，且对数据中的噪声非常敏感。

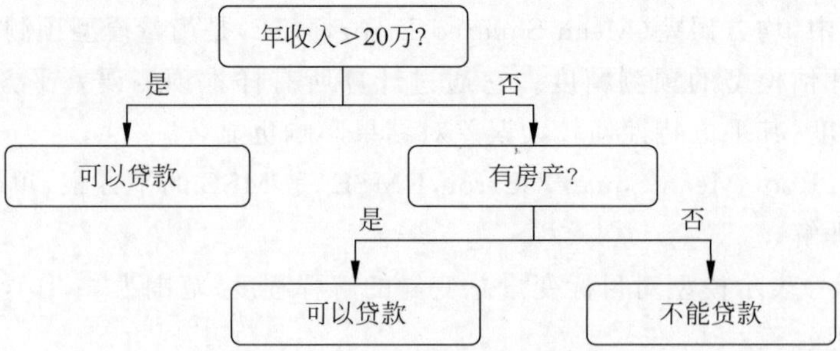

图 2-8 决策树算法示意图

集成算法通过组合多个模型的预测结果来提高整体的性能。两种常见的集成算法是随机森林和梯度提升树。

如图 2-9 所示，随机森林通过构建多个决策树并对每个树的结果进行投票或平均，来减少模型的方差。其核心思想是袋外抽样（Bootstrap Sampling），即对训练集进行有放回的随机抽样来训练多个决策树。

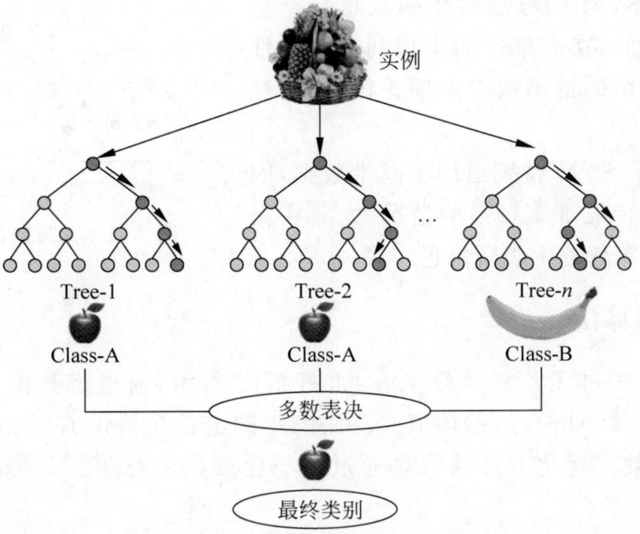

图 2-9　随机森林算法示意图

如图 2-10 所示，梯度提升树(GBDT)通过逐步训练多个弱学习器(如小决策树)并将其组合成一个强学习器。每一步的训练都是为了纠正前一步模型的误差，最终组合得到一个强大的预测模型。

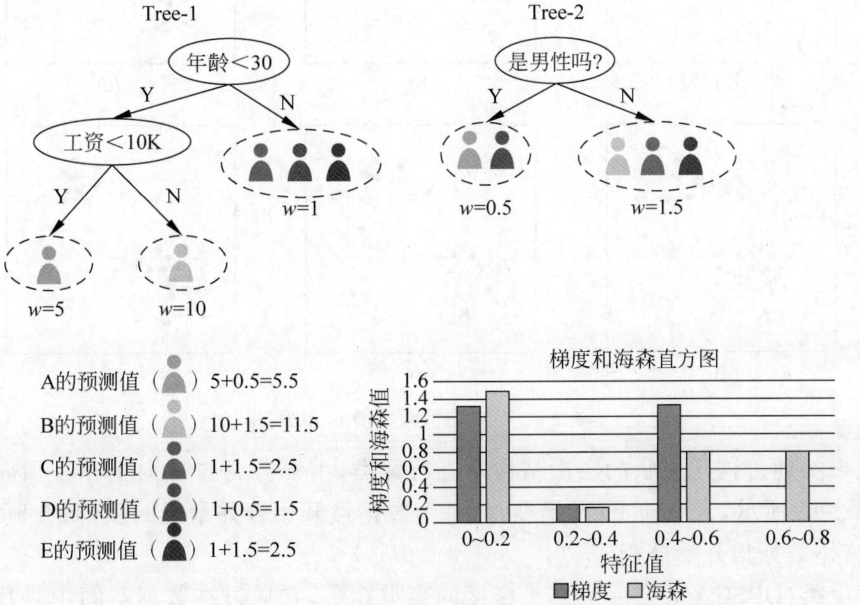

图 2-10　梯度提升树算法示意图

2.2.3　支持向量机

支持向量机(SVM)是一种强大的监督学习算法，广泛应用于分类问题。如图 2-11 所示，SVM 通过构造一个最优超平面，将不同类别的数据点最大限度地分开。其核心思想是最大化数据点与超平面之间的间隔(即支持向量)。

核函数方法：SVM 能够通过核函数将数据从低维映射到高维空间，在高维空间中找到一个线性可分的超平面。常用的核函数有多项式核、径向基函数(RBF)核等。

高维数据处理：SVM 特别适用于高维数据，因为它能够有效处理特征维度较高的情况，尤其在文本分类和图像识别等任务中表现出色。

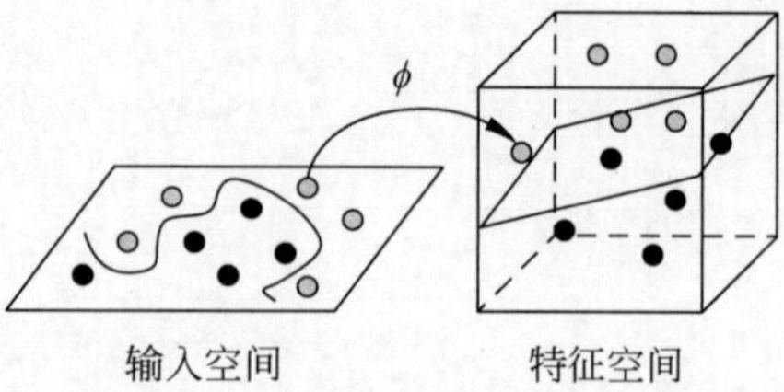

图 2-11　支持向量机算法示意图

2.2.4　聚类算法

K 均值聚类是一种无监督学习算法，如图 2-12 所示，通过将数据集划分为 *K* 个簇，每个簇的中心为该簇中所有点的均值。算法的步骤包括初始化 *K* 个簇中心，然后迭代更新簇中心，直到收敛。优化方法通常是通过最小化簇内的总平方误差(SSE)来确定最优聚类。

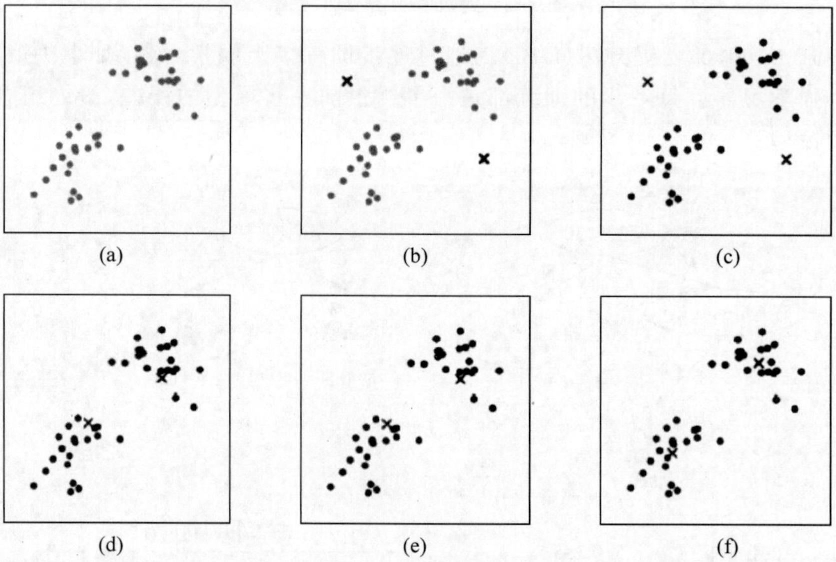

图 2-12　*K* 均值聚类算法示意图

层次聚类通过构建树状的层次结构来进行聚类，主要分为自底向上和自顶向下两种方法。如图 2-13 所示，自底向上(凝聚型)从每个数据点开始合并最近的簇，而自顶向下(分裂型)则从整体数据集开始分割。

密度聚类(DBSCAN)是一种基于密度的聚类算法，它通过在数据空间中寻找密度较高的区域来定义簇。如图 2-14 所示，DBSCAN 能够发现任意形状的簇，并且能够处理噪声数据。

2.2.5　降维方法

主成分分析(PCA)是一种常用的降维方法，如图 2-15 所示，通过线性变换将数据从高

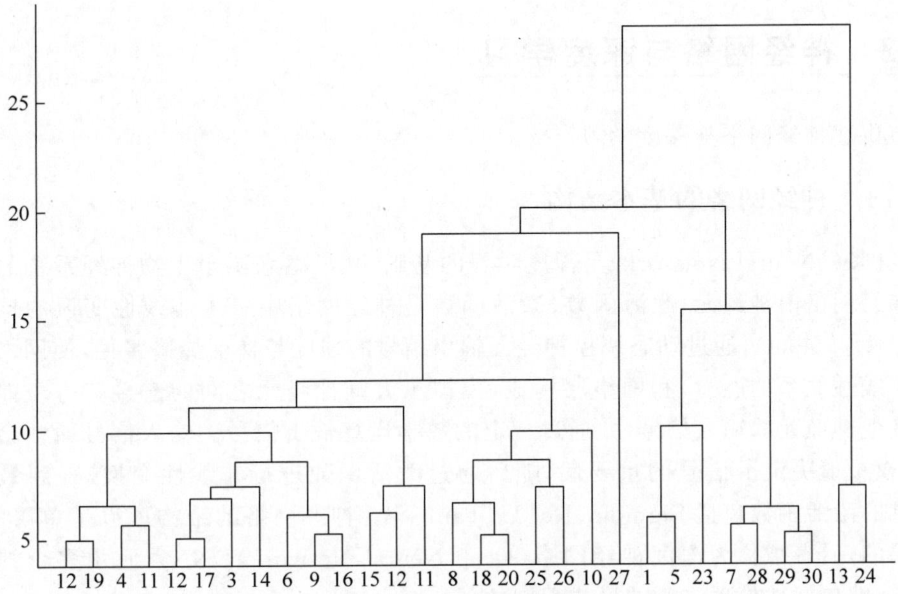

图 2-13 层次聚类算法示意图

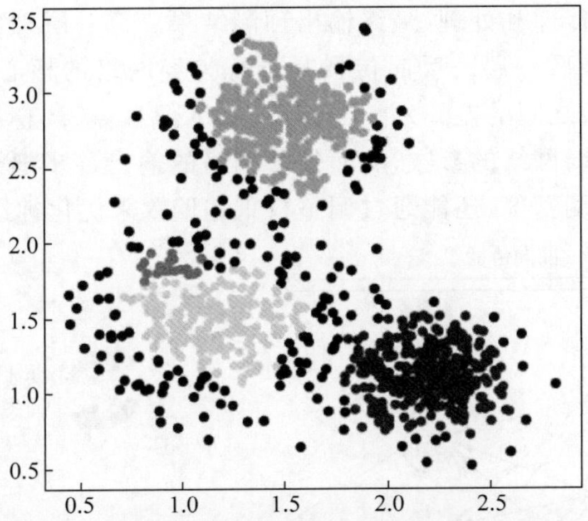

图 2-14 密度聚类算法示意图

维空间映射到低维空间，保留数据中的主要特征。PCA 的目标是最大化方差，并通过特征值分解获得最重要的主成分，从而实现数据的降维。

t-SNE（t-Distributed Stochastic Neighbor Embedding，t-分布随机邻域嵌入）和 Umap（Uniform manifold approximation and projection，均匀流行逼近与投影）是近年来出现的用于非线性降维的技术，特别适用于高维数据的可视化。t-SNE 通过保留相似点之间的相对距离，将高维数据映射到二维或三维空间，适用于数据的可视化。Umap 则是基于流形学习的降维方法，在处理大规模数据时具有更高的效率，并能够保持全局结构。

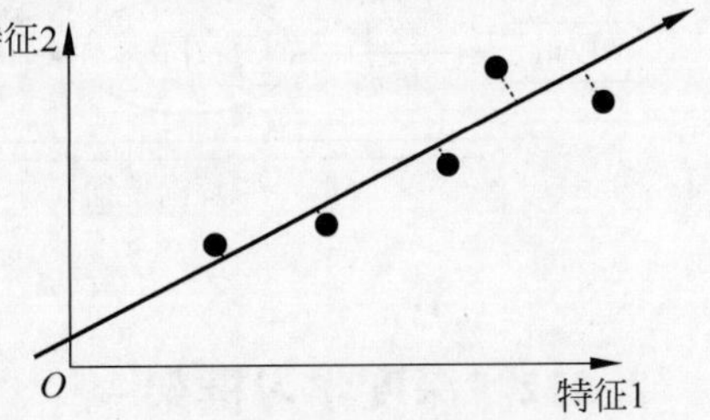

图 2-15 主成分分析法示意图

2.3 神经网络与深度学习

本节讲述神经网络与深度学习。

2.3.1 神经网络的基本结构

神经网络(Neural Network)是深度学习的基础,其灵感来源于生物神经系统的结构和功能。神经网络由神经元、激活函数(激活函数是神经网络中引入非线性变换的核心组件(如 ReLU、Sigmoid),通过动态调控神经元输出信号的强度与梯度传播路径,使网络具备拟合复杂非线性关系的能力)和网络层构成,模拟了大脑神经元之间的连接。每个神经元接收来自其他神经元的输入信号,并通过一定的数学运算输出信号。输入信号通常会经过加权处理,权重值决定了信号的重要性,随后通过激活函数进行非线性变换,得到最终的输出。常见的激活函数包括 Sigmoid、ReLU、Tanh 等。神经网络的结构可以是单层的,也可以是多层的,后者被称为深度神经网络(Deep Neural Network,DNN),它由多个神经元层叠而成,能够更好地处理复杂的模式识别任务。

神经网络的计算过程包括前向传播和反向传播。如图 2-16 所示,前向传播是指输入数据通过网络的各层进行传递和处理,最终输出预测结果。每一层神经元通过加权和激活函数逐层传递信息,直到最后一层。反向传播是训练神经网络的核心算法,目的是通过计算误差(即预测值与实际值之间的差异)并反向传递梯度信息,来调整网络的权重。反向传播使用梯度下降方法来更新网络的参数,从而使得网络的输出逐步逼近实际目标值。反向传播不仅能提高模型的预测精度,还能通过调整权重和偏置来优化神经网络的整体性能。

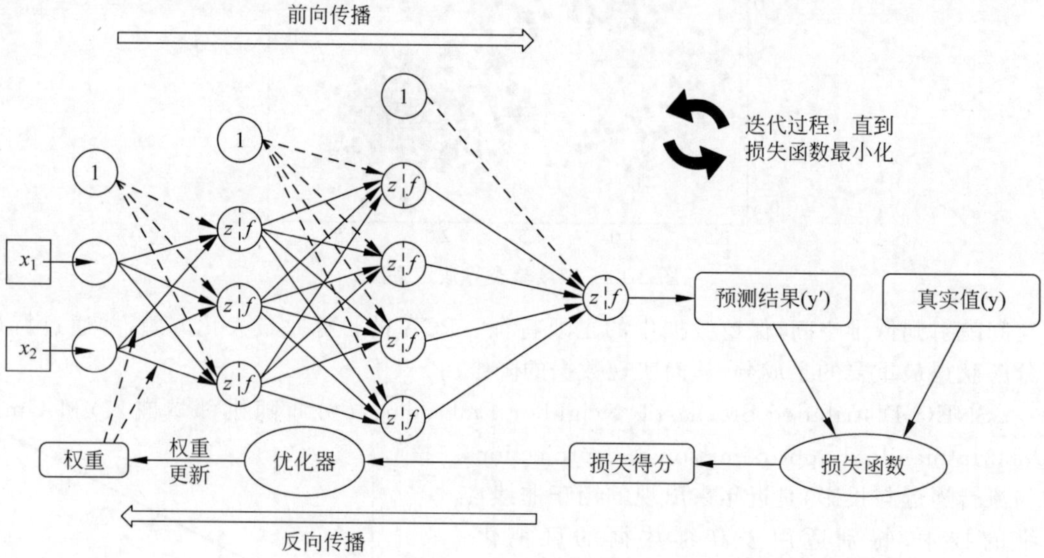

图 2-16 神经网络结构

2.3.2 深度学习框架

深度学习框架是为了简化神经网络模型的设计、训练和部署而开发的软件工具。常用的深度学习框架包括 TensorFlow、PyTorch 和 PaddlePaddle 等。这些框架提供了丰富的 API(Application Programming Interface,应用程序接口)和工具,使得构建神经网络更加高效和灵活。

TensorFlow 是一个由谷歌公司 Brain 团队开发的开源框架,其核心设计基于数据流图模型。每个计算被表示为节点,而数据流则通过有向边在节点间传递。TensorFlow 因其对 CPU、GPU 以及 TPU 的强大支持,成为跨平台深度学习任务的理想选择。它广泛应用于工业界,尤其是在需要大规模模型训练的场景中。随着 TensorFlow 2.0 的推出,其引入的动态计算图(Dynamic Computation Graph)使得模型设计变得更加灵活和直观,为研究者提供了更高的自由度。

相较于 TensorFlow,PyTorch 因其动态计算图的特性而更受学术界欢迎。这种机制允许开发者在运行时定义模型的结构,使得调试和修改过程更加直观。此外,PyTorch 的高灵活性和易用性让它成为许多研究型项目的首选。在工业应用中,PyTorch 通过引入 TorchServe 等工具,也逐渐提高了其在生产环境中的部署能力。PaddlePaddle 则是一个由百度公司开发的国产深度学习框架,具有强大的分布式训练能力,尤其适合超大规模数据集的处理。PaddlePaddle 通过为特定任务如 OCR(光学字符识别)和目标检测提供工具化支持,使得开发者能够快速实现应用。作为国内用户的首选,PaddlePaddle 在中文处理和本地化场景中展现出极大的优势。

在模型训练中,优化方法是提高性能和训练效率的重要部分。Adam 优化器作为目前使用最广泛的自适应优化算法之一,通过结合动量和自适应学习率,在稀疏梯度和高维数据场景中表现优异。其核心思想是利用一阶动量(梯度的指数加权平均)加速收敛,同时使用二阶动量(梯度平方的指数加权平均)动态调整学习率,避免传统梯度下降中因学习率设定不当而导致的振荡问题。与此类似,RMSProp 优化器通过引入梯度平方的移动平均来稳定学习过程,使其在非平稳目标函数中表现良好。RMSProp 特别适用于时间序列数据建模和循环神经网络任务,因其能够有效地缓解梯度下降中不稳定的振荡现象。

虽然 Adam 和 RMSProp 在许多场景中都表现出色,但它们的使用需要结合具体任务的特点进行调整。例如,Adam 由于在稀疏梯度下的卓越表现,常用于复杂的深度学习模型,而 RMSProp 在处理循环神经网络和时间序列建模时展现出了更好的适应性。对于研究者和开发者而言,合理选择和调试优化器能够在很大程度上影响模型的最终性能,因此在实际应用中需要对优化器的参数和机制有深入的理解和尝试。

2.3.3 卷积神经网络

卷积神经网络(Convolutional Neural Network,CNN)是一种特殊的深度神经网络,广泛应用于图像处理和计算机视觉领域。如图 2-17 所示,CNN 的核心思想是通过卷积操作提取局部特征,并通过池化(池化是卷积神经网络中的特征降维操作,通过局部区域采样压缩特征图尺寸以增强模型平移不变性)操作降低计算复杂度。在 CNN 中,卷积层使用卷积核(滤波器)对输入数据进行滑动窗口操作,提取局部的空间特征。池化层则通过下采样操作,减少数据的维度,从而减轻计算负担并提高模型的稳健性(稳健性指算法在输入噪声、数据偏移或对抗攻击等干扰条件下仍能保持性能稳定的抗干扰能力,是衡量系统可靠性的关键指标)。

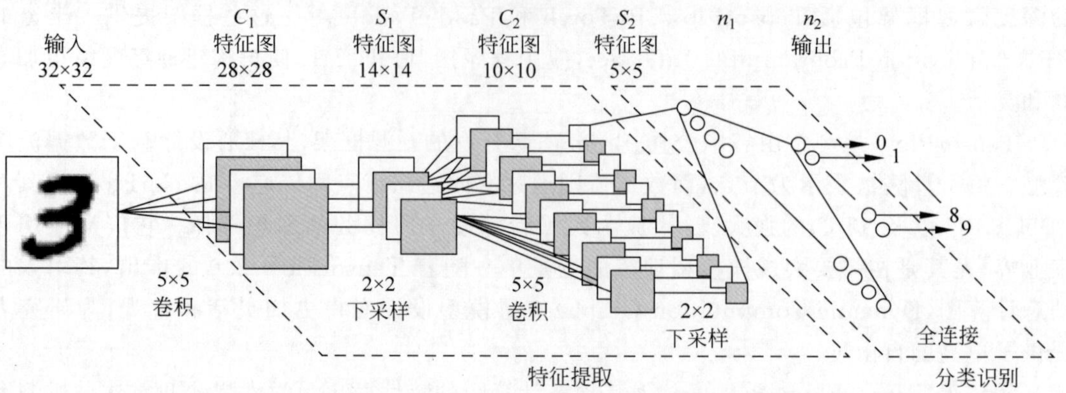

图 2-17 卷积神经网络示意图

卷积神经网络在图像处理中的应用具有显著优势，它能够自动从数据中学习空间特征，而无须手动提取特征。经典的 CNN 架构包括 AlexNet、VGG、GoogLeNet、ResNet 等。AlexNet 是 2012 年 ImageNet 竞赛中的冠军网络，它通过深度卷积网络成功提高了图像分类的准确率，为 CNN 的广泛应用奠定了基础。ResNet（Residual Network）通过引入残差块，解决了深度网络中梯度消失和训练困难的问题，进一步推动了深度学习的发展。与此同时，Transformer 模型也在图像处理领域获得了关注，尤其是 Vision Transformer（ViT）提出了基于自注意力机制的图像处理方式，取得了与 CNN 相媲美的表现。

2.3.4 循环神经网络和自然语言处理

循环神经网络（Recurrent Neural Network，RNN）是处理序列数据的深度学习模型，它被广泛地应用于自然语言处理（NLP）和时间序列预测等领域。如图 2-18 所示，RNN 的核心思想是在每个时间步（时间步是序列数据处理中将连续时间或顺序数据划分为离散处理单元的基本单位，用于模型按序捕捉动态变化规律）上，将前一个时间步的输出作为当前时间步的输入，形成一种循环结构。这种结构使得 RNN 能够处理具有时序依赖关系的数据，如语音识别、机器翻译等任务。然而，传统的 RNN 在处理长期依赖关系时，存在梯度消失或梯度爆炸的问题。

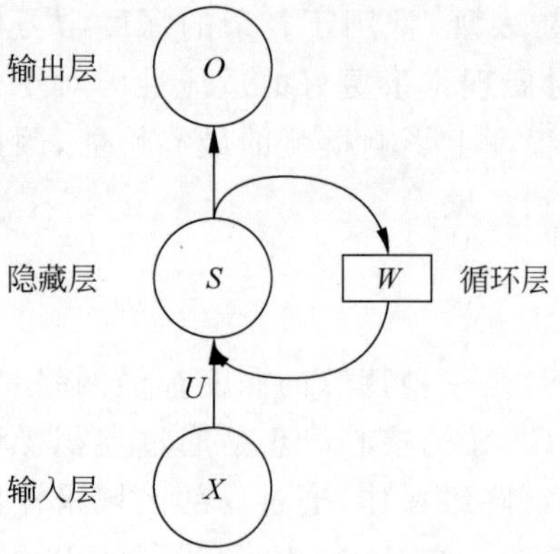

图 2-18 循环神经网络结构示意图

为了解决 RNN 在长序列学习中的问题，长短期记忆（LSTM）网络和门控循环单元（GRU）应运而生。如图 2-19 所示，LSTM 通过引入三个门（输入门、遗忘门和输出门），使得网络能够选择性地记住或遗忘信息，从而有效缓解了梯度消失的问题。GRU 则是 LSTM 的简化版本，使用两个门（更新门和重置门）来控制信息流动，减少了计算量。LSTM 和 GRU 在机器翻译、语音识别等领域取得了显著的效果，推动了自然语言处理技术的发展。

随着自注意力机制的提出，Transformer 模型在 NLP 领域取得了突破性进展。如图 2-20 所示，Transformer 模型不依赖于递归结构，而是通过自注意力（Self-Attention）机制对输入序列的各个位置进行加权，能够并行计算，从而显著提高了训练效率。BERT（Bidirectional

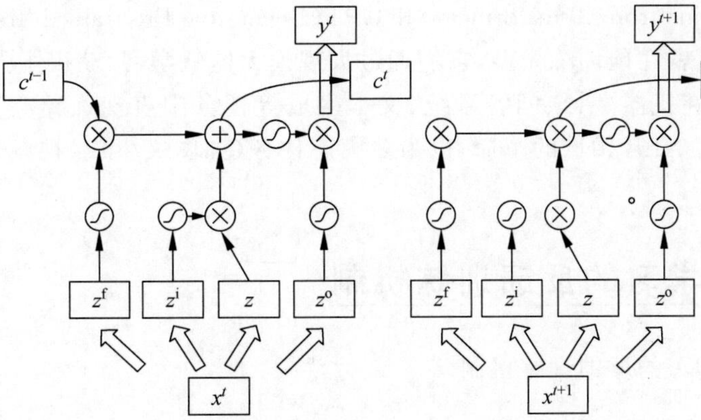

图 2-19　LSTM 算法结构示意图

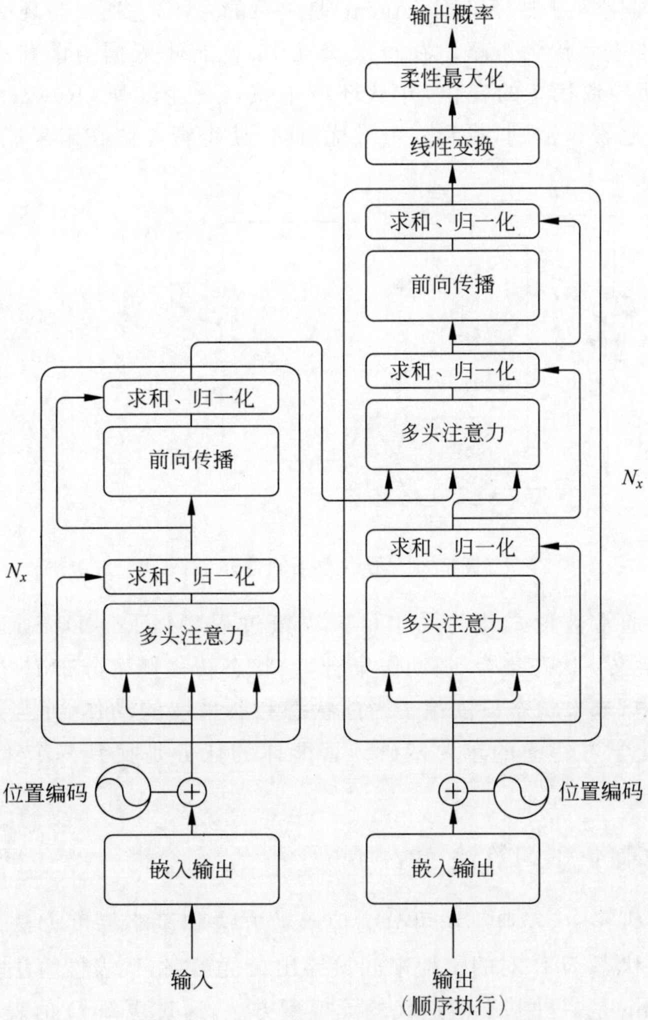

图 2-20　Transformer 结构示意图

Encoder Representations from Transformers)和 GPT(Generative Pre-trained Transformer)是基于 Transformer 的代表性预训练模型,它们通过大规模无监督学习,获得了强大的上下文理解能力和生成能力,在机器翻译、问答系统、文本生成等任务中表现优异。Transformer 模型的成功不仅推动了 NLP 领域的革命,也为多模态任务(如图文生成、视频理解等)提供了新的思路。

2.4 强化学习的反馈训练机制

本节讲述强化学习的反馈训练机制。

2.4.1 强化学习的基本概念

强化学习是一种通过试探和反馈不断学习策略的机器学习方法,旨在解决序列决策问题。如图 2-21 所示,在强化学习中,智能体(Agent)是决策的主体,它通过与环境(Environment)的交互获得经验,以改进其行为策略。在每次交互中,智能体依据当前状态(State)采取一个动作(Action),从而导致状态的变化,并从环境中获得一个奖励(Reward)。强化学习的核心目标是通过最大化累积奖励,找到一个最优策略,使得智能体在未来能够做出最佳决策。

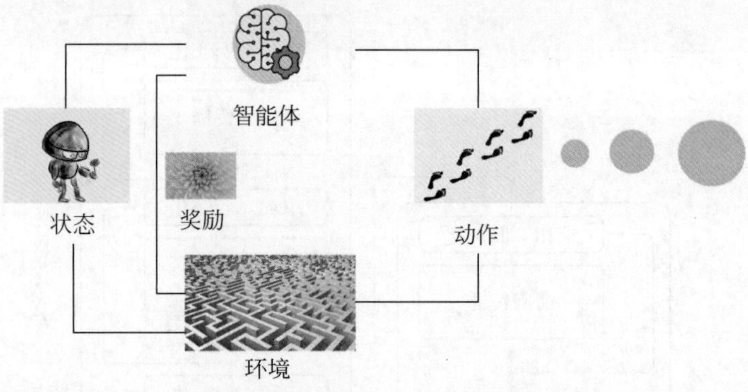

图 2-21 强化学习概念示意图

强化学习问题通常被形式化为马尔可夫决策过程(Markov Decision Process,MDP)。MDP 由 5 个要素定义:状态集合 S、动作集合 A、状态转移概率分布 P、奖励函数 R 和折扣因子 γ。在 MDP 中,未来状态只依赖于当前状态和所采取的动作,而与过去无关,这种“无记忆性”特性是强化学习建模的重要基础。智能体的任务是找到一个策略,使得长期累积奖励期望值最大化。

2.4.2 经典强化学习算法

在强化学习的研究中,经典算法可分为值函数方法和策略梯度方法两大类。值函数方法通过学习状态或状态-动作对的价值来间接导出最优策略,代表性算法包括 Q-learning 和 SARSA。Q-learning 是一种基于值迭代的无模型方法,通过更新 Q 值表来逼近动作价值函数的最大值。

相比之下,SARSA(State-Action-Reward-State-Action)是一种基于策略的值函数方

法，其更新方式依赖于当前策略选择的动作，它通过考虑策略内的动作选择，使其在处理非确定性环境时更加稳定。

策略梯度方法则直接优化策略本身，通过最大化策略的期望累积奖励来更新参数。这一方法的核心在于将策略表示为具有参数化的概率分布，然后利用梯度上升法优化其中的参数。深度强化学习（Deep Reinforcement Learning）结合了策略梯度和深度学习，通过神经网络对复杂的策略进行建模，使得强化学习在高维状态空间中具备了强大的表达能力。这类方法在近年来的研究和应用中取得了显著的成果，标志着强化学习的一个重要进化阶段。

2.4.3　应用场景与案例

强化学习的实际应用已在多个领域取得突破，其中游戏AI是最具代表性的研究方向之一。AlphaGo的成功是强化学习领域的重要里程碑。这款围棋AI结合了深度强化学习和蒙特卡洛树搜索（Monte Carlo Tree Search，MCTS），通过策略网络预测最优落子，价值网络评估局面得分，并通过与自身对弈不断优化策略。最终，AlphaGo以独特的战术风格击败了世界围棋冠军李世石和柯洁，展现了强化学习在高维复杂博弈问题中的潜力。这一技术不局限于围棋，还被应用于其他棋类游戏和卡牌对战游戏中，推动了博弈AI的发展。

OpenAI的Dota 2 AI进一步拓展了强化学习的应用边界。在这一案例中，AI需要应对实时策略、多智能体协作以及长时间决策链等复杂问题。通过多智能体强化学习算法和策略优化，Dota 2 AI能够高效配合队友，同时预测敌方的行为，并制定针对性的战术。其结果表明，强化学习不仅适用于静态的棋类游戏，还能够处理动态、多维度的决策任务。

在机器人控制和智能导航领域，强化学习的应用同样令人瞩目。机器人通常面对高动态和非结构化的环境，传统的控制算法难以满足复杂任务的需求。强化学习通过试探与反馈的方式，使机器人逐渐学会完成复杂的任务。例如，机械臂可以通过不断调整学习如何精确抓取、搬运和组装物体；自主行走机器人则能够在不平坦的地面上保持平衡并移动。强化学习还在自动驾驶中得到广泛应用，无人车通过模拟训练与真实环境中的迭代学习，能够解决避障、换道和交通信号灯响应等问题，使其在复杂道路场景中实现安全驾驶。

强化学习也开始在金融决策、医疗诊断和能源优化等领域崭露头角。例如，在金融市场中，强化学习算法可以预测市场变化并制定动态投资策略；在医疗诊断中，智能体能够通过分析患者病史和当前症状，优化治疗方案；在能源优化中，强化学习用于动态分配电网资源，提高能源利用率。这些多样化的应用场景表明，强化学习正在从学术研究逐步走向实际部署，为多个行业提供创新解决方案。

2.4.4　强化学习的挑战与未来方向

尽管强化学习在许多应用场景中取得了令人印象深刻的成果，但它仍然面临诸多挑战。其中，样本效率是一个主要问题。传统强化学习方法依赖大量交互数据进行策略优化，而这些数据在许多实际场景中难以获取。例如，在机器人控制任务中，过多的实际训练可能导致设备磨损或危险场景，而自动驾驶的实际测试则需要面对高昂的成本和潜在的安全隐患。为了解决这一问题，学术界提出了一些改进方案，例如，基于模型的强化学习（Model-based Reinforcement Learning），通过构建环境的动态模型，智能体可以在模拟环境中进行学习，从而显著减少实际交互次数。虽然这一方法提升了样本效率，但如何在高维空间中精确建模仍是亟待解决的难题。

强化学习的另一个核心问题是探索-利用平衡。智能体需要在探索新策略和利用当前最优策略之间找到平衡，这在复杂决策问题中尤为困难。过多的探索可能浪费计算资源，延长训练时间，而过早的利用可能导致智能体陷入局部最优解。近年来，研究者提出了一些基于启发式的方法，例如，引入熵正则化或设置动态探索率，以提高算法的全局搜索能力。

近年来，强化学习与大规模预训练模型（大模型）的结合为其未来发展带来了新的可能性。目前的大模型（如 GPT、BERT、Vision Transformer 等）因其强大的表征学习能力，能够捕捉复杂的高维特征信息。将大模型融入强化学习框架，可以显著提升智能体在感知、决策和泛化能力上的表现。例如，在视觉任务中，利用预训练的视觉大模型可以为强化学习智能体提供高质量的视觉特征，从而减少环境感知的难度。在自然语言处理相关的强化学习任务中，大模型的上下文理解能力有助于智能体在复杂的语言交互场景中更好地决策。

强化学习与大模型的结合还在策略生成和样本效率方面展现了潜力。通过利用大模型的生成能力，智能体可以模拟环境中的可能交互过程，从而增强策略的探索深度和样本利用率。此外，大模型预训练后的迁移学习（迁移学习是通过将源任务，如猫狗分类，训练获得的知识迁移至目标任务，如野生动物识别，在目标领域数据量较少时显著提升模型泛化性能的机器学习范式）能力可以为强化学习提供强大的初始策略，从而加速训练过程。例如，OpenAI 在其最新的强化学习项目中结合了语言生成大模型来优化任务描述与奖励信号的设计，使得智能体能够更快地适应新任务。

未来，随着大模型的进一步发展和优化，强化学习有望在更多复杂场景中取得突破。例如，结合多模态大模型的表征能力，强化学习可以在多模态任务中表现出更强的适应性，如在同时处理视觉、语言和动作数据的任务中实现高效决策。此外，基于大模型的强化学习还可以进一步推动多智能体协作的研究。通过共享统一的多模态表征，多个智能体能够更高效地进行通信和协调，适应更复杂的群体任务场景。

2.5 本章小结

本章系统阐述了机器学习的核心概念、分类及典型算法。首先明确机器学习是数据驱动的 AI 分支，通过构建模型从数据中学习规律。分类方式按任务目标分为监督学习（含分类与回归）、无监督学习（聚类与降维）、强化学习等，按学习方式分为批量学习与在线学习。经典算法涵盖线性模型、决策树、支持向量机、聚类算法及降维方法。深度学习部分重点介绍神经网络结构、前向/反向传播机制，以及 CNN（图像处理）、RNN（序列数据）、Transformer（自注意力机制）等模型。强化学习通过智能体与环境交互优化策略，典型应用包括游戏 AI 和机器人控制。本章强调数据集划分（训练集/验证集/测试集）、过拟合与欠拟合的解决方法，以及评价指标（准确率、F1 分数、MSE 等）的重要性。未来机器学习将与大模型深度融合，拓展多模态任务与跨学科应用。

2.6　习题

在线答题

一、判断题

1. 监督学习需要标注数据。(　　)
2. 过拟合时模型在训练集中的表现差。(　　)
3. SVM 通过核函数处理高维数据。(　　)
4. LSTM 解决了 RNN 的梯度消失问题。(　　)
5. 强化学习的目标是最大化累积奖励。(　　)

二、选择题

1. 以下哪项属于无监督学习？(　　)

A. 垃圾邮件分类　　B. K 均值聚类　　C. 房价预测　　D. 语音识别

2. 下列哪项决策树的局限性？(　　)

A. 无法处理非线性数据　　B. 容易过拟合

C. 依赖大量标注数据　　D. 计算复杂度高

3. 梯度下降属于哪种优化方法？(　　)

A. 正则化　　B. 反向传播　　C. 数据增强　　D. 超参数调优

4. 下列哪项 Transformer 的核心？(　　)

A. 卷积操作　　B. 循环结构　　C. 自注意力机制　　D. 池化层

5. 强化学习的"探索-利用平衡"是指以下哪项？(　　)

A. 数据探索与模型利用　　B. 新策略探索与当前最优策略利用

C. 训练集与测试集平衡　　D. 特征选择与模型优化

三、填空题

1. 机器学习根据学习方式可分为________、________和________三类。

2. ________是一种通过树状结构进行决策的算法，而________通过组合多个弱模型提升性能(如随机森林)。

3. 在神经网络中，________层常用于提取图像局部特征，而________层适合处理序列数据(如文本)。

4. 支持向量机(SVM)通过寻找________来划分不同类别的数据，其核心思想是________。

5. 神经网络中的________函数用于引入非线性特性，解决线性模型无法处理的复杂问题。

四、简答题

1. 简述监督学习与无监督学习的区别。
2. 什么是过拟合？如何解决？
3. 随机森林的核心思想是什么？
4. 卷积神经网络的优势是什么？
5. 强化学习的基本要素有哪些？

五、思考题

1. 数据偏见：若训练数据存在性别或种族偏见，机器学习模型可能延续这种偏见。如何在不影响模型性能的前提下消除偏见？

2. 小样本学习：传统机器学习依赖大规模数据，如何利用少样本学习（Few-shot Learning）技术解决数据稀缺问题？

3. 模型可解释性：深度神经网络常被视为“黑箱”，在医疗等领域需可解释性。如何设计可解释的 AI 模型？

4. 边缘计算：在资源受限的边缘设备上部署深度学习模型，如何平衡模型性能与计算效率？

5. 强化学习伦理：AI 在自主决策时（如自动驾驶），如何确保其符合伦理规范并避免潜在风险？

第3章

生成式人工智能

本章目标

- 理解生成对抗网络与扩散模型的核心原理及技术逻辑。
- 掌握大语言模型的架构设计与对话系统的实现机制,明确其工作流程。
- 了解多模态内容生成技术的基础理论与实际应用场景,知晓不同模态融合的实现方式。
- 掌握生成系统可靠性验证的方法与技术路径,确保生成内容的准确性与可用性。

从绘画到写作,从语音到视频,生成式人工智能正以惊人的创造力颠覆传统。生成对抗网络让机器在博弈中创造逼真图像,大语言模型以海量数据训练出流畅对话,多模态技术更打破媒介壁垒,实现跨领域内容创作。但在强大能力的背后,可靠性与安全性挑战并存。本章将深入剖析生成式人工智能的核心原理、技术实现与验证方法,带读者领略其创新魅力,同时探索技术发展中的关键议题。

3.1 生成对抗网络与扩散模型原理

1. 生成对抗网络的基本结构

生成对抗网络(Generative Adversarial Network,GAN)是一种广泛应用于生成式人工智能的模型,其核心思想是通过生成器(Generator)和判别器(Discriminator)之间的对抗机制,逐步提高生成数据的质量。如图 3-1 所示,GAN 的原理在于博弈论中的零和游戏:生成器的目标是生成尽可能逼真的数据,以“骗过”判别器,而判别器则试图准确地区分生成数据与真实数据,从而达到两者共同进化的效果。

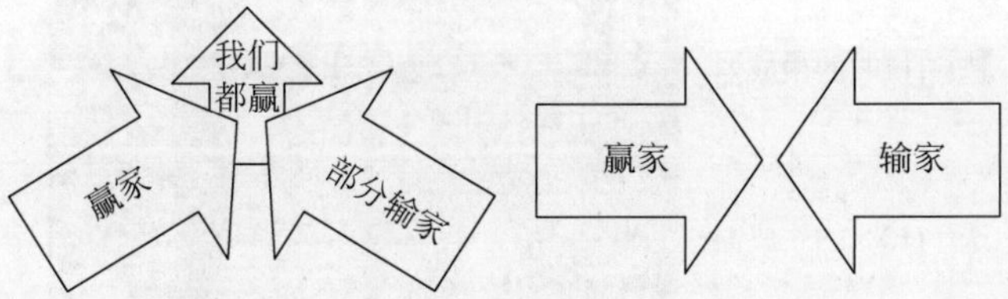

(a) 正和博弈　　(b) 零和博弈

图 3-1　博弈论示意图

如图 3-2 所示,GAN 的基本结构包括两个深度神经网络:生成器和判别器。生成器的输入通常是随机噪声向量,这些噪声经过生成器的多层神经网络变换后输出接近真实分布的样本,如图像或音频。判别器的输入是混合了真实数据和生成器输出的数据集,其输出

是一个概率值,表示输入数据属于真实数据的可能性。生成器和判别器的训练是对抗性

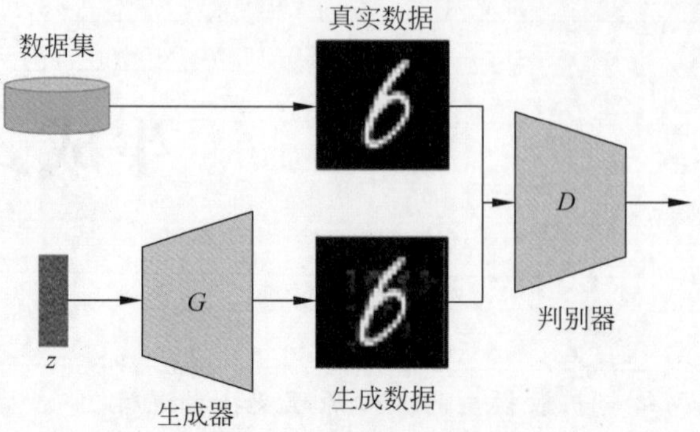

图 3-2　GAN 的原理示意图

的,生成器试图最小化被判别器正确分类为“生成数据”的概率,而判别器则通过最大化分类准确率来优化。

GAN 的训练过程是一个复杂且动态的优化问题。生成器的目标是最小化判别器的损失函数,从而使得生成数据更加接近真实数据;而判别器的目标是最大化自身的准确率,以区分真实数据和生成数据。这一过程被建模为一个极小极大的博弈问题,其目标函数定义为生成器和判别器的联合损失函数。通过反复交替地优化生成器和判别器的参数,GAN 最终能够生成接近真实分布的高质量数据。然而,由于训练过程的不稳定性,GAN 经常会出现模式崩塌(Mode Collapse)等问题,即生成器只会生成有限种类的样本。如图 3-3 所示,从上向下是根据训练轮次的增加生成的人脸中间图像。不难看出,随着训练过程的深入,人脸都趋向于同一种肤色,表情和五官也越来越相似,丧失了很多特异性信息。

图 3-3　模式崩塌示意图

在基本 GAN 的基础上,研究者提出了许多变体,以适应不同的实际需求。例如,条件生成对抗网络(Conditional GAN,CGAN)通过在输入中引入额外的条件信息(如类别标签或文本描述),使生成器能够生成具有特定属性的样本。这一特性在图像生成和文本图像转换等任务中非常有用。如图 3-4 所示,循环生成对抗网络(Cycle GAN)则被设计用于在

不同数据域之间进行无监督的样式转换，如照片与绘画之间的转换，甚至可以在不同季节的自然景观照片之间进行转换。此外，渐进式生成对抗网络（Progressive GAN）采用渐进训练的方法，通过从低分辨率到高分辨率逐步训练模型，从而大幅提升了生成图像的清晰度和细节表现。

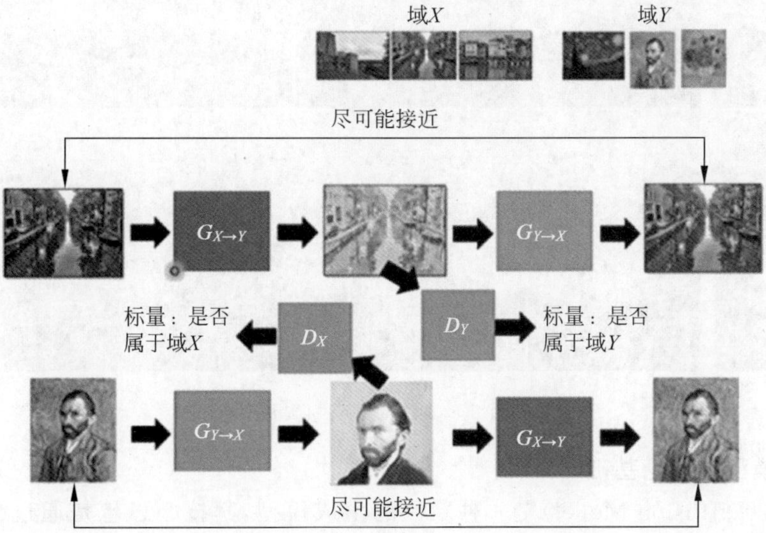

图 3-4 循环生成对抗网络应用于风格迁移

GAN 不仅仅局限于图像领域，还被广泛应用于音频生成、视频生成和数据增强等任务中。在音频生成方面，GAN 被用来生成自然的人类语音、背景音乐以及特效音效；在视频生成中，GAN 被用于动作预测、视频补帧以及风格化转换；在数据增强中，GAN 可以生成更多样化的训练数据，从而提升机器学习模型的性能。图 3-5 和图 3-6 就是一些 GAN 在学术研究中的变体算法应用和效果。

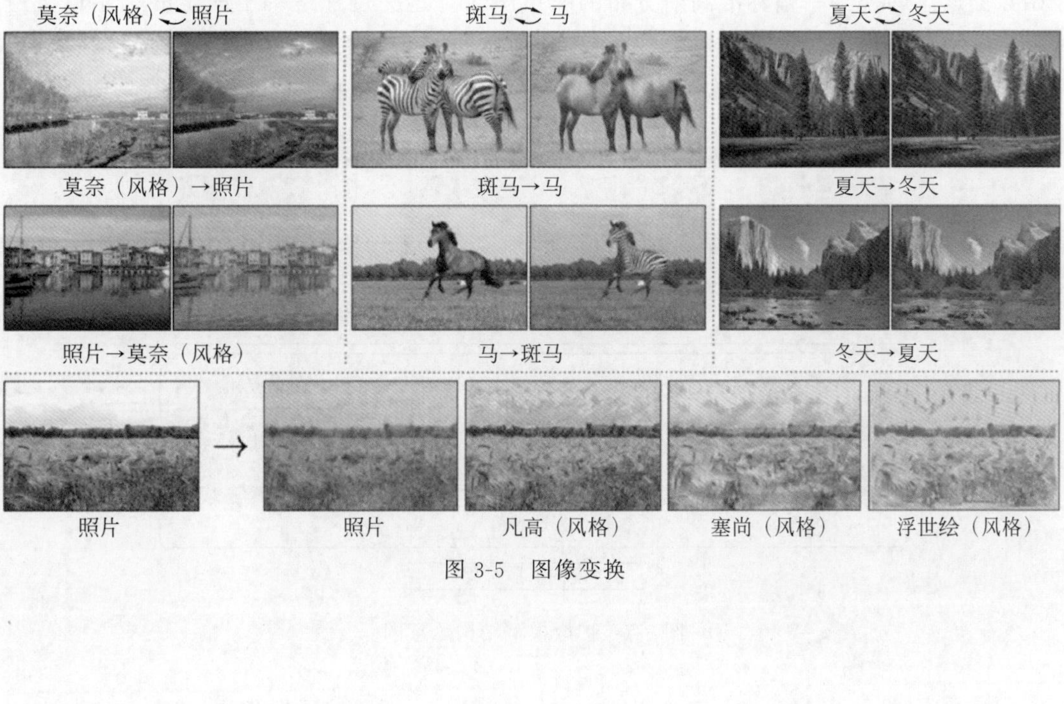

图 3-5 图像变换

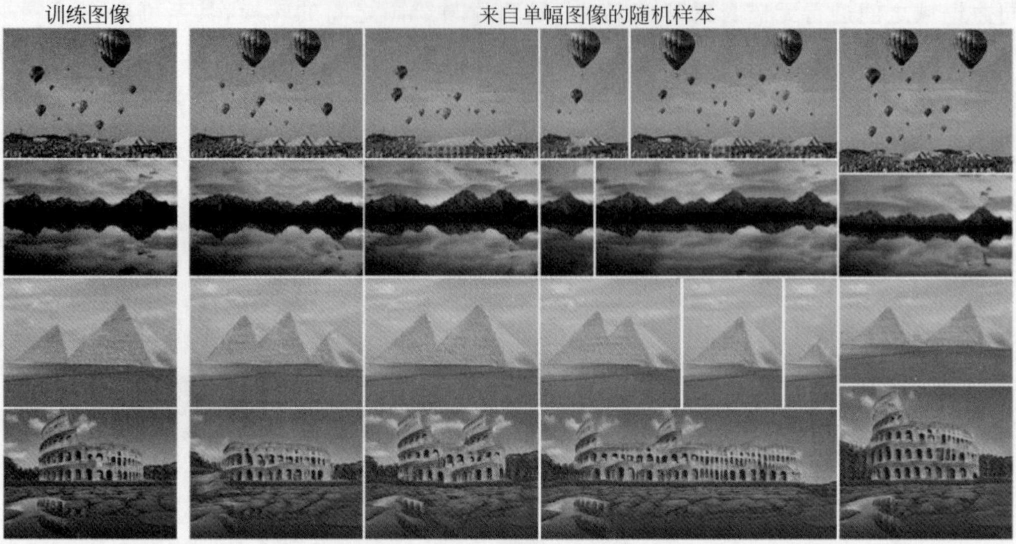

图 3-6 图像生成与复原

2. 扩展模型的理论基础

扩散模型(Diffusion Model)是一种新兴的生成模型,其核心思想是通过模拟随机过程生成数据。这类模型的理论基础源于概率论和随机过程,尤其是布朗运动和马尔可夫链等概念。相比于 GAN 直接学习数据分布的方式,扩散模型逐步将复杂数据转换为简单的高斯分布,再从高斯分布中逐步恢复复杂数据,从而实现生成任务。这一过程具备明确的理论支撑,同时具有较高的生成质量。

如图 3-7 所示,扩散模型的生成机制包括两个主要阶段:正向扩散(Forward Diffusion)和反向生成(Reverse Generation)。在正向扩散过程中,模型通过逐步向数据添加噪声,将原始数据逐渐转换为一幅标准高斯分布的噪声图像。这一过程是一个固定的马尔可夫链,每一步的噪声添加由预定义的概率分布控制,通常是零均值的高斯分布。经过足够多的步骤后,复杂的数据分布被简化为一个可控的高斯分布,这为反向生成奠定了基础。

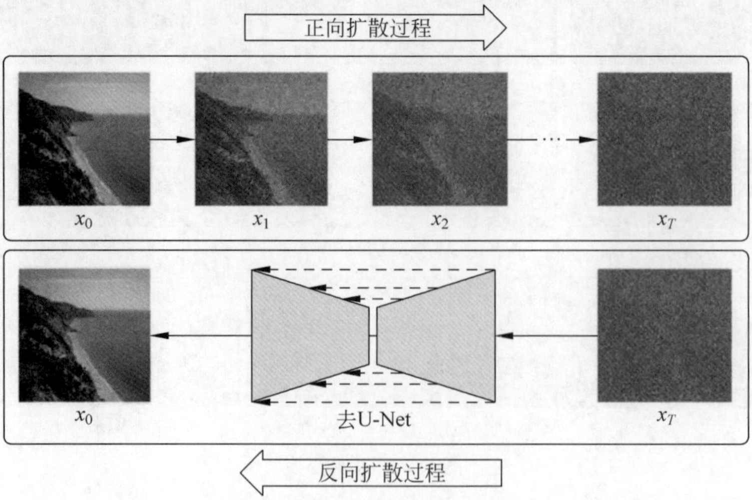

图 3-7 扩散模型结构示意图

在反向生成过程中，扩散模型逆向执行正向扩散的过程，通过从高斯分布中采样并逐步去噪，恢复出与原始数据分布一致的样本。反向生成的核心是学习一个条件概率分布，该分布可以估计当前噪声状态恢复为上一状态的概率。由于正向扩散过程是固定的，反向生成过程的训练目标是优化这一条件概率分布的近似，通常通过变分推断或得分匹配(Score Matching)的方法实现。这一双向过程使得扩散模型不仅生成质量高，而且具备理论上的收敛性。

扩散模型在实际应用中展现了极大的潜力。以DALL-E和Stable Diffusion为代表的图像生成系统便是扩散模型的成功案例。DALL-E通过结合扩散模型和大规模语言模型，能够根据文本描述生成高质量的图像，其生成的画面具有高度的语义一致性和细节表现力。而Stable Diffusion则进一步优化了扩散模型的效率，使得图像生成可以在更短时间内完成，同时支持用户通过简单的提示生成复杂的创意内容。图3-8就是DALL-E根据用户提示生成的图像。

图3-8　DALL-E生成的图像

除了图像生成，扩散模型还在其他领域得到了广泛应用。例如，在视频生成中，扩散模型可以用于补帧、动作预测和风格迁移；在音频生成中，它能够生成自然语音、音乐和音效；在医学图像处理领域，扩散模型被用来生成高分辨率的医疗影像，辅助医生进行诊断和研究。由于其生成过程的可控性，扩散模型也被用于增强数据的多样性，从而改善传统机器学习模型的性能。

与GAN相比，扩散模型的一大优势在于生成质量的稳定性和模式覆盖率。GAN常因训练中的对抗关系出现模式崩塌，而扩散模型则以逐步优化的方式生成数据，有效避免了这一问题。然而，扩散模型的主要挑战在于生成速度，由于其逐步生成的特性，生成一个样本可能需要数百步甚至更多的计算。这一问题正在通过引入加速技术(如剪枝步骤或学习更高效的反向过程)得到缓解。

3.2 大语言模型架构与对话机制

本节讲述大语言模型架构与对话机制。

3.2.1 大语言模型的结构

大语言模型的成功得益于Transformer架构的广泛应用，架构图在图2-20中有所体现。这种架构以其高效的并行计算和对长序列建模的能力，成为了现代自然语言处理模型的基础。Transformer的核心在于自注意力机制和多头注意力（Multi-Head Attention）机制。

自注意力机制允许模型在处理序列中的每个词语时，同时关注序列中的其他位置，它的结构如图3-9所示。通过计算每对词之间的相关性（即注意力权重），模型可以动态调整输入特征的权重分布，从而捕捉句子中远距离词语之间的语义关联。相比于传统的循环神经网络（RNN）只能依赖序列顺序逐步处理，自注意力机制实现了全局的信息交互，使得模型不仅高效，还能够处理更长的上下文关系。

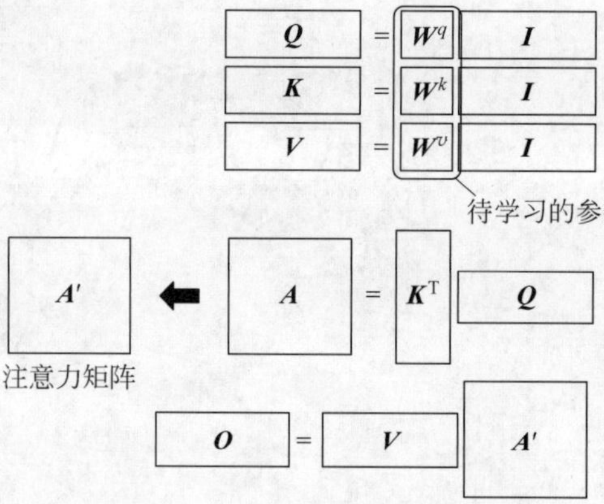

图3-9 自注意力机制的结构

多头注意力进一步扩展了这一机制。如图3-10所示，它通过在多个子空间中独立计算注意力权重，捕获不同层次或不同类型的语义关系。例如，在一段文本中，某些注意力头可能专注于主谓关系，另一些可能关注修饰词与核心名词之间的关系。这种并行化的机制增强了模型的表达能力，也为Transformer架构带来了显著的性能提升。

基于这一架构，大语言模型通常采用“预训练＋微调”的训练范式。如图3-11所示，在预训练阶段，模型通过大规模无监督语料库学习通用的语言表示，目标通常是预测序列中的下一个词（自回归语言建模）或填补序列中的空缺（掩码语言建模）。这一过程使模型掌握了广泛的语言知识和上下文理解能力。在微调阶段，模型通过有监督学习适配于特定的任务，如情感分析、问答系统或机器翻译等。这种两阶段训练策略赋予大语言模型强大的泛化能力，使其能够在多个任务中实现出色的性能。

以GPT和BERT为例，它们代表了大语言模型中两种典型的架构方向。如图3-12所示，GPT是一种生成型模型，基于自回归语言建模训练，专注于生成文本内容。其核心思想是利用之前生成的词语作为条件，逐步预测后续词语，从而实现流畅的文本生成。GPT在

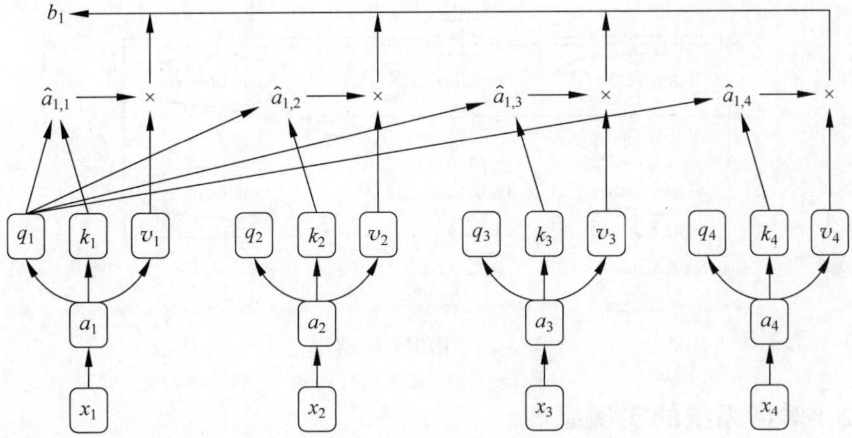

图 3-10 多头注意力机制的结构

内容创作、对话生成等任务中表现优异。相较之下，BERT 是一种理解型模型，基于掩码语言建模和双向上下文信息的捕捉。如图 3-13 所示，BERT 模型通过在序列中随机掩盖一些词语并预测这些词语，BERT 能够学习到更加细致的上下文语义信息，在文本分类、问答任务和信息抽取中有着出色表现。

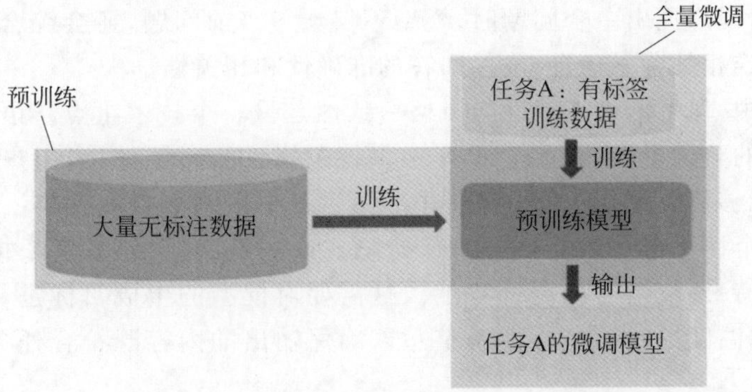

图 3-11 "预训练＋微调"的训练范式

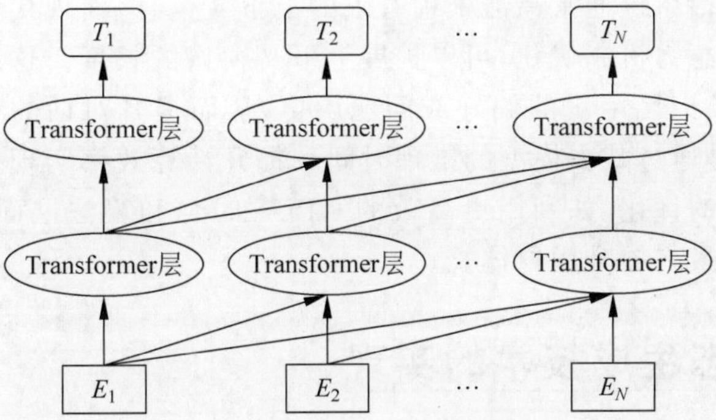

图 3-12 GPT 的结构

这两种模型在应用场景上各有所长：GPT 适合需要生成连贯文本的任务，而 BERT 在需要精确语义分析的任务中表现更佳。两者共同构成了大语言模型的两大核心流派，为自然语言处理的不同任务提供了灵活的解决方案。

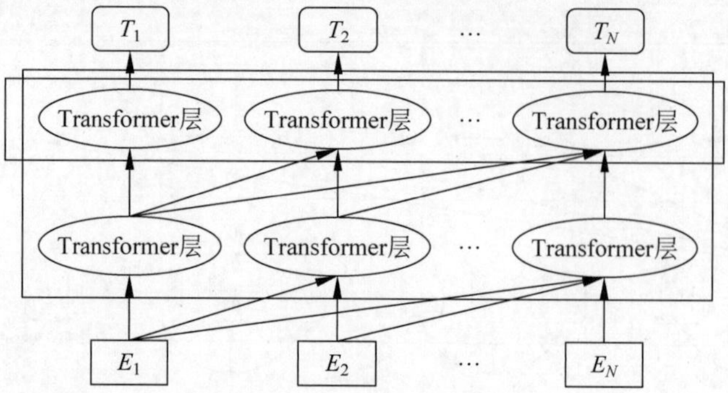

图 3-13　BERT 的结构

3.2.2　对话系统的实现原理

对话系统作为生成式人工智能的重要应用，其实现依赖于对上下文的精确建模和自然语言生成能力。核心技术之一是基于条件生成的上下文建模。这种机制通过将当前对话的历史信息作为输入条件，生成与上下文相关的自然语言回复。在实现过程中，大语言模型(如 GPT 系列)通过自回归语言建模的方式，将对话的历史信息编码为隐藏状态，并在生成每一个新词时动态调整其预测，使得输出内容既与之前的对话逻辑一致，又在语义上连贯流畅。例如，当用户提出一个问题时，模型不仅参考当前问题，还会综合考虑对话上下文中未解答的问题或相关背景信息，确保回答的准确性和相关性。

在连续对话中，保持语义连贯性与风格一致性是另一个技术重点。语义连贯性要求模型能够理解对话的整体意图，在多轮交互中保持逻辑一致。例如，当用户讨论某一特定主题时，模型需要能够持续聚焦于该主题，并避免回答中出现断点或偏离。而风格一致性则涉及语言表达的个性化与一致性，例如，保持正式或幽默的风格，或者根据对话目标(如客服解答或技术支持)调整语言的严谨程度。这需要对模型的生成目标进行优化，包括对生成策略的微调(如温度控制和多样性调整)，以确保输出的内容既符合任务需求，又满足用户的预期。

对话系统的实用性改进也是实现过程中不可忽视的关键环节。其中，上下文窗口的扩展尤为重要。传统对话系统通常只能处理有限的上下文信息，而现代大语言模型通过更高效的内存管理和自注意力机制优化，可以扩展上下文窗口的长度。这种改进使得模型在处理长对话时，能够持续记忆用户的偏好或问题历史，从而提升对话的自然性与连续性。此外，实时响应优化则是通过减少模型的推理时间和提升计算效率实现对用户输入的快速反应。这包括硬件层面的优化(如利用更高效的 GPU 加速)和算法层面的改进(如使用量化技术或轻量化模型)，最终提升用户体验。

3.3　多模态生成技术的实现

本节讲述多模态内容生成技术的实现。

3.3.1　多模态生成的基础

多模态生成技术是指利用不同模态(如文本、图像、音频等)的信息进行生成性任务的技术，旨在通过多种模态的联合表示来增强模型的表现力和适应性。多模态生成不仅涉及单一模态的生成任务，而且强调不同模态之间的互通与协作，从而能够生成更丰富、更多样的内容。这一技术的基础在于如何有效地整合来自不同模态的数据，并将其转换为一个统一的表示空间，以便进行交互式的生成。

在多模态生成的研究中，多模态数据的定义与整合是一个至关重要的环节。多模态数据指的是来自不同来源的信息，如文本、图像、音频等，它们在本质上具有不同的特征与表示方式。

如何将这些异质数据转换为能够相互理解的表示是多模态生成任务的基础。通常，这一过程涉及对每种模态数据进行编码，将其转换为高维的向量表示，并且通过一些联合学习方法，使不同模态的数据可以在同一空间内对齐，进而在此空间中进行有效的相互作用。例如，文本信息可以通过词向量（如 Word2Vec 或 BERT 模型）进行编码，而图像信息则可以通过卷积神经网络（CNN）提取特征，音频数据则通过声学特征提取进行处理。通过这些步骤，不同模态的数据能够被映射到共享的表示空间中，从而在生成任务中达到更好的效果。

在实现多模态生成的过程中，常见的模型架构包括 CLIP（Contrastive Language-Image Pre-training，对比语言-图像预训练模型）和 ALIGN（A Large-scale ImaGe and Noisy-text，大规模图像与噪声文本嵌入模型）等。这些模型基于对比学习的思想，通过学习文本与图像之间的关联来构建联合表示空间。如图 3-14 所示，CLIP 通过在大规模图像-文本对（Text-Image Pair）数据上进行预训练，学习到文本和图像之间的语义对齐，从而能够在文本描述和图像生成之间进行有效转换。ALIGN 则在此基础上进一步优化，采用更大规模的数据集来提升模型的泛化能力。这些模型不仅支持文本与图像之间的相互生成，还能够处理其他模态之间的交互，如音频与图像或文本的联合建模。CLIP 和 ALIGN 的成功表明，多模态生成的核心挑战在于如何通过合适的架构实现模态之间的语义对齐与信息共享。

3.3.2 多模态生成的应用

多模态生成应用的目标是通过一种模态的输入生成另一种模态的输出，在不同模态之间建立起有意义的关联。通过多模态数据的相互作用和转换，多模态生成能够创造出多样的、丰富的内容。当前在学术界和工业界主要有四大多模态生成应用：文生图、文生音、图生文与文生视频。

1. 文生图

文生图（Text-to-Image）技术是一种能够将自然语言的描述转换为高质量图像的生成方法。这项技术的核心在于利用深度学习模型理解文本中的语义信息，并将其映射到视觉内容的生成过程中，从而实现多模态数据的精准转换。通过文生图技术，用户只需输入简短的文本描述，就可以生成符合描述语义的图像，这在内容创作、艺术设计和交互娱乐等领域展现出巨大的潜力。

文生图的实现依赖于先进的深度学习模型，这些模型能够在语言模态到视觉模态之间建立起复杂的关联。具体而言，文生图模型通过大量的图像-文本对数据进行训练，学习文本语义与视觉特征之间的映射关系。以 DALL-E 为代表的生成模型，通过基于 Transformer 架

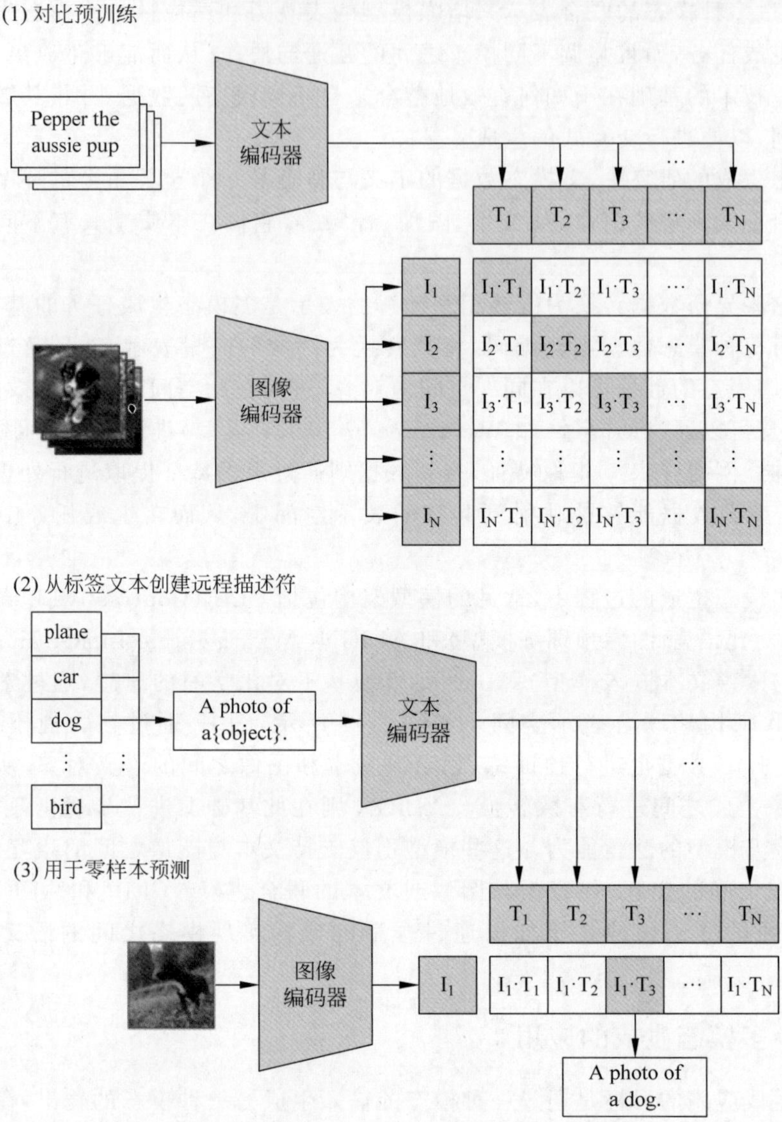

图 3-14　CLIP 的结构

构处理文本输入，捕捉语言中的细节信息，并将其转换为图像生成的指导信号。DALL-E 能够生成的图像不仅具有语义的一致性，还体现了出色的创造性，如生成现实中不存在的虚构场景或物体，这些场景与描述中的抽象概念高度匹配。

与 DALL-E 采用的 Transformer 架构不同，Stable Diffusion 基于扩散模型的原理，从完全随机的噪声中逆向生成出符合文本描述的图像。在扩散模型中，正向扩散阶段将图像转换为纯噪声，模型通过学习如何从噪声中逐步还原图像，在反向生成阶段生成高质量的图像。这种生成方法以稳定的生成过程著称，能够有效保留文本输入的细节和语义信息，同时生成的图像质量也表现出色。相比于传统的生成对抗网络，扩散模型在多样性和细节表达上更具优势，尤其是在生成复杂场景时表现更加稳定，如 MidJourney 就是由美国同名研究实验室开发的人工智能图像生成工具，其核心功能是基于扩散模型技术实现文本到图像的多模态转换。该工具通过集成自然语言处理与计算机视觉算法，将用户输入的文本描述解析为潜在空间表征，并生成符合语义约束的数字图像。目前该工具已经累计近 1500 万用户，每年约可进账一亿美元。

除了国外主要开发的应用，国内的多家大模型公司也在该领域表现突出，如阿里公司达摩院的通义文生图大模型，已经在相关的横向测评指标中取得了比较高的得分。图 3-15 所示就是达摩院的通义文生图大模型的实测图。

图 3-15　达摩院的通义文生图大模型的实测图

文生图技术已经被广泛应用于多个领域，在艺术创作中提供了全新的表达方式，设计师可以通过简单的文本描述迅速生成创意原型。如图 3-16 所示，在广告行业，文生图能够高效生成符合品牌调性的图像，降低人工设计的时间成本；在教育和科研中，这项技术被用来可视化抽象概念，帮助学生和研究者更直观地理解复杂内容。此外，文生图技术还为普通用户打开了创意表达的大门，即使没有绘画技能，也可以生成与自己想法高度契合的图像作品。

图 3-16　文生图模型的效果图

近年来，随着文生图技术的不断进步，用户对图像生成过程的可控性提出了更高要求，这催生了诸如 ComfyUI 这样的可视化界面工具。如图 3-17 所示，ComfyUI 是一个专为文生图生成任务设计的用户界面工具，旨在通过直观的交互和模块化操作，使复杂的图像生成过程变得更加易于理解和操作。在整个操作过程中，用户不用手动写代码，只需要拖动已有的工具框串联起来整个流程，非常方便。该工具特别适用于扩散模型(如 Stable Diffusion)的生成过程，允许用户精确控制从文本输入到图像输出的各个环节。

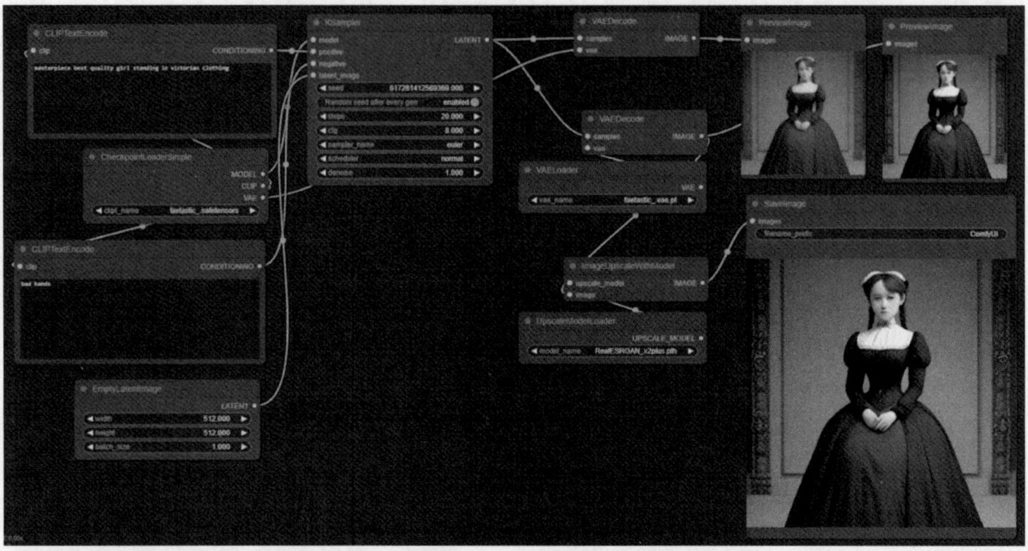

图 3-17　ComfyUI 工作流示意图

ComfyUI 的核心特点在于其模块化的工作流设计，用户可以将生成过程拆解为多个步骤，每个步骤都通过一个可视化的节点表示。例如，用户可以通过调整文本嵌入节点来优化描述的语义权重，或通过噪声采样节点来控制图像的生成样式。此外，ComfyUI 还支持对生成参数的详细配置，包括步数、扩散强度和风格偏好等，从而使生成结果更贴合用户的需求。

另一个显著优势是实时预览功能。在生成图像的过程中，用户可以动态查看每个步骤的中间结果。这种功能不仅增强了图像生成的透明性，还让用户可以快速识别和调整生成过程中的问题，避免浪费计算资源。ComfyUI 的界面友好、功能强大，使得即使是非专业用户也能轻松上手，通过试验和调整创建高质量的图像作品。

ComfyUI 的出现不仅降低了文生图技术的使用门槛，也促进了技术的普及。它被广泛应用于艺术创作、视觉设计和教育培训等场景中，为用户提供了高效且灵活的生成体验。未来，随着 ComfyUI 的功能不断升级，它有望支持更多模型和生成技术，为文生图技术的发展提供更强有力的支持。

2. 文生音

文生音(Text-to-Audio)技术是生成式人工智能的一个重要分支，致力于将文本描述转换为高质量的音频内容。这项技术涵盖了语音合成和音乐生成等多个方向。在语音合成方面，文生音技术的目标是将书面文本转换为流畅、自然的人类语音。这不仅需要模型对输入文本的语法和语义有深刻理解，还要求它能够生成富有情感和节奏感的音频。例如，当文本描述中涉及问题句时，模型需要在语音中表现出疑问的语调；而当描述含有情感词汇时，语音则需反映出相应的情绪。这些特点使语音合成技术成为智能助手(如 Siri、Alexa)、导航系统、语音读物、无障碍服务等领域不可或缺的工具。

在语音合成技术的发展过程中，基于深度学习的方法已经成为主流。传统的基于规则的方法虽然可以生成清晰的语音，但在自然性和灵活性上存在局限。而现代的神经网络模型，如基于 Transformer 的 Tacotron 系列和 WaveNet，利用大规模数据训练能够捕捉到语音中的细微特征。这些模型将文本输入转换为语音参数表示，然后通过神经声码器生成最终的音频。这种方式不仅显著提升了语音合成的音质和自然性，还为个性化定制提供了可能，如生成特定口音或语气的语音。

与语音合成不同，文生音技术在音乐生成领域的应用更具创造性。音乐生成系统利用文本描述生成符合特定风格和情感的音乐片段。例如，用户输入"欢快的旋律，节奏轻快，类似爵士乐的风格"，系统便会生成一段具有相应特征的音乐。这一过程要求模型能够将自然语言中的音乐元素映射到音符、节拍和和弦等具体的音乐特征。OpenAI 也有很多相关的接口和应用，如 OpenAI 的 Jukebox 和 谷歌公司 的 Magenta 项目，已经展现了文生音在音乐创作中的强大潜力。Jukebox 通过生成波形的方式直接创作音乐，而 Magenta 则专注于 MIDI 格式的生成，允许用户进一步编辑和调整生成的作品。

文生音技术的应用场景日益丰富。在个性化音乐创作方面，文生音可以为用户提供定制化的背景音乐，不需要复杂的音乐创作知识；在广告和电影配乐中，这项技术能够快速生成符合主题的音频内容；在教育领域，文生音可以辅助教师设计更加生动的教学音频，提升学习体验。此外，文生音技术还为社会公益提供了帮助，如为听障人士开发可视化音乐工具，或者通过语音合成帮助语言障碍患者进行交流。

3. 图生文

图生文(Image-to-Text)技术是生成式人工智能的重要应用方向，它赋予了计算机从图像中提取关键信息并生成文字表达的能力。这一技术的核心在于如何将视觉信息转换为语言信息，使机器能够以文字形式描述图像内容，或者回答与图像相关的问题。图生文技术的广泛应用场景包括图像描述生成、视觉问答(Visual Question Answering，VQA)等，它不仅推动了人机交互的智能化，也为数据标注、辅助服务等传统领域带来了新的可能。

图像描述生成是一项经典的图生文任务，旨在为给定的图像生成自然语言形式的描述。其基本流程通常涉及两个主要阶段：特征提取和语言生成。在特征提取阶段，模型通过卷积神经网络提取图像中的核心视觉特征，如物体、场景和关系信息。这些特征随后被输入循环神经网络或基于 Transformer 的架构中，以生成连贯的文字描述。例如，一张展示草地上小狗追逐球的图片可能被描述为"一只小狗在草地上玩球"。这种描述不仅需要模型理解图像中的主要物体，还需要捕捉它们之间的动态关系。近年来，图像描述生成技术已经广泛应用于无障碍辅助工具中，为视障用户提供图像的文字解释，同时也在搜索引擎中用于大规模图像数据的自动标注和分类。

VQA 是图生文技术的另一重要应用，目标是让模型回答基于图像内容的问题。如图 3-18 所示，与图像描述生成不同，VQA 不仅需要模型理解图像，还要求它能够根据问题的语义对图像进行推理。例如，给定一幅图像显示一辆红色的汽车停在路边，并提出问题"车是什么颜色"，模型需要识别汽车的位置和颜色并生成正确答案"红色"。VQA 任务的实现通常结合视觉和语言模型，通过多模态的融合网络来实现。视觉部分负责提取图像的内容特征，语言部分则通过解析问题来识别需要关注的视觉区域。两者结合后，模型通过联合特征空间完成推理并生成答案。

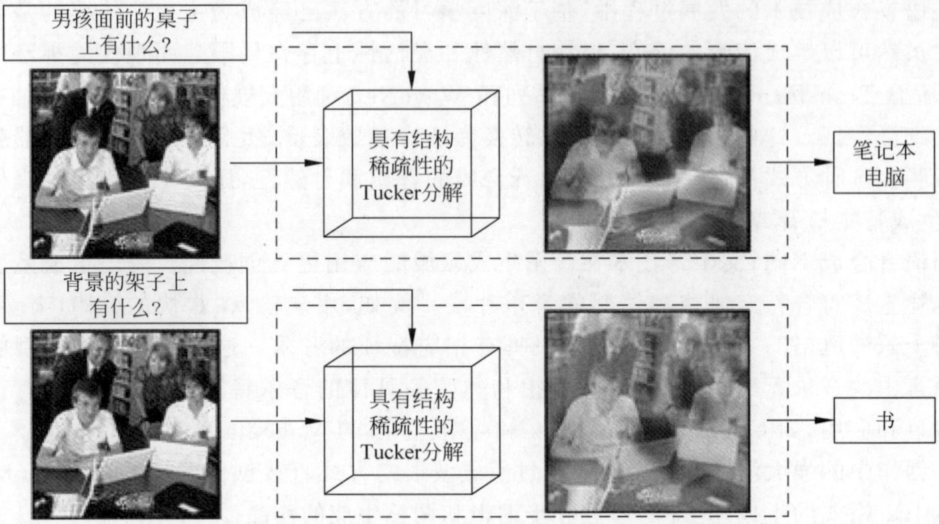

图 3-18 VQA 结构示意图

图生文技术在多个领域展现了广阔的应用前景。在智能家居领域,VQA 可以帮助用户通过语音查询控制家电设备,如"餐桌上有几个盘子";在自动驾驶领域,该技术能够辅助车辆理解环境中的交通标志或行人行为;在机器人视觉中,图生文技术可以为机器人提供更智能的环境感知和人机交互能力。随着多模态学习技术的进步,图生文技术正在朝着更加精准、通用和智能的方向发展,未来将进一步增强计算机理解和表达多样信息的能力,为人类生活带来更便捷的技术支持。

4. 文生视频

文生视频(Text-to-Video)技术近年来在生成式人工智能领域备受关注,一些应用平台,如 Runway、Sora 和 DeepMind 推出的 DreamFusion 等,正在推动这项技术从研究阶段走向实际应用。这些平台通过提供简单易用的界面和强大的视频生成能力,让用户能够输入一段文字描述,快速生成符合预期的视频内容。文生视频不仅在创意领域大放异彩,也展现了广泛的商业潜力。

如图 3-19 所示,Runway 是当前最受欢迎的文生视频平台之一,致力于降低内容创作的技术门槛。用户可以通过自然语言描述指定场景、动作或风格,Runway 的系统将生成一段动态的视频内容,如"一个穿着红裙子的人在海边散步,远处有日落的场景"。Runway 以其操作简单和生成速度快的特点,吸引了许多内容创作者,特别是在短视频制作和广告领域中表现突出。

Sora 是另一款广受欢迎的文生视频工具,它通过整合文本理解与视频生成技术,为用户提供更个性化的内容创作体验。Sora 在生成艺术视频、虚拟现实短片以及动态演示内容方面表现出色。例如,通过输入描述"森林中的宁静清晨,雾气笼罩着树木",用户可以生成一段唯美的自然风光视频。如图 3-20 所示,Sora 的核心优势在于其生成内容的艺术性和高品质,使其成为创意设计和高端广告制作的重要工具。

这些应用在实现文生视频的过程中,底层技术仍然依赖于先进的生成模型,包括扩散模型和基于 Transformer 的时间序列建模等。尽管这些技术是实现效果的核心支撑,但平台的用户体验更加注重操作的简便性和结果的直观性,而不需要用户了解复杂的技术细节。

图 3-19　Runway 视频生成大模型

图 3-20　Sora 生成的视频截图

文生视频技术在娱乐、教育和营销等领域的应用潜力正在被不断挖掘。例如，在短视频平台中，文生视频可以帮助创作者迅速生成符合主题的视频片段，节省制作时间并提升创意表现力。在教育领域，用户可以通过简单的文字描述生成动态演示视频，如“火山喷发的过程”或“人体心脏的血液流动”，为教学提供直观的可视化素材。在广告和品牌推广中，文生视频能够根据产品特点生成个性化动态广告，为营销活动注入更多创意元素。

3.4　生成系统的可靠性验证方法

生成系统的可靠性验证是确保生成式人工智能技术能够安全、稳定和有效应用的关键环节。在人工智能生成内容的各个领域，从文本、图像到音频甚至视频的生成，需要确保系统能够持续产出高质量、可信且无害的内容。随着这些技术逐渐渗透到日常生活和工业应用中，如何评估和优化生成内容的质量、确保其真实性与安全性、保证生成出来的内容符合当地的法律法规要求，并对模型进行持续的性能提升，已成为研究者和开发者必须面对的重要问题。

首先,生成内容的质量评估是验证生成系统最基础且最关键的环节。传统上,内容的质量评估分为定性和定量两类方法。定性评估依赖人工审查和用户反馈来判断内容的创造性、连贯性和情感传达效果。这种方法虽然直观,但依然难以覆盖所有潜在的质量维度。而定量评估则借助于一些自动化的评分标准和指标,如 BLEU(Bilingual Evaluation Understudy,双语互译质量评估指标)和 FID(Fréchet Inception Distance,弗雷歇初始距离)。BLEU 常用于评估文本生成系统,尤其是机器翻译领域,它通过比较生成内容与参考内容之间的相似度来给出评分。而 FID 则更多地应用于图像生成,评估生成图像和真实图像之间的分布差异。尽管这些指标可以高效地量化评估过程,但它们也存在一定的局限性,往往忽视了内容的创意和细腻性。因此,结合用户反馈和人工审评的方式,可以为生成内容的质量评估提供更全面的视角,确保评估的结果更加客观和细致。

生成内容的真实性和安全性是另一个不可忽视的方面。如图 3-21 所示,随着生成式人工智能技术的不断发展,尤其是文本生成、图像生成和视频生成等领域的突破,如何确保生成内容在真实性和道德层面符合社会标准,成为亟待解决的问题。模型训练中的数据偏差问题是影响生成内容真实性的主要原因之一。生成模型依赖大规模的训练数据集来学习生成规则,而这些数据集的质量和多样性直接影响着生成内容的公正性和准确性。如果数据中存在性别、种族或其他社会偏见,模型可能会放大这些偏见,导致生成的内容具有误导性或歧视性。因此,如何处理这些偏差,设计更为公正和多样化的训练数据集,是目前一个非常重要的研究方向。此外,生成内容的安全性也不可忽视,尤其是当技术被不法分子用来制作假新闻、虚假宣传或恶意内容时。为了防止这些问题,生成模型需要加入更多的安全防护措施,例如,对生成内容的实时审查、对恶意内容的过滤,以及建立完善的伦理审查机制。这些措施能够有效避免生成内容的误用,从而提高技术的安全性和社会责任感。

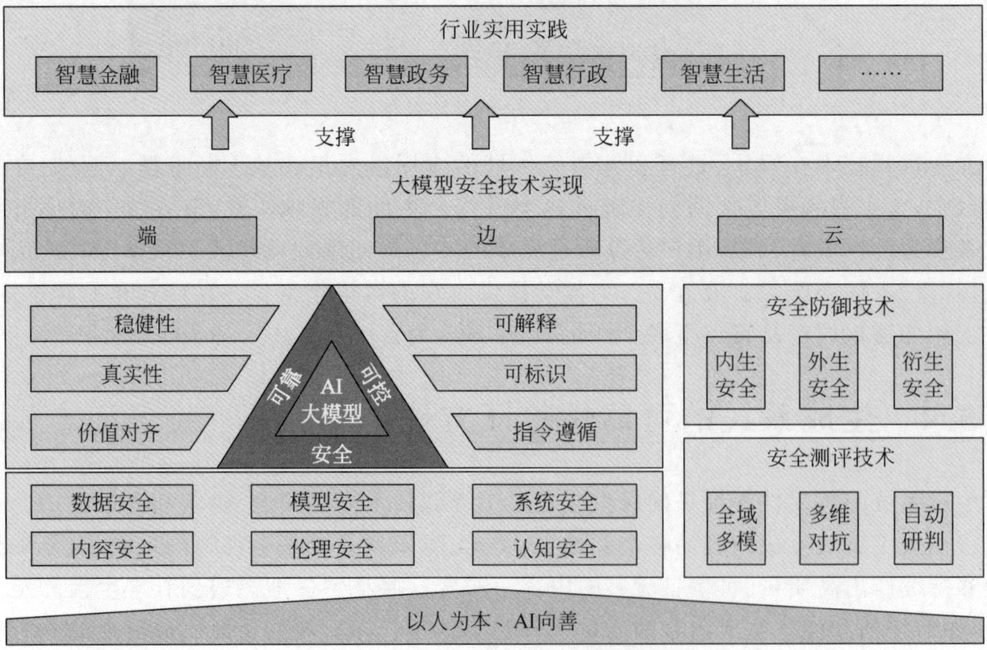

图 3-21 大模型安全规范示意图

最后，生成系统的持续优化和性能提升是确保模型长期稳定运行的关键。随着应用场景的不断变化和用户需求的多样化，生成系统不能依赖静态的模型，而需要通过持续学习和在线微调来应对新的挑战。持续学习使得模型能够根据新的数据和反馈不断优化自己，保证生成内容始终保持与时俱进。而在线微调技术则能够在系统运行过程中根据实时反馈调整模型的参数，使其更好地适应新的生成任务。可解释性和透明度是另外一个亟待解决的问题。尽管生成模型在许多任务中表现出色，但其"黑箱"特性使得模型决策过程难以理解和控制。为了增强用户对生成系统的信任，需要对这些模型的决策过程进行可解释性研究，让开发者和用户能够更好地理解模型行为，并在必要时加以调节。

生成系统的可靠性验证涉及内容质量、真实性、安全性和持续优化等多方面。在实际应用中，只有在这些方面都达到了较高的标准，生成系统才能有效发挥其作用，为各类产业带来巨大的价值。随着生成式人工智能技术的不断发展，如何平衡技术的创新与社会责任，如何在确保内容质量和安全性的基础上实现系统的持续优化，将是未来研究和应用的重要方向。

3.5　本章小结

本章深入探讨了生成式人工智能的核心技术与应用。首先，系统解析了 GAN 与扩散模型的原理，对比了两者的优缺点及应用场景，如 GAN 的模式崩塌问题与扩散模型的稳定性。接着，围绕大语言模型（如 GPT、BERT）的架构与对话机制，阐述了 Transformer 架构的自注意力机制及"预训练＋微调"范式的重要性。多模态生成技术部分详细介绍了文生图、文生音、图生文等应用，强调 CLIP、Stable Diffusion 等模型的创新。最后，讨论了生成系统的可靠性验证方法，包括质量评估、安全性审查及持续优化策略。

3.6　习题

在线答题

一、判断题

1. GAN 通过生成器与判别器的对抗学习提升生成质量。（　　）
2. 扩散模型的生成过程包含正向扩散与反向去噪。（　　）
3. Transformer 架构依赖循环神经网络处理长序列。（　　）
4. 文生图技术只能生成现实存在的图像。（　　）
5. 生成系统的可靠性验证需结合定量指标与人工评估。（　　）

二、选择题

1. GAN 的主要挑战有哪些？（　　）
   A. 模式崩塌　　B. 计算速度慢
   C. 无法处理高维数据　　D. 依赖大量标注数据
2. 扩散模型的理论基础是什么？（　　）
   A. 博弈论　　B. 随机过程　　C. 符号逻辑　　D. 决策树
3. 大语言模型的"预训练＋微调"范式中，预训练使用下列哪项？（　　）
   A. 标注数据　　B. 无标注数据　　C. 少量样本　　D. 结构化数据

4. 以下哪项属于多模态生成应用？（　　）

A. 图像分类　　B. 文生图　　C. 语音识别　　D. 回归分析

5. 生成内容的安全性验证不包括下列哪项？（　　）

A. 数据偏差检测　　B. 恶意内容过滤　　C. 模型参数优化　　D. 伦理审查机制

三、填空题

1. GAN由________和________两个网络组成，通过对抗训练生成数据。

2. 大语言模型的核心架构通常基于________机制，能够有效处理长距离依赖关系。

3. 在扩散模型中，数据生成是通过逐步________噪声来实现的。

4. 多模态生成技术需要解决不同模态数据间的________问题。

5. Transformer架构中的________机制使大语言模型能够有效处理长文本依赖关系。

四、简答题

1. 简述扩散模型的生成过程。

2. GPT与BERT架构的差异是什么？

3. 多模态生成的核心挑战是什么？

4. 文生图技术的主要应用领域有哪些？

5. 生成系统可靠性验证的关键环节有哪些？

五、思考题

1. 模型融合：GAN与扩散模型能否结合？例如，用GAN加速扩散模型的反向生成步骤，如何设计架构？

2. 多模态推理：如何实现更复杂的多模态推理（如“描述图像中的情感并生成对应的音乐”）？

3. 动态控制优化：文生图工具如ComfyUI通过模块化节点控制生成过程，如何将这种动态控制机制扩展到文生视频或文生音任务中？

4. 低资源场景应用：在缺乏高质量图像-文本对的小众领域（如古籍修复），如何利用少量数据训练多模态生成模型？

5. 生成系统可解释性：扩散模型的生成过程具有黑箱特性，如何设计可视化工具解释其去噪步骤与语义映射关系？

第4章

智能体系统与实体应用

本章目标

- 理解软件智能体的定义与特点，掌握其感知、决策与执行的完整过程。
- 了解基于规则与学习的智能体系统差异，熟悉常见的软件智能体架构及应用场景。
- 掌握具身智能体的概念与发展背景，明确其感知系统构成及实际应用场景。
- 理解群体智能的基本概念，掌握群体中个体行为与集体决策机制，熟悉群体协同算法及实际应用。
- 了解人机协同的基本理念与目标，掌握认知增强的技术手段及信息流与任务分配方式。

当人工智能走出虚拟代码，在现实世界中感知、决策与协作，智能体系统便成为连接数字与物理的桥梁。软件智能体以高效算法处理复杂任务，具身智能体赋予机器感知与行动能力，群体智能协同算法模拟生物智慧实现高效协作，人机协同则让人与机器优势互补。本章将深入解析智能体系统的运行机制与实体应用，揭示人工智能如何从个体智能迈向群体协同，赋能生产生活的各个环节。

4.1 软件智能体的工作机制

本节讲述软件智能体的工作机制。

4.1.1 软件智能体的定义与特点

软件智能体(Software Agent)是集成大语言模型推理能力的自主程序系统，通过语义理解与环境交互实现复杂决策链构建与动态任务规划。它不仅是一个简单的计算机程序，而且是一种具备某些“智能”特性的系统。与传统的软件不同，智能体能够感知外界信息、理解这些信息并做出决策，且具备一定的适应性，能够根据环境的变化调整自身行为。智能体能够自动化执行任务，通常无须人为干预或仅需要极少的监督，这使得它们在许多复杂且动态变化的环境中比传统软件更为高效。

一个典型的软件智能体需要具备几个基本特性。首先是自主性，即智能体可以在没有外部干预的情况下独立做出决策并采取行动。这种自主性意味着智能体可以独立完成任务并根据环境变化做出调整。其次是感知能力，智能体能够通过传感器、接口或外部数据输入收集环境信息。智能体的感知能力使其能够“理解”世界，并获取执行任务所需的数据。例如，智能体可以读取传感器数据、接收用户输入或获取其他系统的信息。再次，智能体具备决策能力，它能够根据收集到的信息进行推理或计算，并根据特定目标做出决策。这种决策通常基于一定的规则、算法或者通过学习获得的经验。智能体的决策可以是基于预定义的规则，也可以通过机器学习等方法不断优化。软件智能体的认知决策过程如图 4-1 所示。

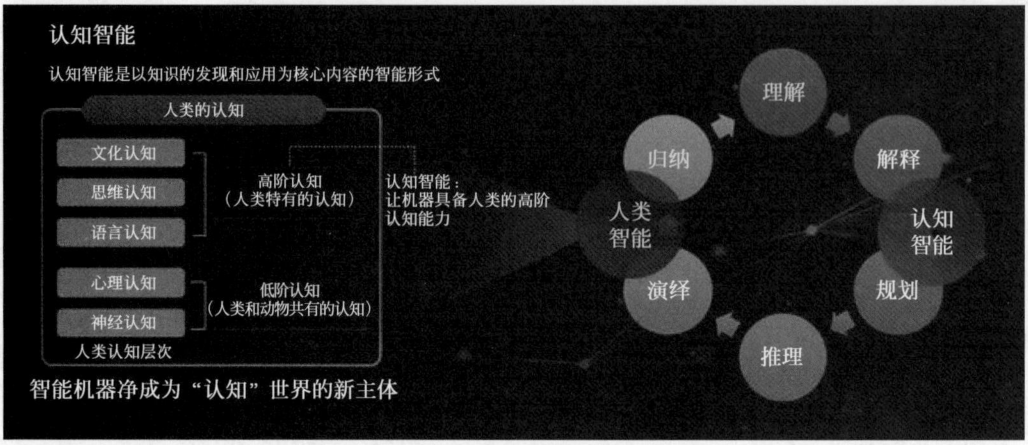

图 4-1 软件智能体的认识决策过程

除这些基本能力外，软件智能体还具有适应性，即智能体能够根据环境的变化进行调整和优化。许多复杂的环境是不确定和动态的，智能体通过适应机制能够应对环境的突发变化并持续执行任务。例如，一个智能家居系统中的智能体会根据用户的偏好和环境变化调整室内温度，而不需要人工干预。智能体的适应性通常通过学习算法来实现，学习算法使得智能体能够通过不断地经验积累来优化其行为。智能体还可以具备交互性，与其他智能体或人类进行沟通与协作。这种交互性使得智能体能够在多智能体系统中协作完成复杂任务，如在智能交通系统中，多个智能体之间可能会协同工作以优化交通流量。

这些特性使得软件智能体能够在多个行业和领域中得到广泛应用。如图 4-2 所示，在智能家居领域，软件智能体可以控制家庭中的各种设备，如空调、灯光、家电等，自动调整家庭环境，提升用户体验。在智能客服中，智能体通过自然语言处理技术与用户进行对话，自动解答问题，处理查询等。在这些应用中，智能体的自主性和适应性使得它们能够高效、精确地完成任务，减轻了人工负担。再如在金融科技领域，智能体可以自动进行交易分析，预测市场趋势，甚至根据股市数据自动执行交易决策。

4.1.2 智能体的感知、决策与执行过程

软件智能体的工作过程可以从感知、决策到执行这三个主要步骤来理解，具体如图 4-3 所示，虽然有部分涉及具身智能的概念，但是为了便于读者理解软件智能体的行为逻辑，依然放到本节介绍。

首先是感知阶段，这是智能体与环境互动的起点。感知是指智能体通过各种感知设备（如传感器、摄像头、麦克风等）或接口获取来自环境的信息，这些信息可能是来自用户的输入、外部传感器采集到的温度和湿度等数据，或者是来自其他系统和设备的反馈。例如，在智能家居系统中，智能体可以通过温度传感器感知室内温度，通过摄像头捕捉环境变化，甚至可以通过语音识别技术理解用户的指令。感知的目的是帮助智能体实时了解当前环境

图 4-2 智能家居概念图

的状态,为后续的决策提供依据。由于环境通常是动态变化的,智能体需要不断地更新感知信息,以确保决策和行为的准确性。

图 4-3 软件智能体的工作过程

其次进入决策阶段,智能体将根据感知到的信息做出判断和决策。决策是智能体的核心功能之一,涉及从多种可能的行为中选择最合适的一种。这一过程通常依赖于预设的规则、决策树、推理模型或者机器学习算法。智能体的决策会综合考虑多个因素,包括当前的任务目标、环境状态、历史数据、优先级等。例如,在自动驾驶系统中,感知模块可能会识别到前方的障碍物,决策模块则需要判断是否采取制动、避让或加速等行为。如果智能体已经通过学习积累了经验,它可能会根据之前遇到的类似情况做出决策,而不是单纯依赖规则。决策过程中的计算通常会考虑到效用和风险，例如，智能体会评估每种行动的可能结果，并选择能够最大化任务成功率的行动。对于复杂的任务，智能体的决策可能并非一步到位，而是通过推理和计算逐步优化。

最后是执行阶段，即智能体根据其决策结果采取实际行动。在这一阶段，智能体通过执行指令来影响环境，或与其他系统进行交互。执行行动可能包括向其他设备发送控制信号、调整系统参数、执行某些命令，或者直接与用户进行互动。例如，在智能家居系统中，智能体的决策可能是根据环境温度自动调节空调的温度，或者根据用户的指令启动某个设备。在执行过程中，智能体需要确保其行动是有效的，并且能够实现预期目标。如果执行结果与预期不符，智能体会重新评估和修正其决策，确保系统的正常运行。

感知、决策与执行这三个阶段不是孤立的，而是形成了一个循环闭环。在执行后，智能体的状态可能发生变化，这又为下一轮感知提供新的输入。例如，智能体可能根据执行结果更新自己的内部状态，并返回感知阶段，重新获取环境的最新信息。这个反馈循环确保了智能体能够不断调整自己的行为，以应对环境的变化。这种动态的、实时的响应能力使得智能体能够在复杂和不确定的环境中有效地运行。

4.1.3 基于规则与学习的智能体系统

软件智能体的设计可以根据其决策方式分为两大类：基于规则的智能体系统和基于学习的智能体系统。这两种类型的智能体各有特点，适用于不同的应用场景。

基于规则的智能体系统通常依赖于一套预先定义的规则集，基于规则引擎的故障智能处置方法如图 4-4 所示。这些规则由专家或开发人员根据领域知识和经验设计，规定了在特定环境条件下智能体应该采取的行为。例如，在一个自动化控制系统中，规则可能包括"如果温度高于某个阈值，则开启空调"或"如果检测到障碍物，则停车"。这些规则为智能体提供了明确的决策框架，并且容易理解和实现。基于规则的智能体系统的最大优点是可控性强，开发人员可以精确设定智能体的行为，因此很容易保证系统的稳定性和可预测性。然而，这类系统也存在明显的局限性。由于规则是人工设计的，系统在遇到未考虑到的新情况时往往表现不佳，缺乏足够的适应性。例如，当面对环境中不断变化的复杂情形或是未知的情况时，基于规则的系统可能无法做出有效的应对。

与此不同，基于学习的智能体系统通过与环境的互动逐步学习最优的行为策略，而不是依赖于固定的规则集。如图 4-5 所示，这些智能体通常使用机器学习技术，如强化学习、监督学习或无监督学习等，在训练过程中从大量的交互数据中学习并改进自己的决策能力。特别是强化学习，它让智能体通过奖励和惩罚来优化自己的行为，从而找到最佳的行动策略。与基于规则的系统相比，基于学习的智能体具备更强的适应性，能够处理更加复杂和动态的环境。它们可以通过不断地学习调整行为，甚至在面对从未见过的情况时，也能根据过去的经验进行推理和应对。

例如，在自动驾驶领域，基于规则的系统可能无法处理复杂的交通场景，尤其是当环境中有不断变化的变量时，如其他车辆的突发行为。而基于学习的智能体，特别是通过强化学习训练的自动驾驶系统，能够通过大量的路测数据学习，逐步掌握如何应对不同的交通情况，甚至在复杂的交叉口或拥堵的城市街道中做出合理决策。

不过，基于学习的智能体也有其不足之处。首先，它们需要大量的训练数据才能有效

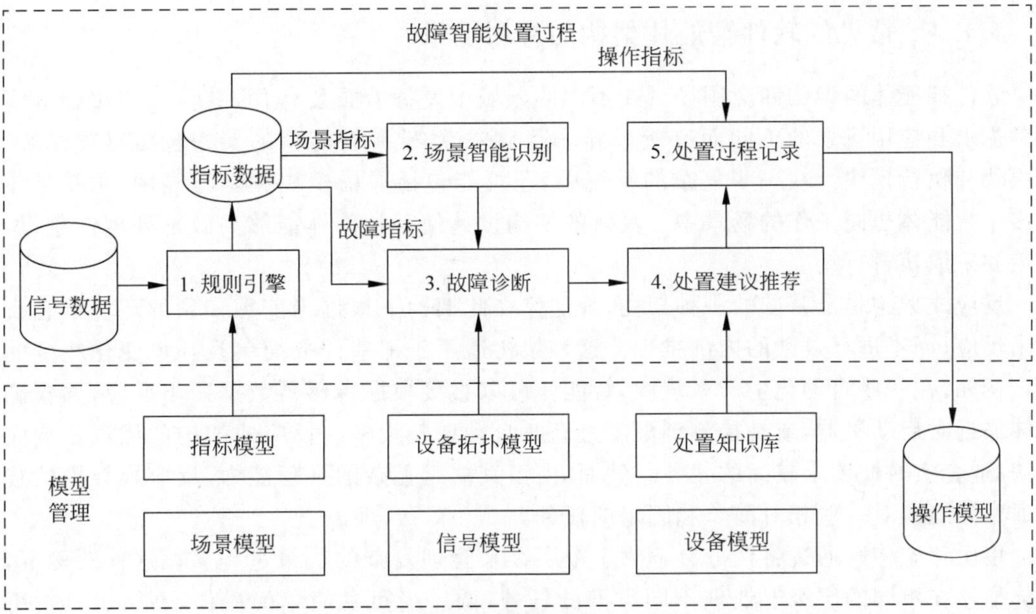

图 4-4 基于规则引擎的故障智能处置方法

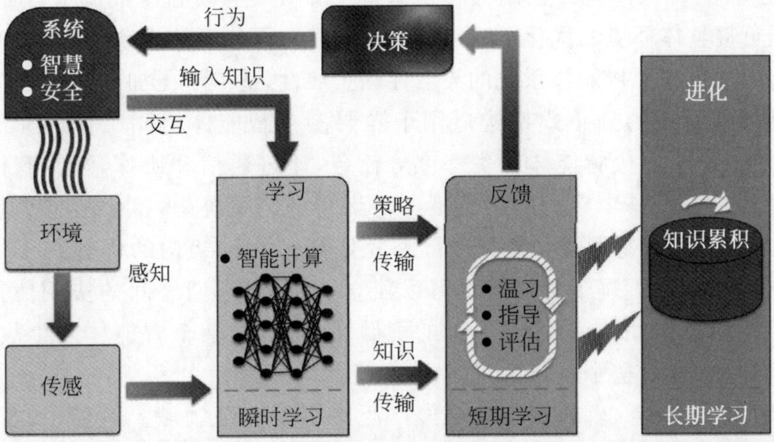

图 4-5 基于学习的智能体示意图

学习，这在某些应用中可能是一个挑战。尤其是在实际环境中，采集足够的数据可能非常昂贵且耗时。此外，学习过程可能需要长时间的训练，尤其是在深度学习和强化学习中，训练的周期通常非常漫长。此外，基于学习的智能体的行为往往较难预测和控制，因为它们是通过经验学习来的，甚至在某些情况下，可能会产生出乎意料的行为，增加了系统的复杂性和不确定性。

总体来说，基于规则的智能体系统适合于需求明确、环境变化较小的场景，且其可控性强、实现简单。而基于学习的智能体则更适合在动态和不确定性较高的环境中应用，具有更好的适应性和自我优化能力。随着人工智能技术的不断发展，基于学习的智能体将成为越来越多复杂任务的解决方案，尤其是在需要处理复杂环境和多变情况的应用中，它们的优势将愈加突出。

4.1.4 常见的软件智能体架构与应用场景

软件智能体的架构和应用场景在不同的领域中发挥着重要作用,其设计和实现方式因任务需求和应用场景的不同而有所差异。通常来说,软件智能体的架构包括感知模块、决策模块和执行模块。在一些复杂的系统中,还可能包括通信模块和学习模块,尤其是在需要多个智能体协同工作的场景中。具体的架构设计使得智能体能够高效地处理信息、做出决策并采取执行行动。

反应式架构是最基础的一种架构,智能体在此架构下根据当前感知到的环境信息直接做出反应,而不进行复杂的内部推理。这种架构适用于那些任务简单且环境变化较少的场景。例如,在一些自动化生产系统中,智能体可以直接根据传感器数据做出反应,如检测到物体靠近时启动机器,或是检测到温度过高时自动调整设备。反应式架构的优点是响应速度快,适合实时性要求较高的任务。然而,由于其缺乏复杂的推理能力,反应式架构的智能体通常只能应对一些相对简单和固定的任务。

层次化架构则通过将任务分解为多个层级来管理复杂的决策过程。在这种架构下,智能体能够在不同的层级上处理不同类型的任务,低层级负责简单的操作,高层级负责更复杂的决策。这种架构适用于需要处理较为复杂、具有多个子任务的情境。例如,在智能家居系统中,低层级的智能体可以控制具体的设备,如调节空调温度或调节灯光亮度,而高层级的智能体则负责整体环境的优化,如根据时间、温度和居住者的活动来自动调整多项设备的状态。层次化架构提高了智能体系统的灵活性和扩展性,适应了更加多样化的应用需求。

基于多智能体系统的分布式架构适用于需要多个智能体协同工作以完成复杂任务的场景。在这种架构中,每个智能体负责一部分任务,通过通信和协作,多个智能体能够共同完成一个复杂的目标。一个典型的例子是在物流和仓储系统中,多个机器人可以通过分布式系统协作搬运物品、分拣商品,甚至进行路径规划。这种架构的优势在于其高效的任务分配和灵活的工作方式。每个智能体都可以独立工作,但它们之间的协调使得整个系统能够应对更复杂的任务。此外,分布式系统的稳健性较强,当某个智能体发生故障时,其他智能体可以接管任务,确保整个系统的稳定运行。

在这些架构的支持下,软件智能体已经广泛应用于多个领域。例如,在智能客服领域,软件智能体通过自然语言处理技术与用户进行互动,解答常见问题、处理投诉或提供个性化建议。例如,银行和电商平台的客服机器人可以处理大量的用户查询,减少人工客服的工作负担。

在电子商务领域,软件智能体通过分析用户行为和偏好,为用户推荐商品或提供个性化的购物体验。通过与客户的互动,智能体能够根据用户的历史购买记录、浏览行为以及其他数据,预测用户可能感兴趣的商品,并提供相关推荐。这些智能体能够在全天候、全自动的情况下工作,极大提升了电商平台的效率和客户满意度。

在智能家居领域,软件智能体通过智能设备之间的协调,自动调整环境参数,以提升居住者的舒适性。例如,智能家居系统可以根据用户的日常作息调整温度、控制照明,甚至根据天气变化调整窗帘的开闭状态。这种系统能够通过学习用户的偏好,提供个性化的服务,提升家庭生活的便捷性和舒适度。

4.1.5 通用型 AI 智能体 Manus

作为 2025 年发布的突破性产品，Manus 以“手脑并用”的核心理念重新定义了 AI 的应用边界。这款由北京蝴蝶效应科技有限公司研发的通用型智能体，通过整合多模型协同架构与动态工具链，实现了从任务理解到成果交付的全流程自主执行。其技术基因源于团队在浏览器插件 Monica(海外用户超千万)积累的交互经验，结合季逸超团队在 Steiner 推理模型上的突破，最终形成了“规划-执行-验证”的闭环系统。

Manus 的独特之处在于其云端异步运行机制与多领域工具调用能力。用户只需输入自然语言指令，系统即可自动拆解任务链，调用浏览器、代码编辑器、数据分析工具等 30 余种模块并行处理。例如，在金融分析场景中，Manus 可自主验证数据源权威性、编写 Python 代码生成可视化图表，并部署交互式网站。这种“思考即执行”的特性，使其在通用人工智能助手基准测试中超越同类模型 23 个百分点，完成跨工具协作任务的效率较传统方式提升 20 倍。

技术架构上，Manus 采用混合智能体设计：规划代理负责任务分解与资源调度，执行代理调用外部 API 与本地工具，验证代理通过实时反馈优化执行路径。其内置的持续学习模块可记录用户偏好，如简历筛选时用户要求表格呈现，后续同类任务将直接生成结构化数据。这种动态优化能力，使其在人力资源领域可自动解压简历包、提取关键信息生成排名建议，在生活服务场景能整合用户偏好生成定制旅行手册，并异步执行机票比价、酒店预订等操作。

值得关注的是，Manus 的研发团队通过开源部分技术构建开发者生态，目前已吸引超过 500 家企业参与内测。其“全链路执行”的技术突破，不仅推动 AI 从辅助决策向价值创造转型，更为教育、医疗等垂直领域的智能化升级提供了底层支撑。随着多模态交互与跨平台协作能力的迭代，这款通用型智能体正逐步成为数字时代的“超级数字劳动力”。

4.2 具身智能体的感知与交互系统

本节讲述具身智能体的感知与交互系统。

4.2.1 具身智能体的概念与发展背景

具身智能体(Embodied Agent)指的是那些不仅具备感知、决策和行动能力，还能够与物理世界进行互动的智能体。与传统的软件智能体(如基于文本和算法的虚拟助手)相比，具身智能体的显著区别在于它们具备“身体”或“具身形态”，能够通过感知系统与物理环境进行交互，并做出相应的反应。这种互动不仅限于对外部世界的感知，还包括智能体根据外界反馈采取的行动。具身智能体通常配备有传感器、执行器、运动系统等，使其具备感知、运动、操作以及与人类或其他智能体的互动能力。如图 4-6 所示，2025 年中央电视台春节联欢晚会上表演丢手绢的机器人就是一个典型的具身智能体，它集成了多方面的能力来控制整个机器人的行为。

具身智能体的研究可以追溯到认知科学和机器人学的早期探索，尤其是在理解和模拟人类智能方面取得了显著进展。早期的研究主要集中在单一功能的机器人系统上，重点放在如何赋予机器基础的感知和执行能力，例如，通过视觉传感器识别物体，并根据识别结果

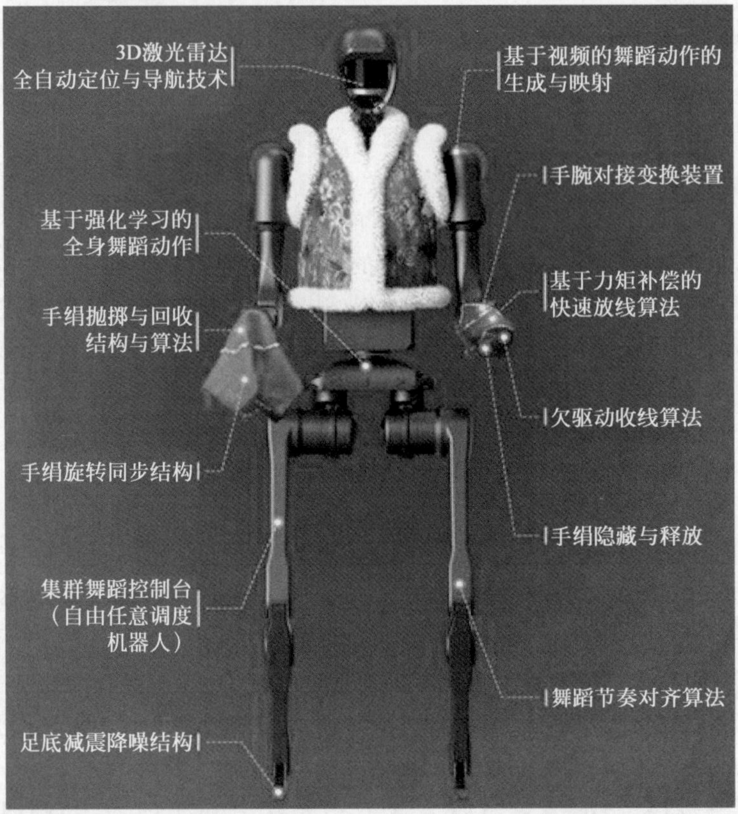

图 4-6　2025 年中央电视台春节联欢晚会中的人形机器人

执行简单任务。随着人工智能技术的不断进步,尤其是在深度学习和多模态感知方面的突破,具身智能体的能力逐步从单一功能向更加复杂、灵活的系统发展。这些系统能够通过感知多维度的信息,做出更为精准的决策,并在复杂的环境中灵活应对。

具身智能体与传统的软件智能体有着本质的区别。软件智能体通常存在于虚拟环境中,通过算法和程序执行任务,其感知和交互方式通常仅限于文本或数字信号。例如,虚拟助手通过处理用户的语音指令或文字输入来执行任务,而无须感知或与物理环境互动。相比之下,具身智能体需要依赖感知、运动和执行模块,能够在物理世界中移动、与物体进行交互、做出实时反应。因此,具身智能体不仅具备执行命令的能力,还能够根据感知的变化自主调整行为。

随着深度学习、计算机视觉、语音识别等技术的不断发展,具身智能体的能力已经大幅增强。现代的具身智能体不仅可以在简单的环境中执行固定任务,还能够在动态且复杂的环境中学习、推理并采取行动。例如,机器人在工业生产线中能够通过视觉识别不同物品,并使用机械臂进行抓取和装配;在家庭环境中,智能机器人能够识别环境中的障碍物,避免碰撞并执行清洁任务。

此外,随着虚拟现实(VR)和增强现实(AR)技术的发展,具身智能体的应用也逐渐延伸到了虚拟环境中。在虚拟环境中,具身智能体不仅具备感知能力,还能够模拟动作和互动,为用户提供沉浸式体验。例如,虚拟现实中的虚拟助手或虚拟角色通过身临其境的交互方式与用户进行交流,为用户提供即时的反馈和服务。这种将虚拟与现实结合的能力,使得具身智能体在各个领域的应用前景更加广阔。

在当今，具身智能体被视为推进人机交互技术、实现智能机器人普及的关键技术之一，在工业界和学术界热度很高。尤其在工业自动化、医疗辅助、人形机器人等领域，具身智能体展现出了巨大的应用潜力，例如图 4-7。通过不断结合人工智能、物联网、传感器技术及机器人技术，具身智能体能够在更复杂、更动态的环境中展现出更高的灵活性和适应性，推动了智能系统的发展。

图 4-7　具身智能体概念图

4.2.2　感知系统

具身智能体的感知系统是其能够理解环境并做出适应性反应的核心功能之一。如图 4-8 所示，不同于传统的虚拟智能体，具身智能体通过多个传感器系统获取环境信息，从而实现对物理世界的感知。视觉、听觉和触觉是构成具身智能体感知系统的三大主要模块，它们相互协作，共同支持智能体的行为决策和环境互动。通过这些感知能力，具身智能体能够更精准地理解周围环境，并根据感知信息进行更为灵活的动作和决策。

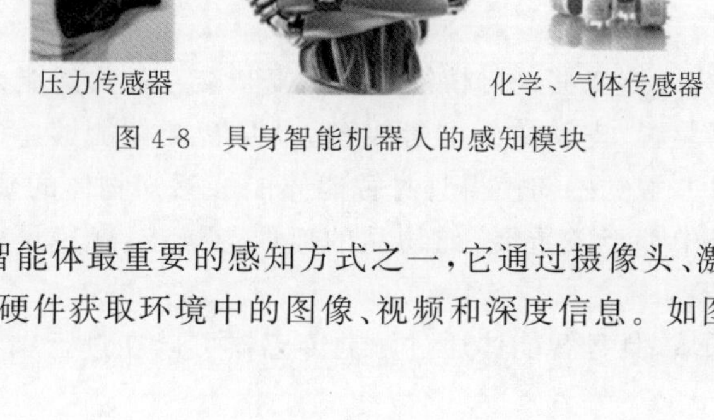

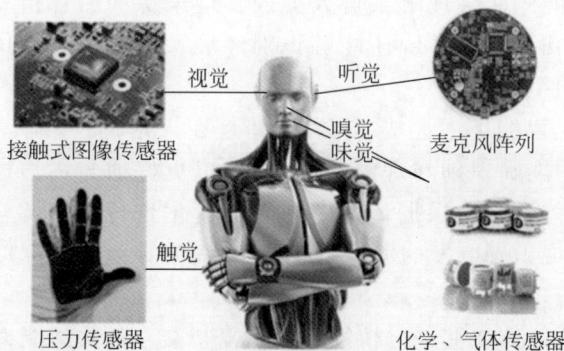

图 4-8　具身智能机器人的感知模块

1. 视觉感知

视觉感知是具身智能体最重要的感知方式之一，它通过摄像头、激光雷达、接触式图像传感器、深度传感器等硬件获取环境中的图像、视频和深度信息。如图 4-9 所示，计算机视觉技术使得具身智能体能够对捕获的图像数据进行实时处理和分析，识别物体、分割场景、估算深度以及理解空间布局。现代的计算机视觉方法，特别是基于深度学习的目标检测、语义分割、物体追踪和人脸识别等技术，极大地增强了视觉感知的能力。

图 4-9 具身智能体的视觉感知示例

通过这些视觉信息，具身智能体不仅能够感知物体的位置和状态，还可以分析物体间的关系、环境的变化以及目标任务的执行情况。例如，在自动驾驶中，智能体需要通过视觉传感器来识别交通标志、行人和其他车辆，并根据这些信息实时做出反应。同样，在服务机器人或智能家居应用中，视觉感知使得机器人能够识别家庭成员、辨别物体位置并执行任务，如物品搬运、环境清洁等。

2. 听觉感知

与视觉感知相辅相成的是听觉感知。如图 4-10 所示，具身智能体通过麦克风阵列、声音传感器等设备获取环境中的声音信息。之后通过语音识别技术，将自然语言转换为机器的输入序列，使具身智能体能够理解来自人类或其他来源的语音指令，并根据这些指令进行适当的响应。与此同时，听觉系统还能够识别环境噪声或声源的位置，从而帮助智能体对周围环境有更全面的了解。

听觉感知在交互式智能体中尤为重要，尤其是在人形助手和具有问答功能的机器人中。通过对语音命令的准确识别与理解，智能体可以更好地与用户进行沟通，提供个性化服务。此外，具身智能体还可以根据环境中的声音变化进行动态调整，如在嘈杂环境中提升语音识别的准确度，或识别突发的危险声音（如火灾警报或爆炸声）并做出反应。

3. 触觉感知

触觉感知是具身智能体能够进行精细操作和复杂交互的关键能力。如图 4-11 所示，通过力传感器、触觉反馈装置、皮肤传感器等设备，具身智能体能够感知与环境的接触、压力变化、温度波动等信息。触觉感知使得具身智能体能够感知物体的硬度、柔软度、表面纹理等特征，这在许多任务中都至关重要，如物品的抓取与操控、触摸屏的交互、虚拟现实中的触感模拟等。

例如，在机器人领域，具身智能体通过触觉传感器可以在进行精细装配工作时，识别不

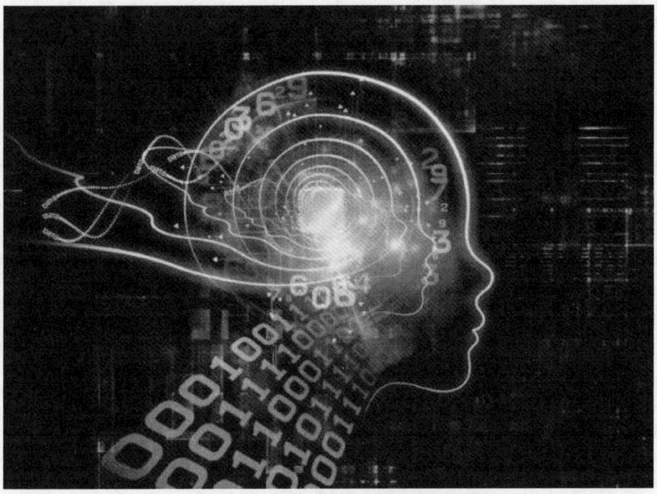

图 4-10　听觉感知概念图

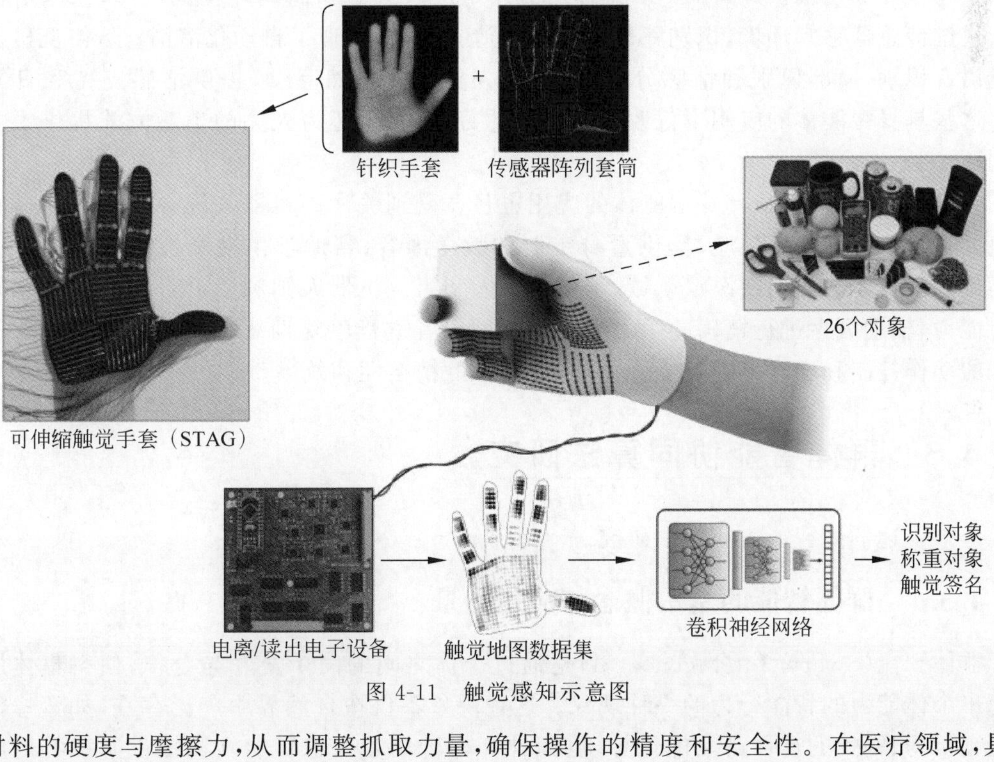

图 4-11　触觉感知示意图

同材料的硬度与摩擦力，从而调整抓取力量，确保操作的精度和安全性。在医疗领域，具身智能体还可以模拟手术中的触觉反馈，帮助外科医生进行远程手术操作。

4. 感知信息的整合与决策

为了实现更加精准和智能的决策，具身智能体需要将来自视觉、听觉和触觉的感知信息进行有效的融合。多模态感知系统的整合能够提供一个更全面的环境模型，使得智能体能够在复杂、动态的环境中更准确地理解目标任务的要求。在这方面，深度学习、传感器融合算法以及多模态数据处理技术都起着至关重要的作用。

通过有效地整合这些感知信息，具身智能体能够做出更加合理和精准的决策。例如，智能体可以根据视觉信息定位物体,并结合触觉信息判断是否能够成功抓取该物体,或根据听觉信息识别紧急的声音信号并快速反应。这种多模态感知能力为具身智能体在实际应用中的表现提供了强大的支持。

4.2.3 具身智能体的应用

具身智能体技术在多个领域的应用不断扩展,尤其是在机器人和虚拟助手等领域,展示出了显著的潜力。具身智能体的核心优势在于它能够通过感知、决策和行动的有机结合与物理世界进行互动,因此,在工业、家庭、教育、医疗等行业,具身智能体的应用已经带来了革命性的变化。

在机器人领域,具身智能体应用最为广泛。尤其是在工业机器人中,通过集成先进的感知系统和执行模块,具身智能体能够高效地完成复杂的生产任务。例如,在自动化生产线中,工业机器人通过感知环境中的物体、机器位置及工件状态,能够自主执行焊接、装配、搬运、包装等任务。这些智能体凭借其精确的动作控制和灵活的适应能力,显著提升了生产效率和作业安全性。此外,服务机器人也开始进入家庭和商业环境。例如,家庭清洁机器人通过传感器感知环境,识别障碍物并规划清扫路径,实现了自动化清洁;陪伴型机器人通过语音识别、面部识别和情感分析,能够与人类进行自然互动,提供情感支持和日常陪伴。这些具身智能体的应用不仅改变了传统的劳动模式,还为人类的生活方式提供了更多便利。

在教育和医疗领域,具身智能体的应用也日益受到关注。机器人辅导员能够通过感知学生的学习状态和情感反应,提供量身定制的教学内容,帮助学生在个性化的环境中获得更高效的学习体验。而在医疗领域,手术机器人和康复机器人则利用具身智能体的感知和执行能力,辅助医生进行精确的手术操作或帮助患者进行康复训练。这些机器人能够通过精细的动作控制和实时感知环境变化,提高治疗的精准性和效果。

4.3 群体智能协同算法研究

本节讲述群体智能协同算法研究。

4.3.1 群体智能的基本概念与应用场景

群体智能(Swarm Intelligence,SI)是通过个体之间的简单交互与合作,使得集体展现出超出个体能力的智能行为的一种现象。这种现象不仅在自然界中广泛存在,如蜜蜂群体的觅食行为、蚂蚁的觅食路径优化等,也为计算机科学和人工智能领域提供了独特的解决问题的思路。群体智能的核心特征在于,通过个体之间的局部交互、信息共享以及自组织机制,能够实现全局优化。个体通常是较为简单的智能体,它们的行为受到局部环境和相互作用的影响,但集体通过这些简单的交互,往往能够完成复杂且优化的任务。群体智能的一个重要特点是个体不需要具备全局知识或强大的计算能力,整个系统依赖的是局部的信息交流和合作。

群体智能的应用场景非常广泛,尤其在需要分布式处理和优化的领域中,展现出巨大的潜力。如图 4-12 所示,在智能交通系统的相关任务中,群体智能能够通过模拟交通流的动态变化，对交通流量进行控制和信号优化。通过模仿交通流中不同车辆的行为，群体智能可以实现实时的交通管理，优化交通信号灯周期，减少交通堵塞，提升交通效率。在机器人领域，群体智能技术被用来协调多个机器人协作完成复杂任务。多机器人系统可以通过群体智能算法进行任务分配与协作，这在自动化生产、环境监测等场景中有着重要应用。

图 4-12 群体智能概念图

在资源管理和调度方面，群体智能也发挥着重要作用。例如，在能源分配问题中，群体智能可以帮助电力网络根据实时负载情况动态调整电力分配，确保电网的稳定运行。此外，群体智能可以优化物流系统中的货物分配和路径规划，提升运输效率，降低成本。在金融领域，群体智能被用来进行市场趋势预测和风险评估，模拟多个投资者的决策过程，从而帮助制定更合理的投资策略。在这些应用中，群体智能通过模拟自然界中群体的行为，能够高效地处理复杂的分布式任务，解决传统方法难以应对的优化问题。

4.3.2 群体智能中的个体行为与集体决策机制

在群体智能系统中，个体行为是群体表现出智能的基础。每个个体通常具有较简单的规则和局部信息处理能力，而通过与其他个体的交互和合作，这些简单的行为能够合力形成复杂的全局行为。个体的行为并不依赖于全局信息，而是通过感知局部环境并根据一定规则或策略做出反应。由于个体通常是较简单的，只有通过与其他个体的互动，才能在集体中形成高效的、具有适应性的行为模式。个体之间的互动方式可以是物理接触、信号传递或数据交换等。这些交互方式不仅让个体间能够共享信息，还促成了群体中信息的有效传播和协调，从而实现全局目标的优化。个体的简单性和局部决策使得群体能够处理大规模、复杂的问题，且具有较强的适应性和稳健性。

集体决策机制是群体智能的另一个核心组成部分，它使得群体能够在复杂和动态的环境中做出有效的反应和决策。如图 4-13 所示，在群体智能系统中，个体通常并不拥有全局的信息，而是通过局部感知和与其他个体的互动来做出决策。集体决策的一个关键特点是，个体在决策过程中依赖于有限的信息，这些信息来自其自身的感知和从其他个体获得的反馈。在实际应用中,集体决策机制通常包括基于规则的决策和基于经验的决策两种类型。

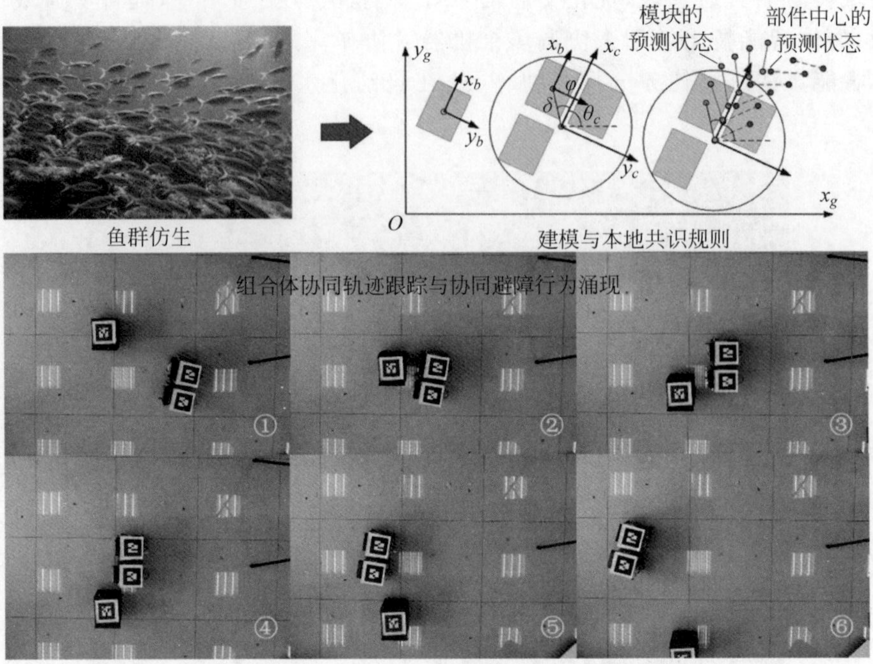

图 4-13　个体行为与集体决策

在基于规则的决策机制中,个体通常依照事先设定的规则进行反应,规则可能是由外部环境、历史数据或其他个体的行为模式所启发的。这些规则的设计目的是确保群体能够在较为稳定的环境中高效协作。例如,蚁群在觅食过程中,通过规则来指导个体如何根据食物的数量和位置调整路径,以达到最优的食物分配。这种基于规则的决策机制能够保证群体行为的统一性和稳定性,使得群体在相对确定的环境中高效运作。

与基于规则的决策相对的是基于经验的决策机制。在这种机制下,个体通过与环境和其他个体的交互积累经验,并根据这些经验调整自己的行为。个体的行为是动态调整的,能够适应环境的变化和不确定性。例如,蚁群中的个体根据不同环境中的反馈调整自己的行为路径,优化寻找到食物的速度和效率。基于经验的决策机制使得群体能够在动态和复杂的环境中不断学习和适应,具有很强的灵活性。

集体决策机制的这种灵活性和适应性使得群体能够在面对复杂任务时展现出超出个体能力的智能行为。在群体智能系统中,个体的简单决策通过集体的协作和信息传递,最终形成了高效的全局行为。这种机制不仅使得群体能够快速响应环境变化,还能够在不确定性和复杂性中做出合理决策,从而应对各种挑战。

4.3.3　群体协同算法

群体协同算法是通过模拟自然界群体行为的协作与优化特性,来求解复杂的优化问题的一类计算方法。这些算法借鉴了生物群体的集体智慧,通过局部的交互和自组织机制,形成全局的最优解或近似最优解。蚁群算法和粒子群算法是两种最具代表性的群体智能优化算法,它们在多个领域中得到了广泛的应用,并展示了群体智能在优化问题中的强大能力。

蚁群算法(Ant Colony Optimization,ACO)是受到蚂蚁觅食行为启发的一种优化算法。如图 4-14 所示,在自然界中,蚂蚁在寻找食物的过程中,通过释放信息素标记路径,信息素浓度的高低决定了路径的优先选择。蚂蚁会倾向于选择信息素浓度较高的路径,并且随着时间的推移,这些路径上的信息素浓度逐渐增加,形成一种正反馈机制。蚁群算法模拟了这一过程,通过模拟蚂蚁的集体行为来寻找优化路径。个体蚂蚁在搜索过程中根据信息素的浓度决定路径的选择,而群体通过反复的迭代和局部更新,逐渐引导搜索过程走向最优解。蚁群算法非常适合解决一些组合优化问题,如旅行商问题(Traveling Salesman Problem,TSP)、车辆路径规划、图着色问题、网络路由问题等。由于其强大的全局搜索能力,蚁群算法在这些问题中常常能够找到近似最优解,并且具备较强的适应性和灵活性。

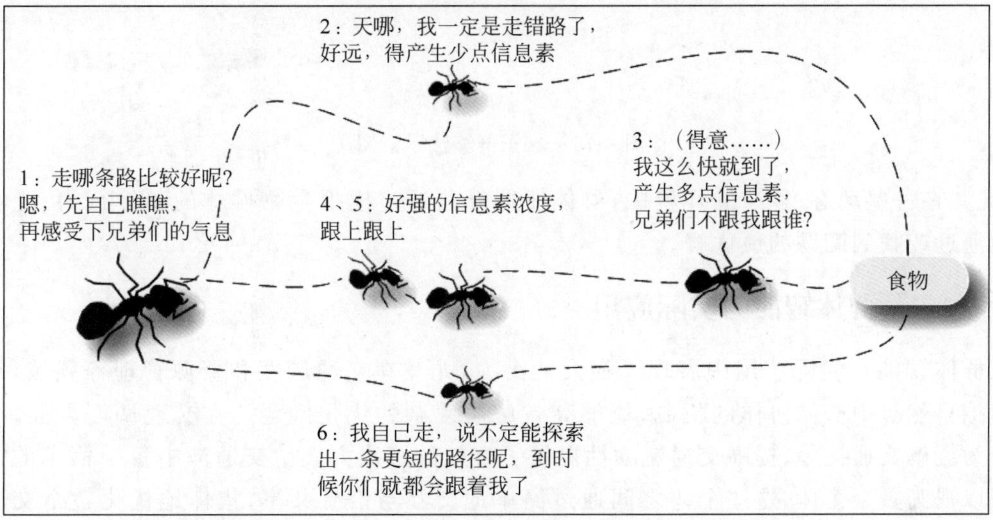

图 4-14 蚁群算法示意图

粒子群算法(Particle Swarm Optimization,PSO)则是受到鸟群觅食行为启发的一种优化算法。如图 4-15 所示,在粒子群算法中,优化问题的解被视为群体中的"粒子",每个粒子都有一个位置和速度,并根据自身的经验和群体中最优粒子的反馈信息调整自己的位置。在搜索空间中,每个粒子不仅依赖于自己的历史最佳位置,也会考虑整个群体中最优位置的信息,从而调整自己的速度和位置。随着不断迭代,粒子逐渐趋向于全局最优解或局部最优解。粒子群算法的优势在于其简单性和较高的收敛速度,且适应性较强,能够应对复杂的优化问题。粒子群算法被广泛应用于函数优化、机器学习模型的参数调优、图像处理、数据挖掘等领域,尤其在解决多峰优化问题时展现了较强的能力。

除了蚁群算法和粒子群算法,群体协同算法的范畴还包括遗传算法、人工鱼群算法等。这些算法通过模拟不同生物的集体行为和相互作用机制来解决实际问题。例如,遗传算法通过模拟自然选择和基因突变的过程来进行全局优化,广泛应用于函数优化、机器学习和进化设计等领域。人工鱼群算法则通过模拟鱼群觅食、群体协作的行为来解决优化问题,适用于处理具有复杂约束条件的优化任务。这些群体协同算法通过借鉴自然界中动物的集体智慧,能够有效解决现实世界中的各种复杂优化问题。

这些群体协同算法的共同特点是通过个体之间的局部交互和信息共享,在全局范围内实现优化。它们不仅在理论研究中具有深远的意义,也在实际应用中展现出了强大的能

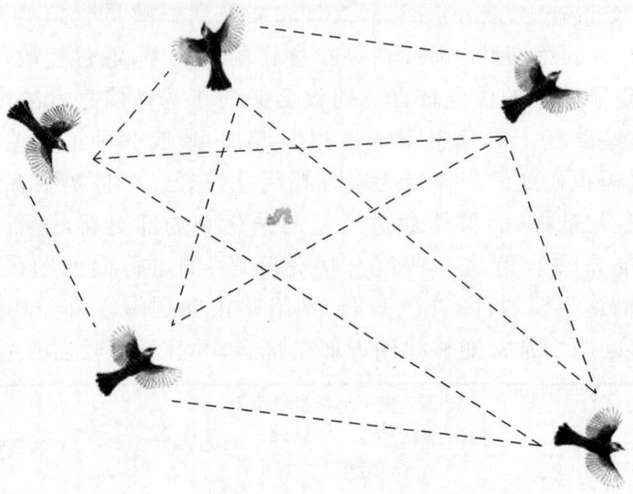

图 4-15 粒子群算法示意图

力，尤其在一些动态、复杂的环境中，群体协同算法通过模拟生物群体的集体行为，能够有效地逼近或找到问题的最优解。

4.3.4 群体智能的实际应用

群体智能在实际应用中展现了强大的潜力，尤其在交通调度和资源管理等领域，它通过模拟自然界中群体协作的机制，能够高效解决复杂的优化问题。在交通调度方面，群体智能为缓解交通拥堵、提高交通流动性提供了有效的解决方案。交通流中每一辆车的行为都可以视为一个个体，这些个体之间通过简单地交互与信息共享，集体地优化整个交通系统。例如，基于蚁群算法的交通优化系统能够实时接收交通流的数据，并根据车辆的分布与流动情况智能调整信号灯的周期和时长。这种自适应调整不仅减少了车辆的等待时间，还优化了道路的使用效率，进而降低了交通拥堵和污染。与传统的交通管理方式不同，群体智能系统能够动态应对不同的交通状况，提供更加智能和高效的交通调度方案。

在资源管理领域，群体智能的应用也非常广泛，尤其是在需要实时调整和优化资源分配的环境中。在电力网络的优化调度中，群体智能算法可以模拟电网中不同发电单元的行为，根据信息的共享与反馈，动态地调整电力分配。这种基于群体智能的调度系统能够在确保电网稳定性的前提下，最大限度地提高能源的使用效率，并降低能源浪费。例如，在高负载情况下，群体智能能够合理分配电力，避免某些区域的电力过载，而在低负载时，又能够避免电力资源的浪费。此外，群体智能还在物流和供应链管理中得到了广泛应用。在物流领域，群体智能能够根据实时的交通情况、货物需求以及存储条件，优化运输路线和配送计划。这不仅能减少运输成本，还能缩短货物的配送时间，提高企业运营的效率。在供应链管理中，群体智能通过模拟各环节的协同合作，帮助企业实时调整生产、库存和配送计划，确保资源的最优分配，减少库存积压和资金占用。

群体智能的应用不仅限于交通调度和资源管理，它还在许多其他领域得到了有效的实践。例如，在机器人群体协作中，群体智能能够通过简单的规则和信息共享，使得多个机器人协同完成复杂的任务。每个机器人通过感知周围的环境和其他机器人的状态，动态地调整自身的行为，实现任务的分工与协作。在金融市场预测中，群体智能通过模拟投资者的行为，能够对市场趋势进行分析和预测，从而帮助投资者做出更精准的决策。在城市规划中，群体智能能够优化城市资源的布局与使用，提升城市管理的效率和可持续发展能力。通过模拟不同群体之间的互动，群体智能能够为城市管理者提供合理的规划建议，以应对日益复杂的城市发展需求。

4.4　人机协同的认知增强模式

本节讲述人机协同的认知增强模式。

4.4.1　人机协同的基本理念与目标

人机协同(Human-Machine Collaboration)是指人类与机器或智能系统之间的互动与合作，通过有效地整合人类的智能与机器的计算能力，达到共同解决问题、提升效率和增强决策能力的目的。如图4-16所示，与传统的单纯依赖人类或机器的方式不同，人机协同的模式强调两者的优势互补。人在这个过程中不仅是任务的执行者，更是与机器共同完成工作的参与者。机器则不再仅仅是被动的工具或执行者，而是成为人类决策和行为的增强助手，通过高效的数据处理、复杂的计算能力以及执行力来为人类提供支持。

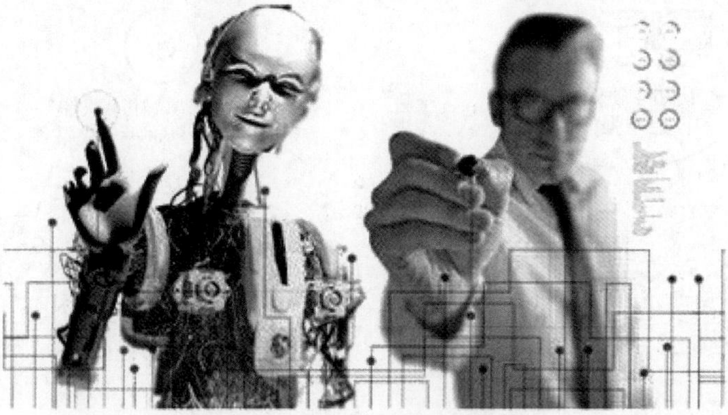

图4-16　人机协同概念图

人机协同的核心目标是通过结合人类在情境感知、创造力、直觉判断等方面的优势，以及机器在高速计算、大数据处理和执行精度方面的优势，来提升整体的工作效率、决策质量和问题解决的能力。人类和机器各自承担与自身优势匹配的任务：人类负责那些需要高层次判断、创造性思维、复杂决策和情感理解的任务，而机器则承担数据收集、信息处理、模式识别以及其他重复性、高风险或计算密集型的任务。

例如，在医疗领域，医生不仅依赖自己的专业知识进行病症诊断，还能够借助智能诊断系统的辅助，利用其强大的数据分析能力，快速处理大量的医疗数据，从而更精准地制定出个性化的治疗方案。这样的协同使医生能够专注于更加复杂和多变的治疗决策，同时提高了治疗的效率和准确性。在制造业中，机器人能够完成工厂中重复性、危险性高的任务，如装配、焊接、搬运等，而人类则可以专注于更复杂的设计和质量控制等工作。机器通过执行精确的操作，大大提高了生产效率，同时也让人类能够专注于更具创意和判断性的工作。

人机协同不仅提升了工作效率，还能改善决策质量。机器能够通过实时的数据分析和计算，提供科学的依据，帮助人类做出更加精准和高效的决策。尤其在面对复杂环境、庞大信息和快速变化的情况下，机器的处理能力成为决策的重要辅助工具。通过协同工作，人类不仅能够处理更高复杂度的任务，还能在机器的帮助下避免错误，提高决策的合理性和时效性。

4.4.2 认知增强的技术手段

如图 4-17 所示，认知增强技术是指通过各类手段提升人类的感知、理解、记忆和决策能力，使人在复杂环境下能更高效地执行任务、处理信息和做出决策。AR、VR 和脑机接口(BCI)是目前人机协同中广泛应用的几种认知增强技术，这些技术都通过各自不同的方式增强了人类在与机器协作时的认知能力和操作表现。

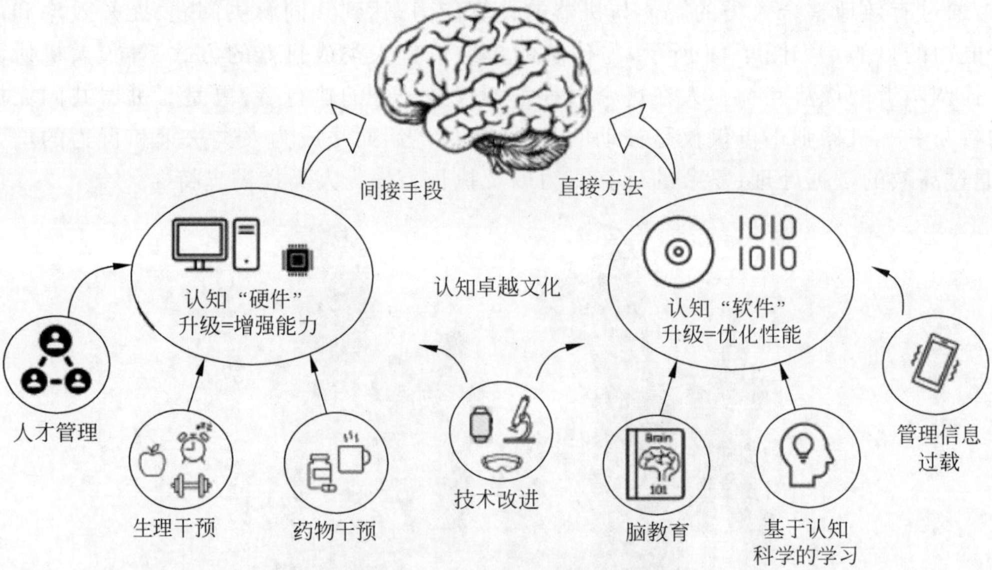

图 4-17 认知增强技术示意图

AR 技术通过将虚拟信息叠加到现实世界中，从而增强用户的感知体验。与传统的现实世界感知方式不同，AR 能实时提供反馈和数据，使用户在与现实世界互动时获取更多的上下文信息。如图 4-18 所示，这种技术可以帮助用户更好地理解和分析环境中的变化，提高决策的效率和准确性。在人机协同任务中，AR 的作用尤为显著，尤其是在需要快速反应和精确判断的场景中。例如，在医疗手术中，AR 技术可以帮助外科医生在手术过程中实时查看病人的内部结构，叠加的虚拟图像可以提供更直观的参考，减少人为错误并提高手术的精准度。除此之外，在工业生产和物流管理等任务中，AR 技术能够在操作界面上直接显示复杂的数据或流程信息，帮助操作者更迅速地理解任务需求，提高生产效率。

VR 技术通过完全虚拟的环境为用户提供沉浸式的体验，用户可以在这些虚拟环境中与对象进行互动，进行模拟或实验。如图 4-19 所示，与 AR 不同，VR 创造的是一个完全脱离现实世界的虚拟空间，用户可以在其中模拟各种复杂情境，进行训练或测试。VR 在认知增强中的作用体现在它可以为用户提供一个安全的实验和训练场景，让用户在没有实际风

图 4-18 AR 技术示意图

险的情况下进行操作练习或决策演练。例如，制造行业中的虚拟现实培训系统可以模拟复杂的设备操作流程，让工人能够在虚拟环境中熟悉设备的运作，提升他们的实际操作技能。此外，VR 还广泛应用于医学、航空等行业，用于模拟高风险情境的培训，帮助从业人员在虚拟环境中经历实际工作中可能出现的紧急情况，提高他们的应急反应能力和决策速度。

BCI 技术通过直接与大脑进行交互，使得人类能够利用大脑的神经信号来控制外部设备。如图 4-20 所示，BCI 技术能够突破传统输入设备的局限，直接通过脑波或神经活动控制外部设备，如假肢、轮椅等。这项技术不仅在帮助残障人士提高生活质量方面具有重要意义，也能作为认知增强的工具，帮助用户在执行任务时提高反应速度或解锁新的操作能力。例如，BCI 技术能够让失去肢体功能的患者通过思维来控制假肢进行简单的抓取或移动，甚至通过脑波与外部设备进行语音或图像交互。此外，BCI 还可以在游戏、智能家居等领域中作为一种新的交互方式，通过脑波指令让用户与设备进行互动，为认知增强提供新的手段。

图 4-19 VR 技术示意图

这些认知增强技术通过提升个体的感知、决策、操作能力，极大地提升了人机协同的效率和质量。在医疗、教育、制造、军事等多个日常生活中常见的行业中，这些技术都在不断

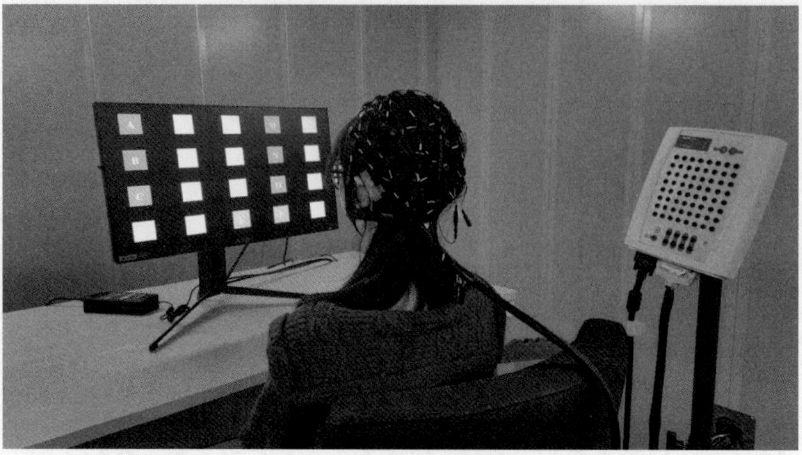

图 4-20　BCI 技术示意图

推动着各类任务的自动化、精确化与智能化，为人类与机器的深度协作提供了更加广泛的可能性。

4.4.3　信息流与任务分配

在人机协同模式中，信息流和任务分配是确保高效合作的核心要素。在这种模式下，任务分配与信息流的管理密切相连，共同决定了系统的工作效率和问题解决能力。任务分配的核心在于充分利用人类和机器各自的优势，合理分配任务，以实现最佳协同。通常情况下，机器擅长处理大量的数据、执行重复性或计算密集型的任务，而人类则在处理复杂决策、创新性思维、直觉判断以及多维度的情境分析中占有优势。因此，任务的分配是根据这些特长来实现的，以便发挥两者的最大效能。

任务分配通常会考虑到任务的性质、复杂性以及所需的实时反应。例如，在自动驾驶领域，机器可以承担路径规划、障碍物识别和交通流分析等技术性任务，而驾驶人则负责最后的决策和干预，特别是在遇到复杂情况或突发事件时。在这种协同过程中，机器根据预设的算法进行自动分析和决策，并将结果反馈给驾驶人，最终由驾驶人判断是否执行建议的操作。这种分配方式不仅提高了任务处理的效率，还确保了系统能够在复杂和不可预见的环境中做出灵活应对。

任务分配的成功实施依赖于信息流的高效管理。在人机协同系统中，信息流指的是任务相关数据和决策信息在系统内各个部分之间的流动。信息流的畅通无阻对于确保系统高效运作至关重要。在此过程中，机器将实时收集的数据、处理的结果和建议反馈给人类，帮助他们做出更为精确的决策。同时，人类可以根据机器提供的信息调整决策或直接发出指令，指导机器执行后续动作。因此，信息流不仅是单向的数据传递，它还需要实现双向的、实时的反馈机制，确保信息的及时更新和响应。

有效的任务分配和信息流管理能够显著提升人机协同系统的灵活性与适应性。通过精准界定每个角色的职责，系统能够在多变的环境下快速反应并完成复杂任务。尤其是在高度动态的环境中，任务分配和信息流的优化可以确保人类与机器之间始终保持高效的协作，进而提升整个系统的性能和决策质量。

4.5　本章小结

本章系统阐述了智能体系统的核心技术与应用。首先，软件智能体作为集成大模型推理能力的自主系统，通过感知、决策、执行的闭环机制实现复杂任务。基于规则与学习的智能体系统各有优劣，分别适用于稳定与动态环境。其次，具身智能体通过多模态感知（视觉、听觉、触觉等）与物理世界交互，在机器人、医疗等领域展现潜力。群体智能部分解析了蚁群算法、粒子群算法等协同机制，强调通过局部交互实现全局优化，应用于交通调度、资源管理等场景。最后，人机协同通过 AR/VR、脑机接口等技术增强人类认知，优化任务分配与决策效率。

4.6　习题

在线答题

一、判断题

1. 软件智能体需依赖人工干预执行任务。（　　）
2. 具身智能体通过传感器与物理环境交互。（　　）
3. 群体智能依赖个体全局信息共享。（　　）
4. 粒子群算法模拟鸟群觅食行为。（　　）
5. 人机协同中人类负责高创造性任务。（　　）

二、选择题

1. 软件智能体的核心特性不包括下列哪项？（　　）

A. 自主性　　B. 感知能力　　C. 静态性　　D. 适应性

2. 以下哪项属于具身智能的感知模块？（　　）

A. 视觉传感器　　B. 文本输入　　C. 规则引擎　　D. 决策树

3. 群体智能的核心特征是什么？（　　）

A. 个体独立决策　　B. 全局知识共享

C. 局部交互涌现全局行为　　D. 单一智能体主导

4. 蚁群算法主要解决什么问题？（　　）

A. 路径优　　B. 图像分类　　C. 语音识别　　D. 回归分析

5. 人机协同的认知增强技术不包括下列哪项？（　　）

A. 增强现实（AR）　　B. 脑机接口（BCI）

C. 遗传算法　　D. 虚拟现实（VR）

三、填空题

1. 软件智能体的核心能力包括________、________和执行三个关键环节。

2. 具身智能体通过________系统与物理环境互动，其发展依赖于________技术的进步。

3. 群体智能的协同算法中，个体通过简单的________规则产生复杂的集体行为，例如________算法模拟鸟群运动。

4. 人机协同的认知增强模式通过优化________和________分配来提高任务效率。

5. 通用型 AI 智能体 Manus 的特点是具备________能力和________适应性。

四、简答题

1. 简述基于规则与学习的智能体系统的区别。

2. 具身智能的多模态感知包括哪些模块?

3. 群体智能的集体决策机制有哪两种类型?

4. 人机协同的核心目标是什么?

5. 粒子群算法的核心思想是什么?

五、思考题

1. 动态环境适应:软件智能体在实时变化的环境中如何平衡规则与学习的决策机制?例如,自动驾驶系统如何处理突发障碍物?

2. 多智能体协作:群体智能中个体行为与集体决策的冲突如何协调?例如,蚁群算法中路径选择的局部最优与全局最优如何平衡?

3. 具身智能扩展:除视觉、听觉、触觉外,如何将嗅觉、味觉等感知能力融入具身智能体?可能面临哪些技术挑战?

4. 群体智能算法优化:蚁群算法与粒子群算法如何结合以提升复杂问题的求解效率?设计融合框架时需考虑哪些因素?

5. 人机协同信任建立:在医疗手术中,如何通过可解释性技术增强医生对具身智能体的信任?例如,AR 辅助手术时如何展示决策逻辑?

第5章 人工智能感知技术

本章目标

- 了解计算机视觉与图像识别的基本原理，掌握图像处理基础以及图像分类、检测任务的技术逻辑。
- 熟悉语音交互系统的技术架构，包括语音识别、合成技术及对话系统的实现原理，明确系统优化方向与挑战。
- 理解自然语言处理的核心算法，掌握其理解语言的技术路径与方法。
- 了解多模态信息融合技术的基本概念，掌握模态间关联与对齐的技术要点，熟悉深度学习在其中的应用及相关算法框架，明确多模态系统面临的挑战。

在3.3节与第4章的论述中，我们始终面临着多模态数据处理的底层挑战——无论是文本语义解析、图像特征提取，还是时序信号建模，不同形式的数据输入构成了智能系统认知世界的感官通道。尽管前文着重阐释了结构化数据在高级任务中的价值传导机制，但尚未系统揭示数据从原始形态到知识载体的转换路径。接下来，本章将深入解析几种主要形式数据输入计算机后的处理方式，它们是绝大多数人工智能技术都会用到的方法。

5.1 计算机视觉与图像识别原理

本节讲述计算机视觉与图像识别原理。

5.1.1 计算机视觉概述

1. 计算机视觉的定义

计算机视觉是人工智能的一个关键分支，旨在使计算机能够模拟和实现人类的视觉功能，通过处理图像和视频数据从中提取信息、分析内容，并做出相应的决策。计算机视觉的目标是让机器不仅能够"看"到图像，还能够理解和解释这些图像中的信息，并进行智能化的处理。与人类的视觉系统类似，计算机视觉试图通过感知、识别、理解和分析图像来完成任务，这对于实现图像分类、物体检测、场景理解等应用至关重要。

2. 计算机视觉的发展历程

计算机视觉的发展历程可以分为多个重要阶段，每个阶段都代表了技术的突破和应用的扩展。从20世纪60年代起，计算机视觉作为一门学科开始逐步形成，历经了多个发展阶段，特别是近年来深度学习技术的应用，使得计算机视觉进入了快速发展的时代。

早期探索阶段(20 世纪 60 年代—20 世纪 70 年代)：计算机视觉的起步可以追溯到 20 世纪 60 年代，当时的研究集中于图像处理和特征提取的基础问题上。早期的计算机视觉系统非常简陋，主要关注如何通过简单的图像处理算法来提取基本的图像特征，如边缘、角点和纹理等。1966 年，美国麻省理工学院(MIT)提出了“视觉识别系统”的构想，这是计算机视觉研究的一个重要开端。此时的研究集中于图像分割和模式识别等技术的初步应用，但由于计算机硬件的限制和算法的局限性，系统的性能较低，无法进行复杂的视觉任务。

算法发展与模式识别(20 世纪 80 年代—20 世纪 90 年代)：到了 20 世纪 80 年代，计算机视觉开始注重算法的理论建设，尤其是如何从图像中提取有意义的信息并进行模式识别。此时，计算机视觉技术与人工智能领域紧密结合，研究者开始借鉴统计学、模式识别、图像分割等领域的技术，尝试在图像中找到物体并识别出来。20 世纪 90 年代，随着计算机性能的提升，计算机视觉开始在一些简单的实际应用中取得进展，如面部识别、车牌识别等。但此时的计算机视觉仍然局限于特定场景和环境，其技术的应用性受到限制。

机器学习的应用与突破(21 世纪初)：进入 21 世纪后，机器学习尤其是支持向量机(SVM)和集成学习方法的应用开始为计算机视觉提供了更强大的分析能力。21 世纪初期，计算机视觉进入了一个新的阶段，基于图像特征和机器学习的视觉识别系统逐渐取得成功。图像识别技术开始广泛应用于人脸识别、手势识别等领域，同时，基于局部特征的算法，如图 5-1 所示的 SIFT(尺度不变特征变换)和 HOG(方向梯度直方图)也获得了显著的成果。尽管机器学习方法已经在一定程度上提高了计算机视觉的性能，但依然受到计算能力和数据量的限制。

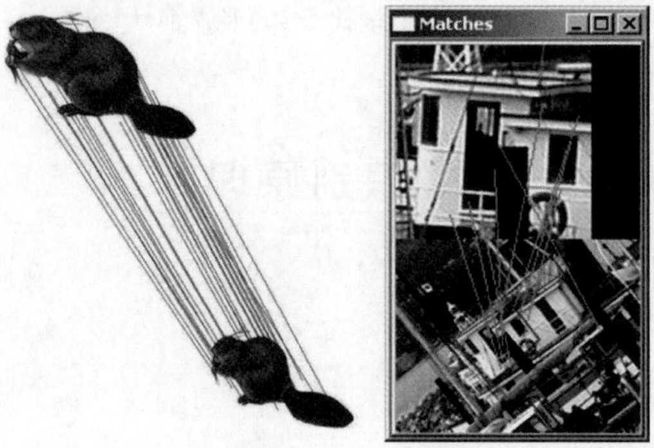

图 5-1　SIFT 算法示意图

深度学习的崛起(21 世纪 10 年代)：2012 年，计算机视觉迎来了革命性的变化。卷积神经网络(CNN)在图像分类领域的应用取得了前所未有的成功，尤其是 AlexNet 的提出，使得计算机视觉在 ImageNet 大规模图像分类挑战中获得了突破性的成绩。深度学习技术的应用让计算机视觉能够自动从海量数据中学习特征，并且在图像识别、目标检测、图像生成等多个领域达到了与人类水平相当的表现。随着深度学习的普及，卷积神经网络成为计算机视觉的核心技术，几乎所有的计算机视觉应用都开始依赖于深度学习模型，如图 5-2 所示的目标检测中的 YOLO(You Only Look Once)和图 5-3 所示的 R-CNN，以及语义分割中的 FCN 和 U-Net。

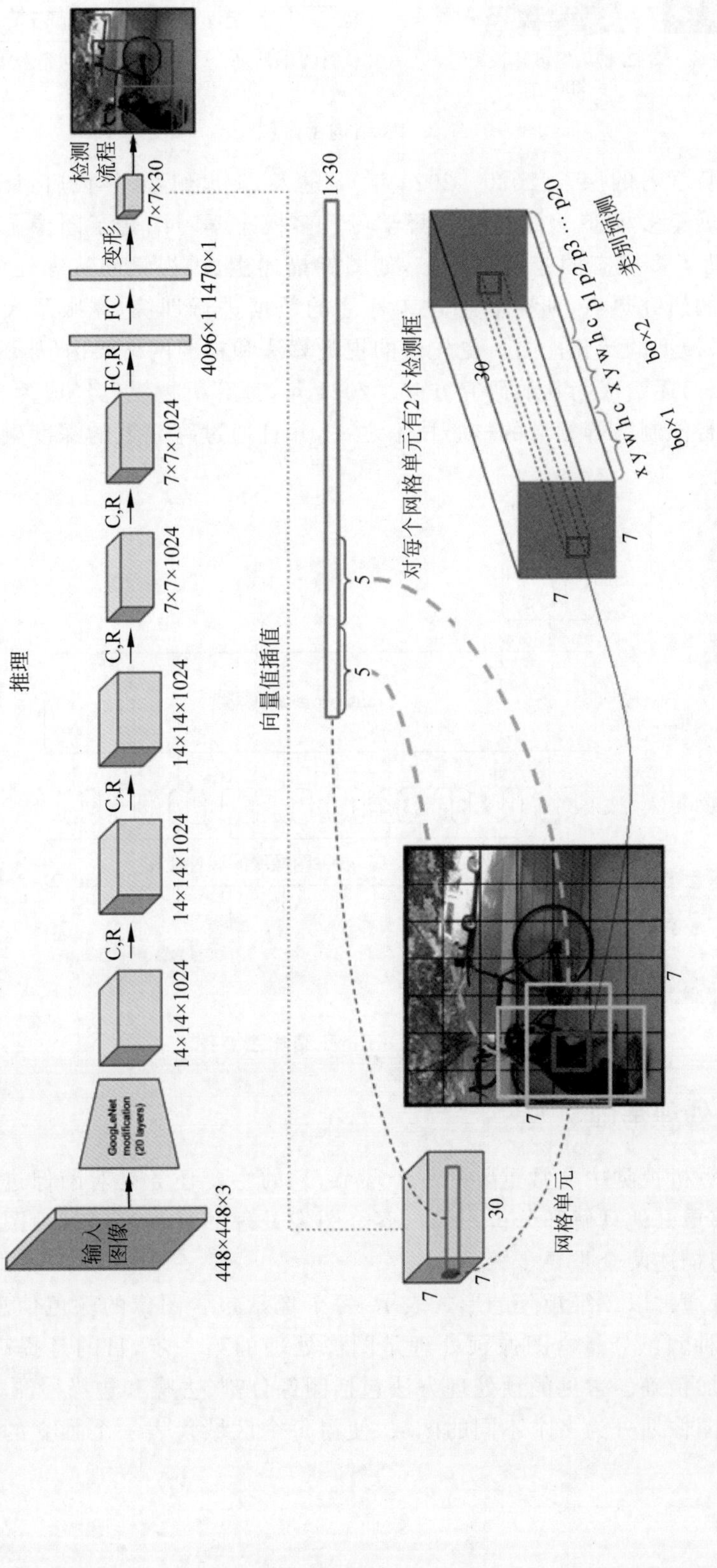

图 5-2 YOLO 算法结构示意图

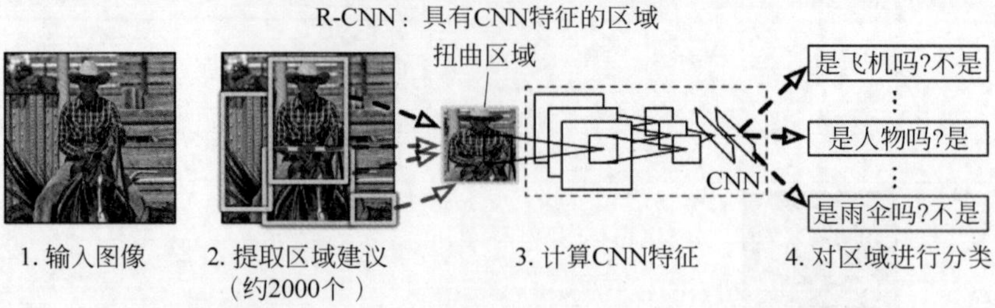

图 5-3　R-CNN 结构示意图

多模态与自监督学习的探索(2020—2024 年)：进入 21 世纪 20 年代后，计算机视觉的研究方向进一步扩展至多模态学习和自监督学习。多模态学习结合了图像、文本、语音等多种数据形式，推动了多模态的应用多模态，如图像描述生成、视觉问答等任务。同时，自监督学习成为新兴的研究热点，研究者通过未标注的数据进行训练，克服了大量标注数据的瓶颈，显著提升了模型的泛化能力。更先进的视觉算法和神经网络架构(如图 5-4 所示的 Vision Transformers)逐渐成为新的研究方向。2024 年，计算机视觉已经成为自动驾驶、智能医疗、安防监控、智能制造等领域的核心技术之一，并且通过跨领域的深度融合推动了更多智能系统的发展。

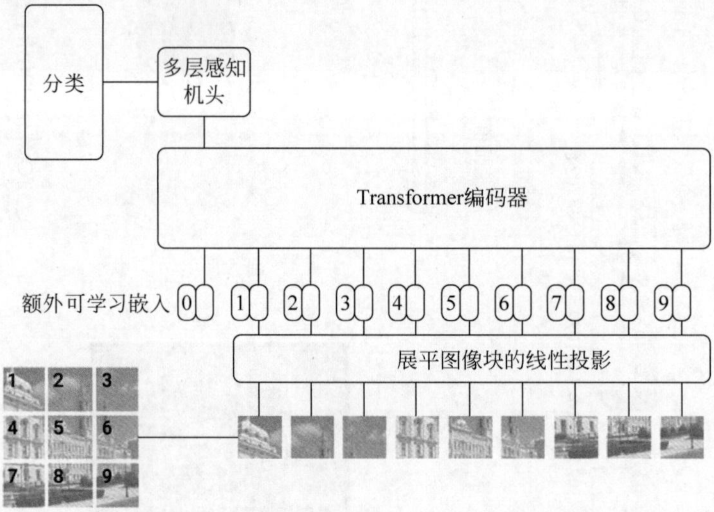

图 5-4　Vision Transformer 结构示意图

5.1.2　图像处理基础

图像处理是计算机视觉中非常重要的一个环节，它的主要任务是对图像进行处理和优化，使得计算机能够更好地理解和分析图像内容。图像处理的过程可以分为图像的表示与预处理、特征提取与描述两个重要步骤。

首先，数字图像通常以二维矩阵的形式表示，每个像素包含图像的颜色信息，常见的是红、绿、蓝(RGB)三种颜色分量。图像预处理是图像处理的第一步，目的是提高图像质量，使得后续的分析更加精确。常见的预处理方法包括图像分割、去噪和边缘检测。

图像分割是将图像划分为多个不同的区域，使得每个区域代表一个独立的目标或者背景，这样有助于更精确地分析每个部分。去噪是去除图像中不必要的噪声，使图像更加清晰，从而避免这些噪声干扰后续的处理。边缘检测则是识别图像中物体的边界，帮助人们了解物体的形状和轮廓，是物体识别和分析的基础。图5-5就是不同边缘检测算法的结果示意图。

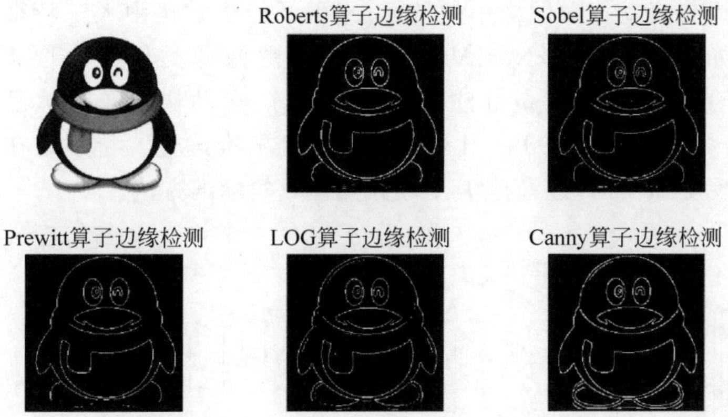

图5-5　不同边缘检测算法的结果示意图

接下来的步骤是特征提取与描述。在这个方面，近年来涌现出许许多多的算法来实现不同的目标，每个算法所解决的问题也不尽相同。接下来，本书会简单介绍几种重要任务中的代表性算法，帮助读者理解这部分的内容。

5.1.3 图像分类任务

图像分类是计算机视觉中的一个基础性任务，旨在通过对输入图像进行分析，识别其所属的类别，如图5-6所示。简单来说，图像分类就是将一幅图像分配给一个预定义的类别标签。例如，给定一幅包含猫的照像，系统会判断该图像属于“猫”这一类别；同样，如果图像中有狗，系统就会判断为“狗”。图像分类的任务可以分为单标签分类和多标签分类。单标签分类是指图像中只包含一个类别的情况，而多标签分类则是在图像中可能同时包含多个类别。例如，一幅图像可能包含一只猫和一只狗，系统需要识别出这两个物体，并为每个物体分配标签。

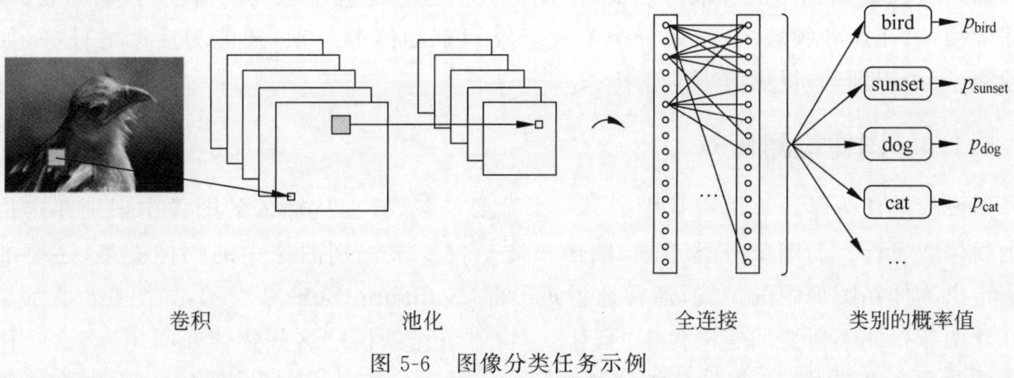

图5-6　图像分类任务示例

图像分类任务的实现经历了多个阶段的技术发展。早期的方法基于人工设计的特征提取技术，如HOG和SIFT等。通过提取图像中的重要特征，再将这些特征输入分类器

(如支持向量机、决策树等)进行分类。这些传统方法虽然能够处理简单的分类任务,但在面对复杂的图像数据时效果有限,尤其是在处理大规模数据集时,人工特征设计的局限性使得分类效果较差。

随着深度学习的兴起,CNN 成为图像分类任务的主流方法。如图 5-7 所示,CNN 能够通过多层的卷积操作自动提取图像中的特征,减少了传统方法中人工特征提取的步骤。经典的 CNN 架构如 LeNet、AlexNet、VGG 等,均在图像分类任务中取得了显著的成功。CNN 的优势在于它能够通过大量标注数据进行训练,自动从图像中学习到最佳的特征表示,因此在图像分类任务中展现出了比传统方法更高的准确性。特别是在大规模图像数据集上,CNN 的表现更加突出,逐渐成为图像分类领域的标准方法。

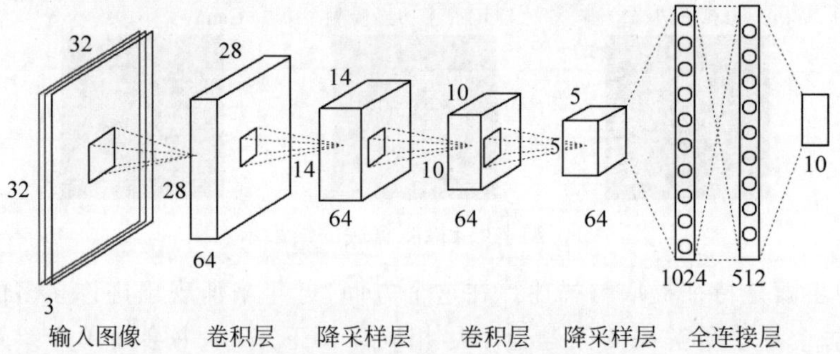

图 5-7 CNN 结构示意图

在 CNN 的基础上,后续的改进模型如 ResNet、DenseNet 和 Inception 等也大大提升了图像分类的效果。ResNet 引入了残差连接,使得网络更加深层时能够避免梯度消失问题,从而更好地进行训练。DenseNet 通过密集连接,使得特征更加高效地流动,进一步提高了分类精度。

图像分类广泛应用于许多领域。一个典型的应用场景是自动图像标注,在社交媒体平台或图像管理系统中,图像分类可以帮助系统自动识别图像内容并进行标注。例如,Instagram 等社交平台通过图像分类技术为用户的照片自动加上标签。另一个重要应用是在医学影像分析中,图像分类可以帮助医生快速判断图像中的病变区域,如识别 X 光片中的肺部结节、CT 图像中的肿瘤等。此外,图像分类也广泛应用于安防监控、自动驾驶、智能家居等领域,在这些领域中,图像分类不仅能够识别物体的类别,还能为后续的任务(如目标检测、行为识别等)提供有力的支持。

5.1.4 图像检测任务

图像检测任务是计算机视觉中的另一个重要任务,旨在从输入的图像中识别并定位特定的物体或目标。与图像分类不同,图像检测不仅要求识别图像中的物体类型,还要准确地标定出物体在图像中的位置,通常通过矩形框(Bounding Box)来表示,如图 5-8 所示。这意味着图像检测不仅要回答图像中"有什么"物体,还要回答"这些物体在哪里"。这一任务通常涉及两个主要目标:目标分类和目标定位。目标分类是识别出图像中出现的物体属于哪个类别,而目标定位则是通过标定矩形框来精确指出物体在图像中的位置。图像检测的目标是提高模型对复杂场景的处理能力,使其能够在多物体、背景复杂等情况下进行准确的物体识别。

图 5-8 目标检测任务示例

在图像检测任务的发展过程中，许多重要的技术和方法得到了广泛应用。早期的图像检测方法主要依赖于手工设计的特征和滑动窗口技术，通过对图像中的每个位置进行滑动，并提取固定尺寸的窗口内的特征进行分类。然而，这些传统方法在处理大规模图像或复杂场景时表现不佳，尤其是在物体之间存在复杂背景或物体遮挡的情况下。

随着深度学习的发展，CNN 在图像检测中的应用带来了革命性的变化。基于 CNN 的检测算法能够自动学习到图像中的特征，避免了传统方法中依赖人工设计特征的局限性。代表性的方法如 R-CNN 通过先使用选择性搜索（Selective Search）方法生成候选区域，然后对每个候选区域应用 CNN 进行分类和回归来定位。虽然 R-CNN 大大提高了检测精度，但由于每个候选区域都需要单独进行 CNN 推理，计算量较大，导致检测速度较慢。为了解决这个问题，Fast R-CNN 和 Faster R-CNN 相继提出，后者通过引入区域建议网络（Region Proposal Network，RPN）来实现候选区域的生成，从而显著提高了检测的速度和效率。

另一个重要的检测方法是 YOLO，如图 5-9 所示，YOLO 通过一个单一的神经网络在一次前向传播中同时进行目标分类和定位，从而大幅提高了检测的速度。YOLO 的主要优势在于实时性强，能够处理实时视频流中的目标检测任务。随着 YOLO 的多次迭代，YOLOv3 和 YOLOv4 等版本在准确性和速度上都得到了显著提升，成为当前实时检测中广泛应用的方法。

此外，SSD（Single Shot MultiBox Detector，单次多框检测器）也是一种流行的检测方法，它通过在不同的特征图层上进行目标检测，能够同时处理不同尺度的物体。SSD 在精度和速度上达到了一个平衡，适合用于大规模实时目标检测任务。

图像检测的应用场景非常广泛。在自动驾驶中，图像检测技术被用于实时识别道路上的行人、车辆、交通标志等物体，确保安全驾驶。在安防监控领域，图像检测技术能够帮助自动识别并跟踪可疑人物或物体，提供高效的监控解决方案。在医疗领域，图像检测被应用于医学影像分析，能够辅助医生识别 X 光、CT 图像中的异常病变，如肿瘤、结节等。此

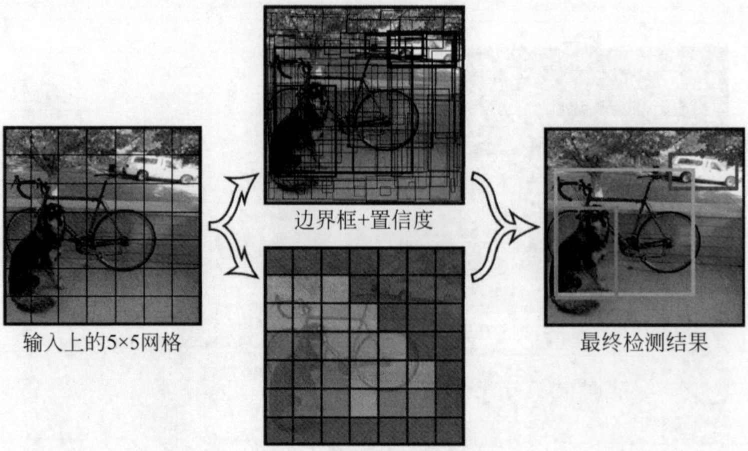

图 5-9 YOLO 模型结构示意图

外，图像检测还在工业质检、智能家居、无人机监控等领域得到了广泛应用。在这些应用中，图像检测不仅提高了效率，还大大降低了人工成本，并且能够处理更加复杂和动态的任务。

5.2 语音交互系统的技术架构

本节讲述语音交互系统的技术架构。

5.2.1 语音交互概述

语音交互系统是一种允许用户通过语音与计算机或智能设备进行交互的技术系统。它通常包括两个核心技术：语音识别和语音合成。语音识别技术能够将用户的语音信号转换为文本，从而让计算机理解用户的意图并进行响应；语音合成技术则是将文本信息转换为语音输出，让设备能够用声音回应用户的请求，提供更为自然的交互体验。通过这两种技术的协同作用，语音交互系统可以使用户无须使用传统的输入设备(如键盘、鼠标等)，直接通过语言进行操作。

随着人工智能技术的不断发展，语音交互系统得到了广泛的应用，涵盖了多个领域，包括智能助手、车载系统、智能家居、在线客服等。在智能助手中，如 Siri、小艺、小爱同学等，用户可以通过语音来提问、控制设备或执行任务，如播放音乐、设置提醒、查询天气等；在车载系统中，司机可以通过语音命令控制导航、接听电话或调整音乐，提升行车安全性；智能家居设备如智能音箱、智能灯光等也支持通过语音进行控制，极大提高了生活的便利性。此外，语音交互还被广泛应用于客户服务领域，客服机器人可以通过语音与用户互动，处理查询、投诉或服务请求。

语音交互系统的广泛应用为用户提供了更直观、便捷的操作方式，特别是在需要双手操作的情况下，语音交互提供了极大的便利。例如，在驾驶过程中，语音交互可以让驾驶人无须分心操作车辆，直接通过语音完成各种指令，提升了行车的安全性。又如在家务劳动或烹饪等活动中，语音交互也能帮助用户解放双手，实现更加流畅的操作体验。

然而，语音交互系统仍面临一些挑战，尤其是在噪声环境下的语音识别问题。不同的使用场景，如嘈杂的街道、繁忙的办公室或车内，都可能影响语音识别的准确性。因此，如何提高系统对噪声的适应能力是一个重要研究方向。此外，随着全球化的推进，语音交互系统还需要能够适应多语言和多口音的挑战。不同语言和不同地区的用户有着不同的发音习惯，如何处理这些差异，确保语音识别和合成的准确性，依然是技术发展的难点之一。

5.2.2 语音识别技术

语音识别技术是将语音信号转换为文本信息的核心技术，如图 5-10 所示，其关键在于通过计算机对语音信号的处理与理解，将语音输入转换为机器可以识别并响应的文字。传统的语音识别系统依赖于声学模型和语言模型。声学模型的作用是将声音信号转换为音素或音节，通过对比匹配已有的语音数据库，将音频信号与对应的文本相匹配；而语言模型则是通过对语言的统计特征进行建模，帮助系统根据上下文预测词语的正确组合，从而提高识别精度。

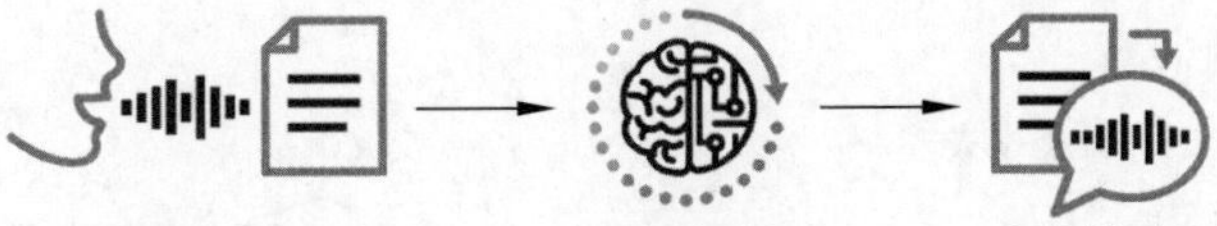

图 5-10 语音识别技术示意图

在实际应用中，语音信号通常包含许多噪声和变异因素，如不同的说话速度、方言、背景噪声等，如何从中提取有效的特征是语音识别中的重要步骤。为此，语音识别系统通常需要进行特征提取与处理。最常见的语音特征包括 MFCC（Mel Frequency Cepstral Coefficients，梅尔频率倒谱系数）和 LPCC（Linear Predictive Cepstral Coefficients，线性预测倒谱系数）。MFCC 能够模拟人类耳朵的听觉特性，将语音信号转换为更易于处理的特征；而 LPCC 则主要用于提取语音信号的谱包络（谱包络是信号频谱中表征共振结构的平滑曲线，通过提取频谱的整体趋势来揭示信号的关键频域特征），进一步简化和优化语音特征的表示。

然而，传统的语音识别方法依赖于手工设计的特征，局限性较大。近年来，随着深度学习技术的崛起，语音识别的表现得到了极大的提升。深度神经网络（DNN）作为一种基础的深度学习模型，能够通过多层网络结构从大量数据中自动学习语音信号的复杂特征，逐步替代传统的特征提取和分类器设计，从而提升识别的准确性和灵活性。CNN 作为深度学习中的另一种重要方法，由于其局部感知和共享权重的特性，能够更好地处理语音信号中的时域和频域特征，尤其在噪声较大的环境下，CNN 可以有效增强语音信号的识别能力。

随着对长时间依赖问题的认识加深，长短期记忆网络（LSTM）成为语音识别中一个突破性的技术。如图 5-11 所示，LSTM 的特殊门控机制能够有效避免传统模型在处理长时间序列时遇到的梯度消失问题，使得语音识别系统能够在更复杂的上下文和句子中保持良好的性能，尤其在处理有多重发音或多样化口音的语言时，LSTM 展现出了更强的稳健性，识别更加准确。

随着深度学习在语音识别技术中的应用进一步深化，新的方法也不断涌现。例如，基于

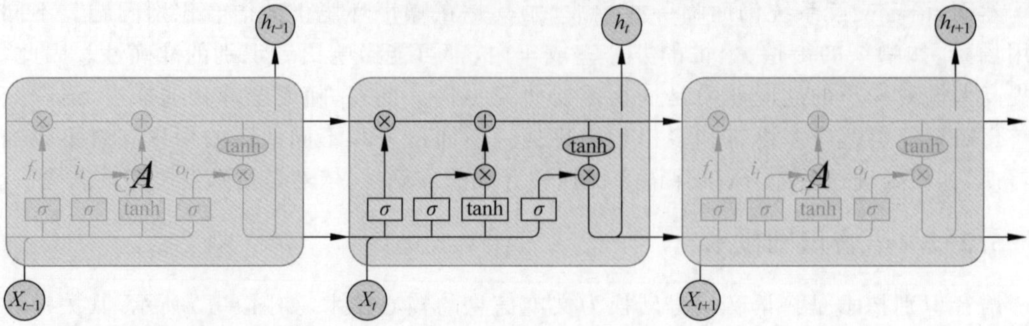

图 5-11　LSTM 结构示意图

Transformer 架构的模型在近年来获得了显著的应用突破。如图 5-12 所示，Transformer 通过自注意力机制捕捉语音信号中的长期依赖关系，相较于传统的 RNN 和 LSTM 模型，它在训练和推理速度上有了显著的提升，尤其适用于大规模的语音识别任务。同时，结合 CNN 的多尺度特征提取方法，以及自注意力机制，近年来的语音识别系统可以在各种噪声和环境下取得更加优异的表现。

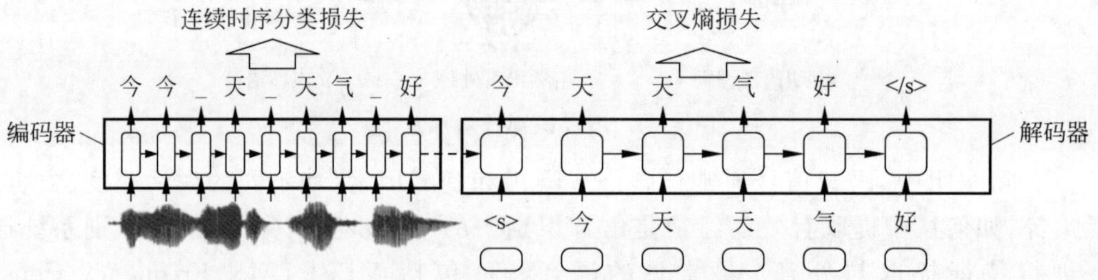

图 5-12　语音识别中的 Transformer 架构

此外，一些基于端到端(End-to-End)训练的语音识别方法逐渐成为新的研究方向。与传统的基于声学模型、语言模型的分离训练方式不同，端到端的语音识别方法直接从语音输入到文本输出进行统一训练，极大地简化了模型的设计和训练过程，并提高了系统的响应速度。

5.2.3　语音合成技术

语音合成技术也称为文本转语音(Text-to-Speech，TTS)，是将文本信息转换为可以由计算机发声的语音信号的过程。其核心目标是使机器能够自然、流畅地“说话”，以便与用户进行语音交互。语音合成技术可以应用于各种场景，包括虚拟助手、导航系统、客服机器人以及各种语音辅助设备中。语音合成的基本过程涉及将输入的文本进行分析和处理，生成相应的语音波形。

语音合成技术可以大致分为两类：基于规则的方法和基于数据的方法。基于规则的语音合成方法主要通过一些预定义的语音规则和音韵学知识生成语音。这类方法虽然技术实现较为简单，但生成的语音通常较为单一、机械，缺乏自然流畅的语调和情感表达。基于数据的语音合成方法则依赖于大量的语音数据，通过对不同语音样本的训练学习，可以生成更加自然和有表现力的语音，这类方法能够更好地模拟人类语音的多样性和丰富性，使人觉得更加真实。

近年来，基于深度学习的语音合成方法取得了显著的突破，成为当前主流的技术。WaveNet 就是深度学习在语音合成中的重要应用之一。如图 5-13 所示，WaveNet 是由 DeepMind 提出的一种生成模型，基于 DNN 架构，通过直接建模音频波形来生成语音。相比传统的语音合成方法，WaveNet 能够生成更为自然、清晰且富有表现力的语音。它通过模拟人类发声的过程，能够生成更具情感和语调变化的语音，极大提升了语音合成的质量。

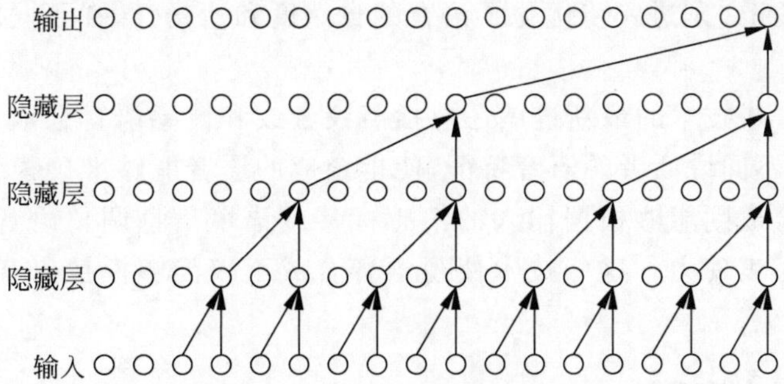

图 5-13 WaveNet 结构示意图

另一种具有代表性的语音合成方法是 Tacotron。Tacotron 采用了序列到序列(Seq2Seq)模型，结合了声学模型和语言模型的优势。与传统的基于规则的语音合成系统不同，Tacotron 直接将文本输入转换为语音频谱图，再通过后端的声码器(如 WaveNet)将频谱图转换为语音波形。Tacotron 的优势在于它能够在文本到语音的过程中捕捉到更多的上下文信息，使得生成的语音更为自然、流畅，能够表达不同的语调和情感色彩。Tacotron 的改进版本如 Tacotron 2，它的结构如图 5-14 所示，在 Tacotron 的基础上进一步提升了合成语音的质量，尤其在连贯性和自然度上表现突出，能够适应多种不同的语境和风格。

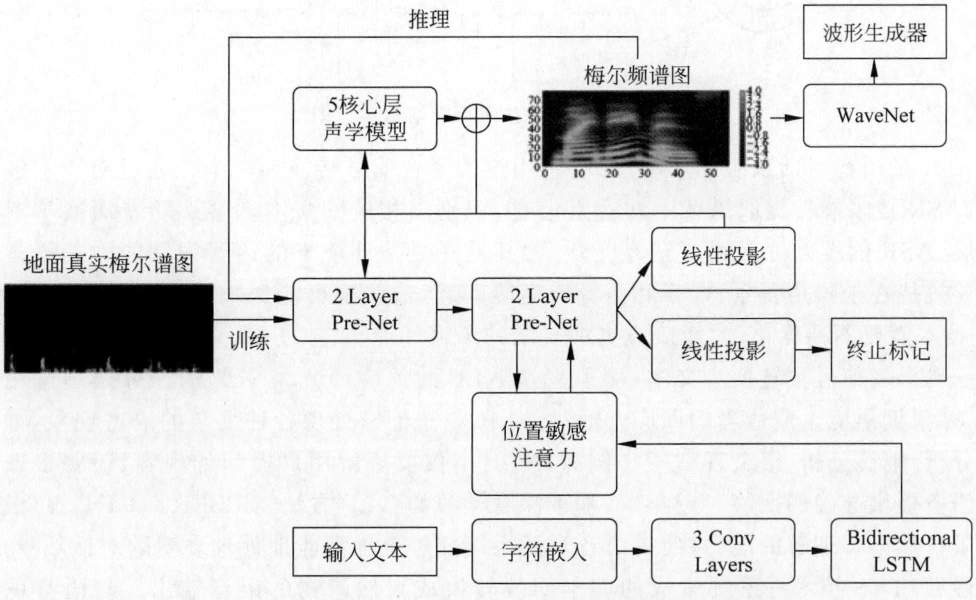

图 5-14 Tacotron 2 结构示意图

除 WaveNet 和 Tacotron 外，近年来还涌现出一些新的语音合成技术。2020 年后，基于 Transformer 架构的语音合成模型开始崭露头角。与传统的 RNN 和 LSTM 架构不同，Transformer 架构通过自注意力机制在处理长序列数据时表现出了显著优势。基于 Transformer 架构的 TTS 模型如 FastSpeech 和 FastSpeech 2，凭借其高效的训练和推理能力，在语音合成的实时性和质量上都取得了较大的进展。FastSpeech 通过改进 Tacotron 的生成过程，显著提高了语音生成的速度，并解决了 Tacotron 模型在发音连续性方面的一些问题。而 FastSpeech 2 则进一步优化了语音的自然度和流畅性，在不同的语调和情感上表现更加丰富。

近年来，语音合成技术的最新进展还包括声纹合成和情感语音合成等研究领域。声纹合成技术通过学习不同说话者的语音特征，使得合成的语音能够准确模仿某一特定个体的声音，而情感语音合成则能够根据输入的情感标签或语境信息调整语音的语气、语调和节奏，使语音更具情感表现力。这些技术使得语音合成不仅能够模拟语音内容，还能够传递说话者的个性和情感。

5.2.4 语音对话系统

语音对话系统是一种集成了自动语音识别(ASR)、文本转语音(TTS)和自然语言处理(NLP)等核心技术的系统，旨在实现与用户的自然语言双向交互。这些系统通过语音输入与语音输出的方式，消除了传统输入设备(如键盘和鼠标)的需求，使得用户可以通过语音进行更加便捷的操作。如图 5-15 所示，语音对话系统的工作流程通常涉及多个环节，包括语音信号的捕捉、语音识别、意图理解、响应生成以及语音合成等。

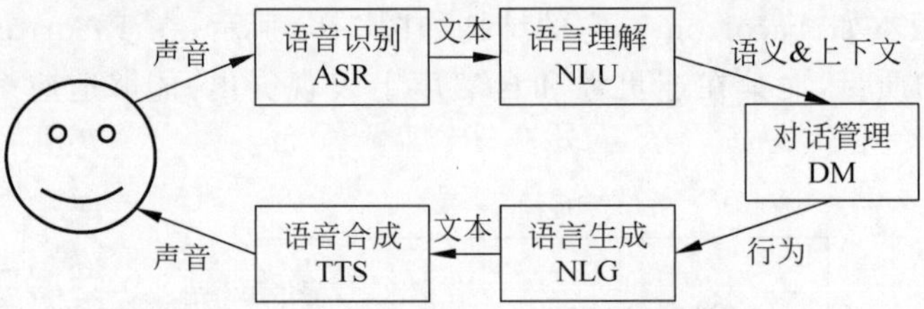

图 5-15 语音对话系统结构示意图

ASR 是语音对话系统的第一步，它将用户的语音信号转换为文本。通过对声音波形的分析，ASR 技术能够提取语音中的音素信息，识别出相应的文本内容。随着深度学习的不断发展，ASR 的准确性得到了显著提升，尤其是在复杂环境下的语音识别能力。语音识别的主要挑战在于噪声背景、口音和语音模糊等问题，这些都可能影响识别的准确度。因此，ASR 技术需要不断优化，才能适应更加复杂的语言环境。

一旦语音信号被转换为文本，接下来是 NLP 的关键环节。NLP 的任务是理解用户的意图，并根据语境生成适当的回应。通过 NLP，系统能够处理各种复杂的语言现象，如语法结构分析、情感分析、语义理解等。例如，NLP 不仅要理解用户提问的内容，还要根据上下文和语境提供准确的回答。近年来，基于深度学习的 NLP 方法，如 BERT、GPT 等，极大地提升了自然语言理解的能力，使得语音对话系统能够更加智能地处理多变的对话场景。

最后，TTS 技术将系统生成的文本回答转换成自然流畅的语音输出。与语音识别类似，TTS 也是语音对话系统中至关重要的一环，它直接影响到用户的体验。现代 TTS 技术依托深度学习模型(如 WaveNet、Tacotron 等)，能够生成非常自然且富有表现力的语音。

TTS的挑战在于合成语音的自然度和情感表现,如何使得合成的语音既准确又充满人类的情感色彩,成为了研究的热点。

语音对话系统的一个重要应用便是语音助手,如Siri、小艺和小爱同学等智能语音助手,它们通过语音与用户进行交互,完成各种任务。这些助手不仅可以回答用户的提问,如天气预报、新闻头条等,还能执行复杂的操作,如控制智能家居设备、播放音乐、设置提醒和日程等。语音助手的核心在于其高效的语音识别与自然语言理解能力,只有准确理解用户的意图,才能提供精确和个性化的服务。

语音对话系统在智能家居、车载系统、医疗健康、客户服务等多个领域也得到了广泛应用。在智能家居领域,用户可以通过语音指令控制家中的设备,如开关灯、调节温度、播放音乐等;在车载系统中,驾驶人可以通过语音指令控制导航、电话、媒体等功能,减少驾驶时的操作负担;在医疗健康领域,语音对话系统能够帮助老年人或行动不便的人群通过语音与智能设备进行交流,获取健康信息或执行生活任务。

5.2.5 语音交互系统的优化与挑战

语音交互系统在实际应用中面临许多挑战,尤其是在噪声环境下的语音识别精度问题。由于噪声的干扰,尤其是在复杂的环境下,传统的语音识别技术可能出现误识别或者无法准确理解用户的指令。因此,噪声处理技术(如声源分离和回声消除)对于提升语音识别的准确性至关重要。

另外,语音交互系统还需要适应多语言和多口音的挑战。不同地区和语言的差异要求系统能够处理不同的语音模式、语法结构以及发音特点,这对于语音识别和合成系统来说是一个复杂的问题。为了确保系统的普遍适用性,研究者不断优化语言模型和语音特征提取方法,使其能够适应全球不同的语言和口音。

5.3 自然语言处理核心算法

本节讲述自然语言处理的核心算法。

5.3.1 自然语言处理概述

自然语言处理是指计算机通过一系列算法和模型,处理和分析自然语言中的文字或语音,以便从中提取有用的信息、做出推理或进行决策。如图5-16所示,它包括两个主要方面的任务:一个是NLU(Natural Language Understanding,自然语言理解),即让计算机理解人类的语言;另一个是NLG(Natural Language Generation,自然语言生成),即让计算机能够产生符合语法和语义要求的自然语言文本或语音。

NLU是指计算机理解并解释自然语言中的信息的过程。它包括语音识别、词汇理解、语法分析、语义分析等多个步骤。在NLU中,计算机需要将输入的语言信息转换为可以被机器理解的形式,如语法树、语义表示等。NLU的挑战在于处理语言中的歧义、隐含意义和上下文信息。随着技术的发展,基于深度学习的模型能够在更复杂的语言环境中实现高效的理解。

NLG则是让计算机能够自动生成连贯、自然的文本或语音,以便与人类进行交互。

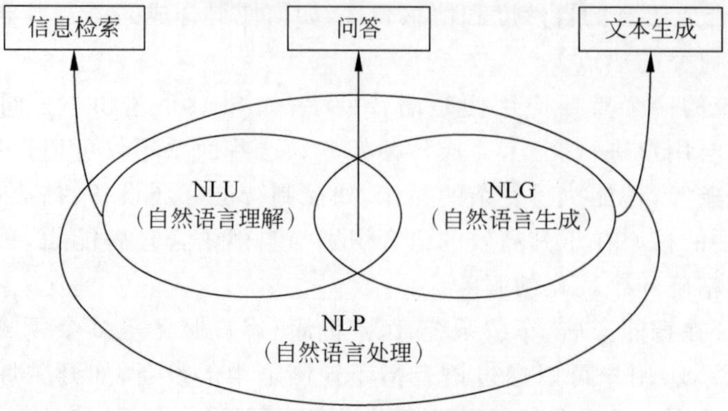

图 5-16 自然语言处理的体系

NLG 的任务包括从数据或信息中生成自然语言描述、文本摘要、问答生成等。与 NLU 不同,NLG 的重点在于从抽象的结构或信息中“创造”出自然语言的表达,这要求计算机不仅要掌握语言的规则,还要能够结合上下文生成符合语境的内容。例如,在自动报告生成中,NLG 系统需要从数据中提取关键信息并生成简洁、准确的文本。近年来,基于生成对抗网络(GAN)和大语言模型(如 GPT-3)的技术使得 NLG 取得了长足的进步,生成的文本越来越接近自然语言的表达方式。

NLP 作为人工智能的一个分支,其发展历程可以追溯到 20 世纪 50 年代。当时,最初的研究集中在语言的规则和词汇层面的处理。随着计算机硬件和算法的进步,NLP 逐渐向更高层次的语言理解和生成发展,尤其是在语音识别、机器翻译、情感分析等方面取得了显著的突破。到了 21 世纪初,深度学习的兴起使得 NLP 取得了质的飞跃,基于神经网络的模型,如 CNN、LSTM 和 Transformer 等技术被广泛应用,极大地提升了机器处理语言的能力。

在最新的研究中,基于预训练模型的方法(如 BERT、GPT 系列)已成为 NLP 领域的主流,它们通过大规模的数据训练,使得计算机能够自动学习到语言中的复杂关系和深层次的语义,进一步提升了自然语言处理的效率和准确度。

5.3.2 自然语言处理如何理解语言

自然语言处理旨在使机器能够理解、生成并与人类的语言进行交互。自然语言处理不仅涉及对语言的理解,还包括如何生成连贯、自然的语言,以使机器能与人类进行有效的沟通。机器如何理解人类语言,是 NLP 的核心问题之一。为了让机器理解人类语言,NLP 采用了一系列的算法和技术,主要分为以下几方面:词汇级别的处理、句法分析、语义理解、上下文推理以及生成模型。

1. 词汇级别的处理

在自然语言中,单词是最基本的单位。要让机器理解语言,首先需要对语言中的单词进行处理。机器理解词汇的第一个步骤是分词,它是将句子中的长文本分解为一个个词汇或词组。例如,“我爱机器学习”会被分解为“我”“爱”和“机器学习”。分词是许多 NLP 任务的基础,它让机器能够识别文本中的基本元素。

接下来是词向量的构建。如图 5-17 所示,词向量是通过将每个单词转换为数字向量来表示单词的语义信息。常见的词向量表示方法有 Word2Vec、GloVe 等。这些方法通过大量文本数据学习到每个词的向量表示，使得语义相似的词向量在数学空间中距离较近，从而帮助机器捕捉到词汇之间的语义关系。

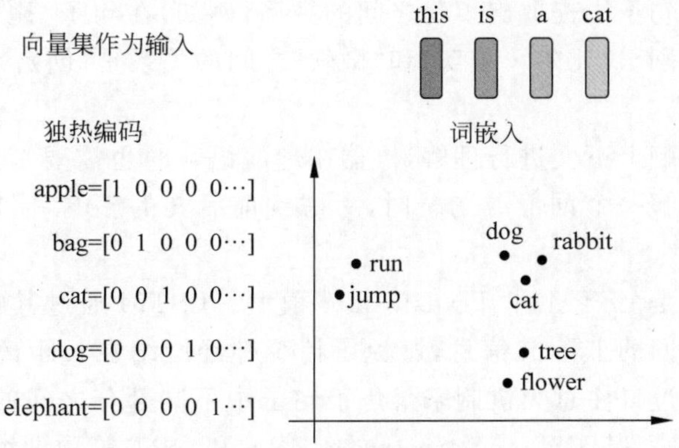

图 5-17　词向量的构建

2. 句法分析

句法分析是对文本中单词的结构关系进行分析的过程。机器理解语言的第二步是对句子进行结构化分析，使得机器能够理解单词之间是如何组合在一起的。句法分析的核心目标是构建句子的语法树，该树展示了句子中各个成分之间的层级关系，如主语、谓语、宾语等。

例如，在句子“我爱机器学习”中，机器需要识别出“我”是主语，“爱”是谓语动词，“机器学习”是宾语。句法分析通过对句子的语法规则进行分析，帮助机器理解语言的层次结构。

句法分析的常见方法包括基于规则的分析和统计学方法。统计学方法，如依存句法分析，通过学习大量地标注数据，帮助机器自动识别句子的结构关系。

3. 语义理解

语义理解是机器理解语言的关键，它不仅要识别句子的字面含义，还要理解其中的深层含义。语义理解的目标是将文本中的信息转换为机器能够理解和推理的形式。

机器理解语言的常见方法是通过 NER（Named Entity Recognition，命名实体识别）、词义消歧和关系抽取等技术。如图 5-18 所示，NER 是识别文本中提到的人名、地点、时间等实体的过程。例如，在句子“苹果公司今天发布了新产品”中，NER 会识别出“苹果公司”为一个公司名，而不是把“苹果”当成一种水果，“今天”为时间信息。

	<START>	让	子	弹	飞	的	导	演	是	姜	文	；	刀	民	敢	杀	我	的	马	<END>
BIO	O	B	I	I	I	O	O	O	O	B	I	O	O	O	O	O	O	O	B	O
BIOSE	O	B	I	I	E	O	O	O	O	B	E	O	O	O	O	O	O	O	S	O
IOB	O	I	I	I	I	O	O	O	O	I	I	O	O	O	O	O	O	O	I	O
BILOU	O	B	I	I	L	O	O	O	O	B	L	O	O	O	O	O	O	O	U	O
BMEWO	O	B	M	M	E	O	O	O	O	B	E	O	O	O	O	O	O	O	W	O
BMEWO+	O+	B	M	M	E	O+	O	O	O+	B	E	O+	O	O	O	O	O	O+	W	O+

图 5-18　NER 过程示意图

词义消歧用于解决同一词汇在不同上下文中可能有不同含义的问题。举个例子，Bank可以指金融机构，也可以指河岸。通过上下文信息，机器可以判断 Bank 在当前语境中的具体含义。

关系抽取则是从句子中提取出事物之间的关系，例如，在句子“比尔·盖茨是微软的创始人”中，机器需要识别出“比尔·盖茨”和“微软”之间的关系是“创始人”。

4. 上下文推理

人类语言往往依赖上下文进行理解，机器在理解语言时也需要考虑上下文信息。上下文推理帮助机器在理解一个词汇或句子时，考虑到前后文的影响，使得对语言的理解更加准确。

一个典型的例子是 LSTM 和 Transformer 模型。LSTM 通过其特殊的结构能够在处理长句子时保持长时间的上下文信息，避免了传统神经网络在长距离依赖上遇到的问题。而 Transformer 则通过自注意力机制来聚焦于句子中不同部分之间的关联，从而更好地理解上下文关系。近年来，基于 Transformer 的 BERT 和 GPT 等预训练模型，进一步推动了机器在自然语言处理任务中的表现。

这些模型不仅能处理语法和语义的层面，还能够通过理解文本中不同部分的关系来推理出更深层次的信息。

5. 生成模型

生成模型是指机器不仅仅是理解输入的语言，还能够生成新的语言输出。常见的生成模型包括 Seq2Seq、BERT 的生成式应用及 GPT 系列。

生成模型通过对大量文本数据的训练，学会如何根据上下文生成语法正确、语义连贯的文本。例如，GPT-3 模型能够通过给定一段文字，生成与之相关且语法流畅的段落。

生成模型在翻译、文本摘要、自动回复等任务中得到了广泛应用。它们在机器理解语言的同时，能够生成符合人类语言习惯的回复或文本，极大地提升了人机交互的自然性。

5.4 多模态信息融合技术

本节讲述多模态信息融合技术。

5.4.1 多模态信息融合概述

多模态信息融合是指将来自不同感知通道（如视觉、听觉、触觉等）的信息结合起来，进行联合处理与分析的技术。其核心目的是通过不同模态的数据补充和增强彼此的信息，使得机器能够更加全面和准确地理解复杂的现实世界。如图 5-19 所示，在实际应用中，常见的模态包括图像、语音、文本、视频等，它们在不同场景下能够提供互补的信息。例如，在自动驾驶系统中，摄像头和激光雷达（LiDAR）可以分别提供视觉和深度信息，通过融合这些不同模态的数据，系统可以更好地理解环境并做出决策。

随着智能设备和传感器技术的发展，多模态信息融合技术已经被广泛应用于多个领域，如智能家居、自动驾驶、医疗诊断、安防监控、情感分析等。在这些领域，机器通常需要同时处理和分析多个感知模态的信息，以实现更准确、智能的决策与响应。然而，在实际应用中，多模态融合面临许多挑战，例如，数据的不一致性、模态之间的复杂关系以及如何有

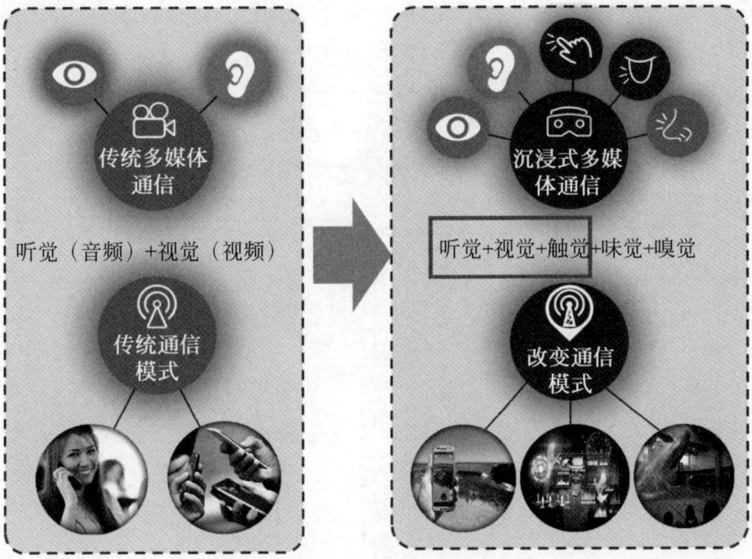

图 5-19　多模态信息融合概念图

效地结合来自不同模态的特征等问题。

5.4.2　模态间的关联与对齐

在多模态信息融合中，模态间的关联与对齐是至关重要的一环。不同模态的数据通常表现出不同的特征和格式，如何将这些数据有效地对齐和关联是多模态融合中面临的关键挑战之一。如图 5-20 所示，图像中的物体和语音中的描述可能并不是一一对应的，或者文本中的信息与视频中的画面也可能存在不同的结构和语境。在自然语言处理中，文本中的词语或句子通常是以文字为单位的，而在视觉处理领域，图像或视频则是以像素或区域为单位的，这些数据间的差异性使得模态的关联和对齐变得复杂。

为了处理这些差异，研究者提出了多种方法以实现不同模态之间的对齐，目的是让不同类型的数据能够在一个共享的表示空间中进行有效的匹配与融合。模态对齐的过程包括如何将来自不同模态的信息映射到一个共同的表示空间，以便使其能够相互对比、关联和融合。通过对齐，不同模态间的潜在信息可以被准确地提取和关联，进而增强模型的理解能力。

一种常见的对齐方法是多模态检索（Multimodal Retrieval），这一方法使得系统能够通过一种模态的数据检索另一种模态的数据。例如，给定一幅图像，多模态检索技术可以根据图像内容从一个文本数据库中检索到描述该图像的相关文本，反之亦然。为了实现这种检索，深度学习模型通常依赖于 CNN 和 RNN。如图 5-21 所示，这些网络能够从图像、文本或语音等模态中提取出有用的特征，并通过统一的表示方式，将其映射到相同的空间，使得不同模态之间能够进行直接对比和关联。

在多模态学习中，深度学习特别有效，它利用神经网络对数据进行端到端的训练，避免了手动提取特征的烦琐过程。CNN 常用于图像和视频处理，可以自动从原始图像中提取出层次化的特征，具有强大的空间特征提取能力。对于文本，RNN 尤其适用于处理时序数据，可以捕捉文本中的时间依赖性，而 Transformer 架构则能在长序列中捕获全局信息，因

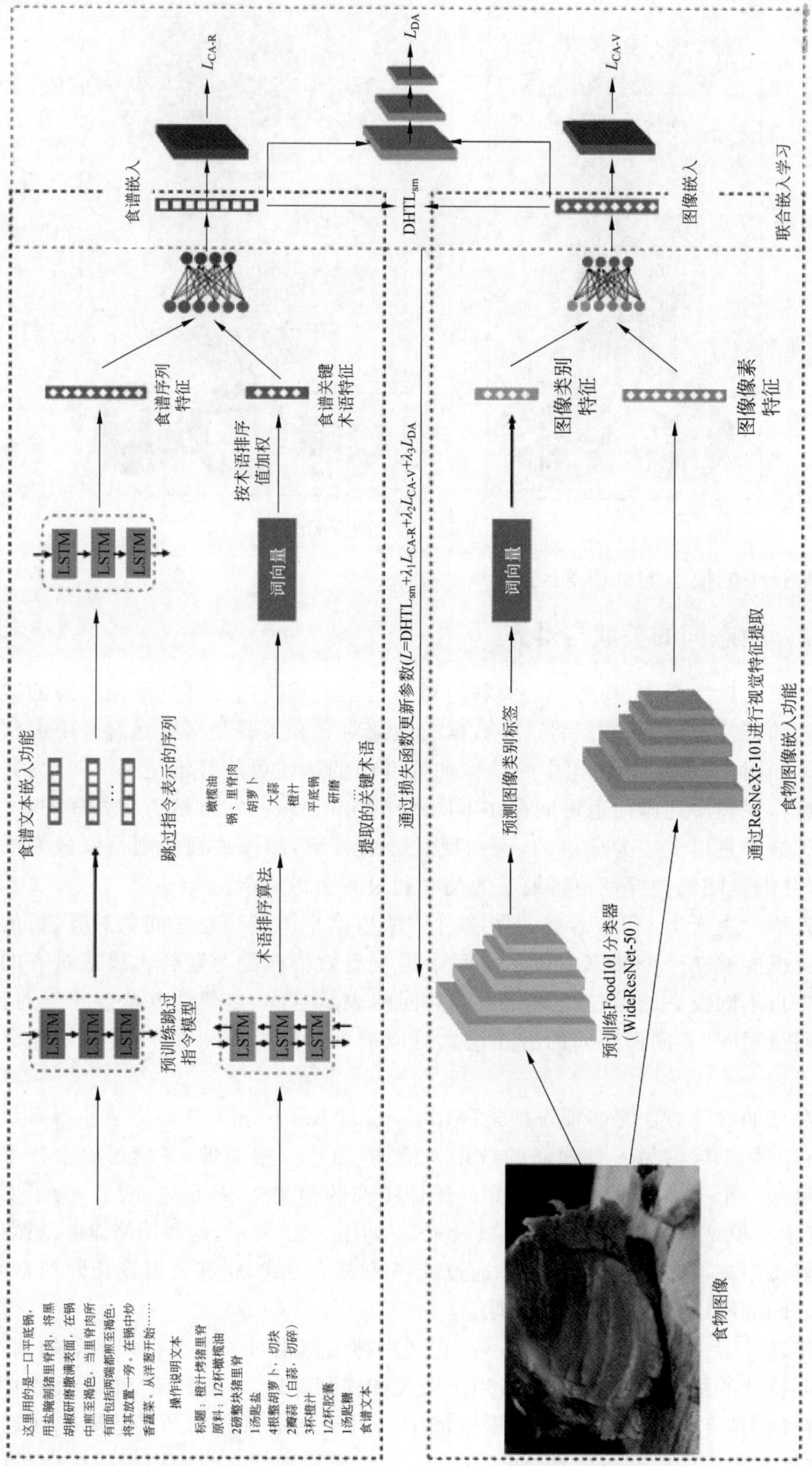

图 5-20 模态间信息的关联和对齐

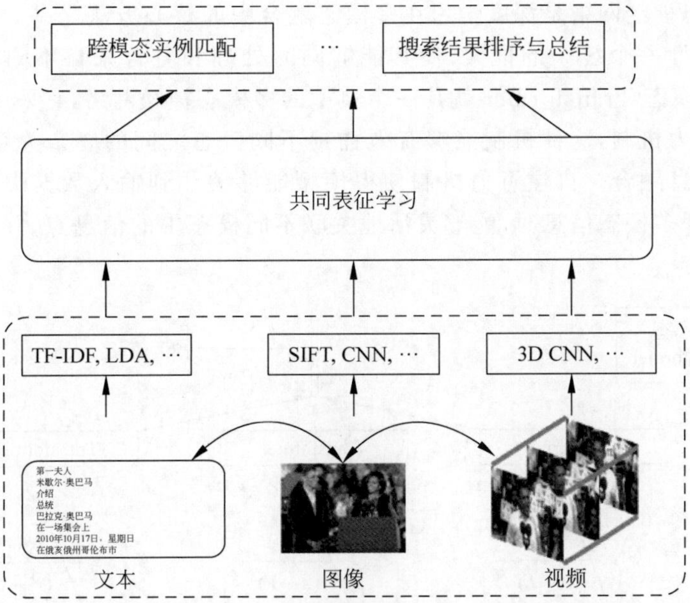

图 5-21　多模态检索结构示意

此在处理自然语言文本时也发挥了重要作用。

在进行多模态数据对齐时，数据预处理是一个不可忽视的步骤。由于不同模态的数据往往在尺度、噪声、时序等方面有所不同，如何对数据进行统一的预处理以提高对齐效果至关重要。常见的数据预处理技术包括标准化、降噪和数据增强。标准化的目的是将不同模态的数据转换为一个相对统一的尺度，从而避免某些模态数据由于所属模态的固有属性，导致它们对模型的影响过大或过小。降噪技术则能够去除数据中的随机噪声，使得数据更加干净，方便后续的处理。而数据增强技术则通过生成额外的数据样本，帮助模型更好地学习到模态间的潜在关联。

模态对齐的技术还涉及多模态空间的学习。为了实现多模态数据的有效融合，研究者们尝试通过构建一个共享的特征空间，让不同模态的数据能够映射到同一空间中，从而能够通过统一的方式进行表示和对比。在这个共享空间中，不同模态的表示不再是孤立的，而是通过某种机制（如对抗训练或联合优化）使得它们能够相互补充，增强信息的互补性。

例如，多模态对抗训练通过在训练过程中引入对抗损失，使得从不同模态中提取的特征能够在同一空间中相互映射，从而减少模态间的差异性。这样一来，模型不仅能够理解和处理单一模态的信息，还能通过多模态的关联提升其泛化能力。

通过这些方法，模态间的对齐和关联能够更为精准地实现，从而为多模态信息的融合奠定了基础。模态数据的有效对齐不仅提升了多模态任务的准确性，也为各类复杂应用（如多模态情感分析、多模态推荐系统、视觉问答系统等）提供了强有力的支持。

5.4.3　深度学习在多模态融合中的应用

深度学习技术近年来在多模态信息融合领域取得了显著进展，特别是在处理不同模态数据的统一表示和高效融合方面。随着多模态神经网络的出现，尤其是基于 Transformer 的模型，深度学习为多模态任务提供了更强大的工具。

其中,多模态神经网络是深度学习在多模态融合中的核心方法之一。多模态神经网络的基本思想是设计一个统一的框架,使其能够同时处理和融合来自不同模态的数据。如图 5-22 所示,多模态 Transformer 就是一个典型的多模态神经网络,它采用了 Transformer 架构中的自注意力机制,这种机制能够有效捕捉不同模态之间的复杂关系,并在共享的特征空间中进行信息融合。自注意力机制使得模型能够关注到输入数据中每一部分之间的关联,从而在处理多模态信息时,能够灵活地关联不同模态中的信息点,并在同一表示空间内进行深度融合。

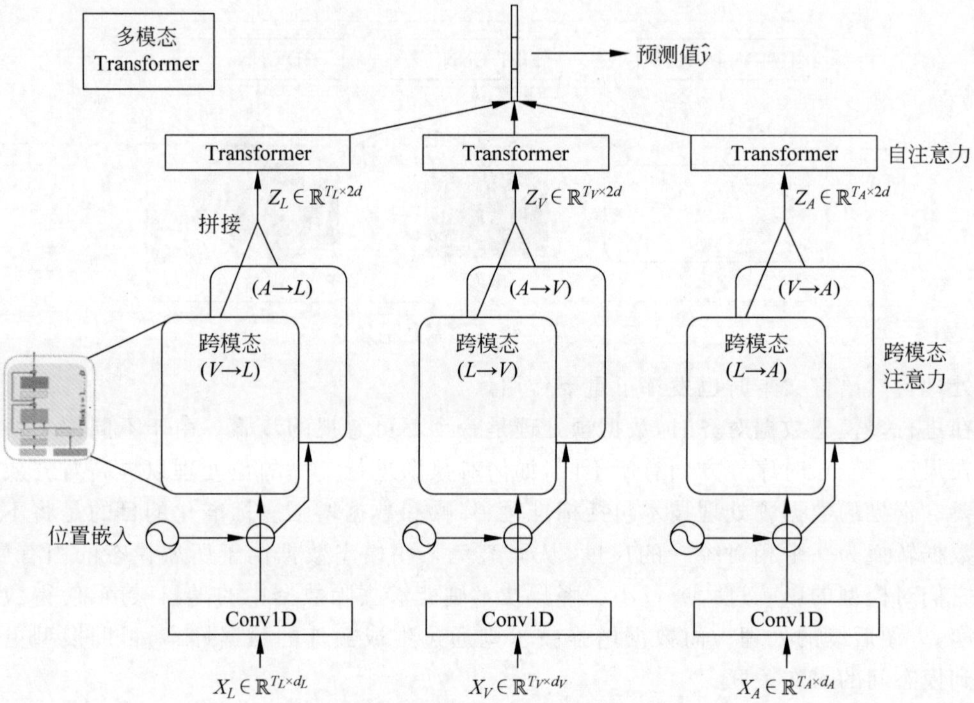

图 5-22　多模态 Transformer 结构示意图

多模态 Transformer 和类似的模型通过设计多层次的注意力模块,能够自动学习如何从每个模态中提取关键特征,并将它们合并成一种统一的表示。这种方法不仅能够有效应对复杂的多模态数据,还能够在不同模态之间找到互补信息,从而提升任务的整体表现。例如,在视觉-语言任务中,多模态 Transformer 通过将图像和文本数据映射到同一空间中,使得模型能够同时理解图像的视觉内容和文本的语义信息,从而做出更加精确的推理。

另一个在多模态融合中广泛应用的深度学习方法是联合表示学习。如图 5-23 所示,联合表示学习旨在为不同模态的数据设计一个统一的表示空间,使得来自不同模态的信息可以在同一空间中进行对比和融合。通过联合表示学习,模型不仅能够在融合过程中增强不同模态之间的互补性,还能够通过共享特征学习进一步增强模型的泛化能力。例如,在多模态情感分析中,联合表示学习能够将文本和语音中的情感信息结合起来,更准确地判断用户的情感状态,而不仅仅依赖单一模态的判断。文本的情感信息可能通过语言表达出来,而语音的情感色彩则通过音调、语气等方式传递,这两者的结合可以帮助模型进行更准确的情感识别。

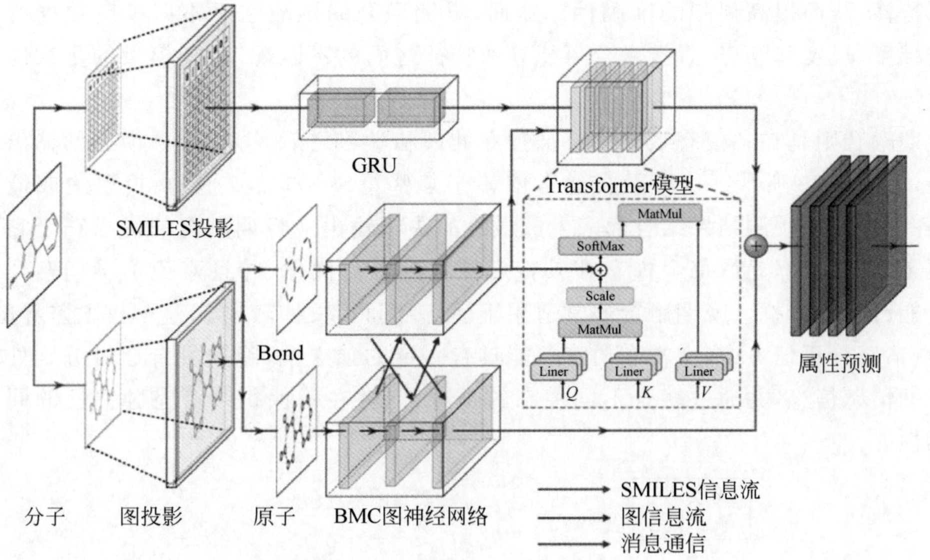

图 5-23 联合表示学习结构示意图

多层次特征提取是深度学习在多模态融合中的优势之一。深度学习模型能够通过其多层的结构,从原始数据中逐层提取越来越复杂和抽象的特征,这种能力使其在处理多模态数据时表现得尤为出色。例如,图像中的低层特征(如边缘、颜色)可以通过卷积网络提取,而更高层的抽象特征(如物体、场景)则通过更深的网络层次捕捉。同样,文本和语音中的词汇、句法、语义和情感信息也能够通过深度网络进行多层次的提取。最终,模型将不同模态的数据特征融合在一起,通过共享的表示空间进行联合推理,提升了模型在多模态任务中的性能。

例如,在情感分析任务中,通过将文本、语音和视觉信息进行联合表示学习,深度学习模型能够更全面地理解情感状态。文本可能包含情感的直接表达,而语音通过语调、语速等特征传达额外的情感信息,图像则可能通过面部表情等视觉信息补充情感上下文。通过深度学习技术,模型能够将这些来自不同模态的特征进行融合,从而在情感分析任务中获得更加准确的预测。

5.4.4 多模态信息融合的算法与框架

随着深度学习技术的迅速发展,基于深度学习的多模态融合模型逐渐成为处理多模态数据的主流方法。这些模型利用神经网络的强大能力,通过将来自不同模态的数据融合在一起,学习它们之间的关系并进行联合预测。常见的多模态融合方法包括早期融合、晚期融合和混合融合,每种方法都有其适用的场景和优势。

早期融合是指在输入数据层面进行模态数据的融合。如图 5-24 所示,该框架将来自不同模态的数据(如图像、文本、语音等)或它们的特征向量在输入层时直接合并,然后送入后续的神经网络进行处理。这种方法的优点在于模型能够在最初阶段便利用不同模态之间的关联性,从而让模型能够从一开始就获得全面的信息。早期融合特别适合那些模态之间具有较强相关性的任务,如图像-文本匹配或视频-语音分析。在这些任务中,图像和文本或视频和语音提供的信息往往是互补的,结合它们的特征可以使模型更早地捕捉到数据间的多模态特性，从而提高预测的准确性。然而，早期融合的挑战在于不同模态数据可能具有不同的维度、尺度和噪声，直接融合可能导致特征之间的不匹配，增加模型的复杂性和训练难度。

晚期融合则是在各模态数据的特征独立处理和学习之后，再将每个模态的输出结果进行融合，如图 5-25 所示。这种融合通常依赖于某些策略，如加权平均、投票法或最大概率法，将各个模态的预测结果结合起来生成最终的决策输出。晚期融合的优点在于它可以保持各模态的独立性，允许每个模态在其特定领域内进行优化，并且避免了早期融合中模态之间可能产生的干扰。晚期融合通常适用于模态之间相关性较弱或存在较大差异的场景。例如，在情感分析任务中，文本和语音可能具有一定的独立性，晚期融合通过分别处理文本和语音的情感信息，并通过融合不同模态的预测，能够在确保每个模态独立性的同时获得更好的性能。

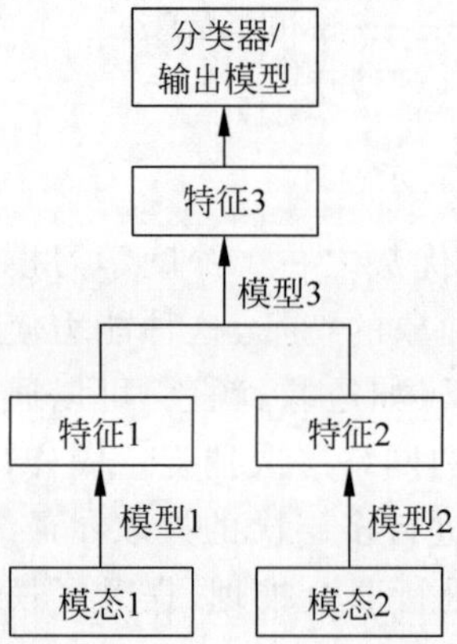

图 5-24 早期融合示意图

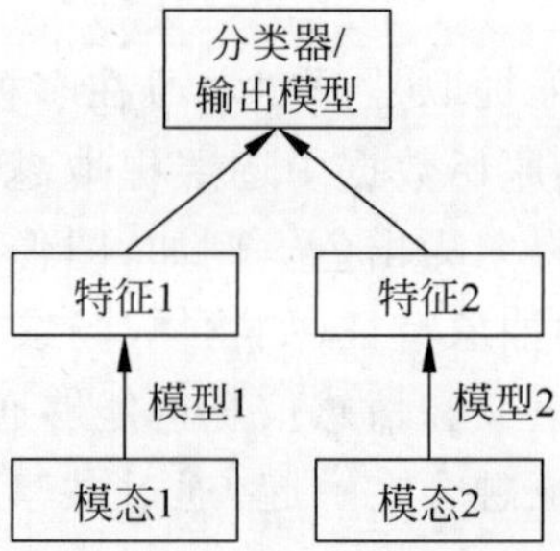

图 5-25 晚期融合示意图

混合融合结合了早期融合和晚期融合的优点，在不同的处理阶段适时地融合不同模态的信息。通过这种方法，可以在特征层面和决策层面同时进行融合，从而更灵活地适应不同模态数据的特点。在某些阶段使用早期融合，能够最大限度地挖掘模态之间的相关性，而在其他阶段使用晚期融合，则能避免过度依赖某一模态的缺陷。混合融合方法在处理复杂的多模态任务时，往往能够提供更高的精度和更强的稳健性。例如，在视觉-语音理解任务中，图像和语音信息既需要在特征层面进行融合，也需要在最终的决策输出层进行融合，以实现更加全面的理解和推理。

5.4.5 多模态系统的挑战

多模态信息融合技术虽然取得了显著进展，但在实际应用中仍面临许多挑战。首先，数据不平衡与模态缺失是一个常见的问题。如图 5-26 所示，不同模态的数据来源和质量可能存在差异，某些模态可能在某些时刻无法获取或受到噪声的影响，这会影响融合系统的效果。为了解决这一问题，研究者们提出了一些方法，如通过生成模型或对抗训练来填补缺失的模态信息。

除此之外，实时性与可扩展性是多模态系统的另一个重要挑战。由于多模态数据的处理需要更多的计算资源，如何在保证高精度的前提下提高处理速度并确保系统的可扩展

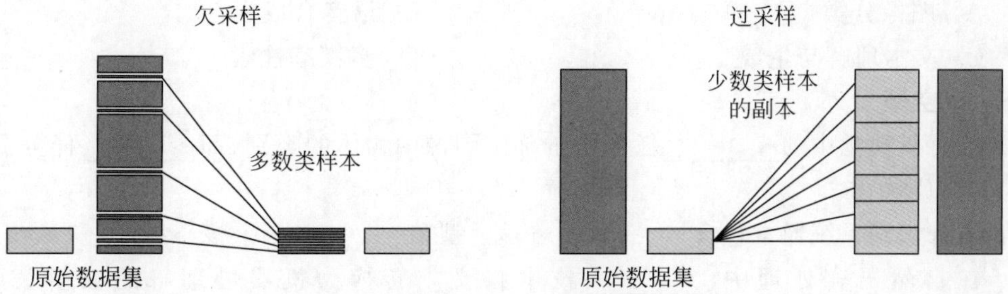

图 5-26 数据不平衡问题及解决方案

性，是目前的研究重点之一。例如，在自动驾驶系统中，实时处理来自多个传感器的数据至关重要。为了应对这一挑战，研究者们在优化计算效率、减少延迟等方面做出了很多尝试。

5.5 本章小结

本章系统解析了人工智能感知技术与大模型的核心原理。计算机视觉部分详细阐述了图像分类（CNN 架构）、目标检测（YOLO、R-CNN）的发展，以及多模态学习的前沿应用。语音交互系统聚焦语音识别（LSTM、Transformer）与合成（WaveNet、Tacotron）技术，强调端到端模型的优化。自然语言处理部分解析了词汇处理（词向量）、句法分析（依存树）及上下文推理（BERT）的技术路径。多模态融合技术探讨了早期/晚期融合框架，以及跨模态检索与联合表示学习的挑战。

5.6 习题

在线答题

一、判断题

1. 计算机视觉仅需处理静态图像。（ ）
2. 语音合成技术将文本转换为语音。（ ）
3. Transformer 架构用于处理长序列依赖。（ ）
4. 多模态融合需对齐不同数据特征。（ ）
5. 大模型参数规模与性能呈线性正相关。（ ）

二、选择题

1. 以下哪项是图像检测的核心任务？（ ）
   A. 分类与定位　B. 特征提取　C. 语义分割　D. 图像生成
2. 语音识别的早期方法依赖什么？（ ）
   A. 手工特征（如 MFCC）　B. 端到端深度学习
   C. 强化学习　D. 多模态融合
3. 多模态信息融合的早期融合发生在哪里？（ ）
   A. 输入层　B. 特征层　C. 决策层　D. 输出层
4. 大模型的典型代表不包括下列哪项？（ ）
   A. GPT-3　B. ViT　C. LeNet　D. BERT
5. 自然语言处理的核心任务是什么？（ ）

A. 图像分类　　B. 语音合成
C. 文本理解与生成　　D. 多模态检索

三、填空题

1. 计算机视觉中的________任务用于确定图像中物体的类别，而________任务需要同时定位和识别物体。

2. 语音识别系统通常包含________、声学模型和________三个核心组件。

3. 在自然语言处理中，________技术将文本转换为机器可理解的数值表示，而________技术则实现机器生成自然语言。

4. 多模态融合需要解决不同模态数据间的________问题，常用的深度学习方法包括________架构。

5. 语音合成系统(TTS)通过________模型生成语音特征，再通过________模型转换为波形信号。

四、简答题

1. 简述卷积神经网络(CNN)在图像分类中的优势。

2. 语音合成的主要技术难点是什么？

3. 多模态信息融合的主要挑战有哪些？

4. 大模型参数规模扩大带来哪些技术挑战？

5. 自然语言处理中的词向量有何作用？

五、思考题

1. 跨模态推理优化：如何设计动态权重机制，根据任务需求自适应分配各模态贡献？

2. 大模型轻量化：在资源受限的场景下，如何结合知识蒸馏与模型剪枝技术压缩大模型，同时保持性能？

3. 语音交互实时性提升：在嘈杂环境中，如何通过在线学习与动态降噪技术优化语音识别的实时性与准确性？

4. 计算机视觉泛化能力：针对少样本目标检测任务，如何利用元学习或自监督学习提升模型的少样本适应能力？

5. 多模态生成扩展：如何实现"文生视频＋文生交互"的多模态生成系统？需解决哪些技术瓶颈？

第6章

大模型技术介绍

本章目标

- 理解大模型的定义及发展趋势，明确模型参数规模与智能表现的关联性，掌握参数规模对模型性能的影响、计算能力与数据需求，以及参数扩展与泛化能力等知识。
- 了解预训练模型的概念，掌握知识迁移与表征学习的机制，熟悉主要的预训练方法及预训练模型与多任务学习的结合方式。
- 掌握 Token 的定义和重要性，理解上下文窗口与 Token 限制，明确 Token 效率与模型性能的关系。
- 了解提示语的基本概念，理解提示语的重要性，掌握不同任务的提示语策略。
- 了解开源模型的概念，掌握专有模型的优势与挑战，明确开源模型与专有模型的发展趋势和前景。

大模型以庞大参数与海量数据训练，重塑了人工智能的认知边界。参数规模如何影响智能表现？预训练怎样让模型实现知识迁移？Token 化处理又如何解码人类语言？从提示语设计的交互艺术，到开源与专有模型的发展博弈，每一个技术细节都关乎大模型的能力上限。本章将系统拆解大模型核心技术，剖析其底层逻辑与发展路径，带领读者看清这一前沿技术如何实现从数据到智能的质变。

6.1 模型参数规模与智能表现关联性

本节讲述模型参数规模与智能表现关联性。

6.1.1 大模型的定义及发展趋势

大模型通常是指那些包含大量参数的机器学习模型，尤其是在深度学习领域。这些模型拥有比传统模型更多的神经元和更复杂的连接结构，能够处理和学习更加复杂的模式和特征。在过去的几十年里，计算能力和数据存储技术的飞速发展为大模型的出现提供了必要的技术支持。早期的机器学习模型和神经网络往往由于硬件和数据的限制，规模较小，通常只能解决一些简单的任务。而如今，随着计算硬件的提升（如更强大的 GPU 和 TPU）以及海量数据的积累，开发者和研究人员逐渐认识到，扩大模型的规模，特别是增加模型的参数数量，可以显著提升模型的能力，使其在多个任务中表现得更加出色。

大模型的崛起并非偶然，而是技术进步和需求推动的必然结果。早期的神经网络模型，如感知机和多层感知机（MLP），虽然在一定程度上能够完成分类等任务，但其性能受限于计算资源和数据量。当时的硬件和算法并未能发挥出深度学习的潜力。然而，随着更高效的计算架构的问世,DNN 得以在更复杂的任务中展示出强大的表现。随后,CNN 和 RNN 成为图像处理和自然语言处理领域的基础方法,虽然这些模型相较于现如今的大模型要小得多,但它们依旧是深度学习的重要基石。

近年来,如 GPT 系列、BERT、T5 等自然语言处理模型,以及在计算机视觉中广泛应用的 Vision Transformers(ViT)等,都代表了大模型的典型例子。如图 6-1 所示,这些模型通过大规模的训练数据和庞大的参数量,能够捕捉到更多复杂的特征,并在不同的任务中取得显著的突破。例如,GPT-3 就拥有 1750 亿个参数,远超其前身 GPT-2 的 15 亿个参数,使其在语言生成、问答、翻译等任务中展现出了强大的能力。同样,BERT 通过大规模的无监督学习预训练,能够高效地进行文本分类、问答和语义理解任务,进一步证明了大规模预训练模型的强大能力。

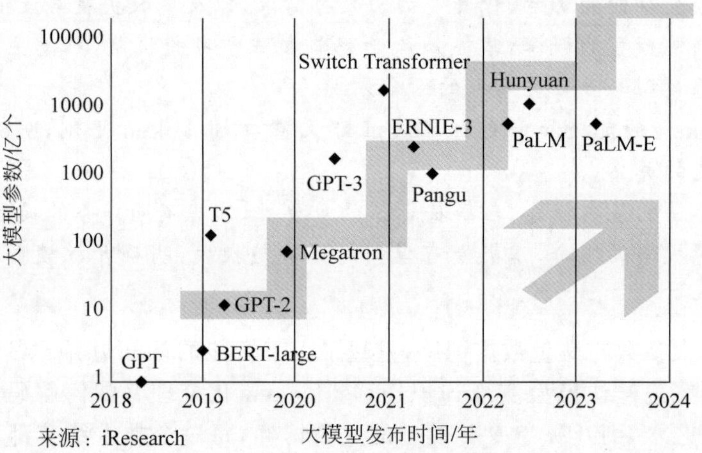

图 6-1　2024 年前大模型参数对比

大模型的成功不仅在于其巨大的参数量,还在于它们能够在足够的计算资源和数据支持下,通过大规模的训练,自动学习到任务所需的复杂特征和模式。这一过程突破了传统机器学习模型对于特征工程的依赖,转而让模型通过自我学习来发现数据中的规律。此外,随着硬件性能的提高,训练大规模模型的成本逐渐降低,尤其是得益于大规模并行计算和分布式训练技术的成熟,使得人们能够在更短的时间内训练出性能强大的大模型。

随着大模型的成功应用,可以看到,模型参数的增加与智能表现之间存在着显著的正相关性。越来越多的研究表明,通过增加模型的参数量,不仅能够提升模型的处理能力,还能够增强其泛化能力和迁移能力。这也解释了为什么大模型在不同领域中,如自然语言处理、计算机视觉、语音识别等,表现得越来越优秀。

6.1.2　参数规模对模型性能的影响

参数规模与模型的智能表现之间存在着密切的关系,通常更多的参数意味着更强大的模型能力。模型的参数相当于其"记忆"容量,能够存储和处理更复杂的特征和模式。当模型拥有大量参数时,它可以更加细致和精确地学习输入数据中的各种关系和模式,这使得它在面对复杂问题时,能够做出更加准确的判断和预测。

以语言模型为例,GPT-3 是一个典型的代表,其拥有 1750 亿个参数,远远超过了其前身GPT-2的15亿个参数。GPT-3的参数量是其强大性能的关键所在。通过增加参数的数量,GPT-3能够学习到更丰富的语义信息和上下文关系,从而生成更加流畅、自然且有逻辑的文本。相比于GPT-2,GPT-3在生成文本时不仅能维持更高的连贯性,还能够在处理复杂的推理任务和语言理解任务时表现出更高的准确性和适应性。这种提升不仅体现在文本生成上,还能够在文本摘要、机器翻译、问题回答等任务中展现出显著的进步。

除了自然语言处理领域,在计算机视觉和语音识别等任务中,参数量的增加同样带来了显著的性能提升。例如,在图像识别任务中,随着参数量的增加,CNN模型能够更好地捕捉到图像中的细节特征和复杂模式,使得图像分类、目标检测等任务的准确率得到提高。同样,在语音识别领域,较大规模的神经网络能够更精确地识别语音中的细节,并在多种口音和背景噪声环境下提高识别精度。

增加模型的参数量使得模型能够学习更细致的上下文关系,也使得模型在面对不同的数据类型和任务时展现出更强的适应能力。随着参数的增多,模型能够通过更多的层次和复杂的网络结构捕捉到数据中的潜在规律,从而在处理更加多样化的任务时具有更强的泛化能力。例如,大规模的参数可以帮助模型在理解多模态数据时进行有效的特征融合,从而提升图像、文本、语音等信息的整合与处理能力。这种跨领域的应用使得大模型在多个领域取得了突破性的进展。

不过,在DeepSeek的成功之后,参数量越大,效果一定越好的经验也被动摇。DeepSeek的参数量小于当前主流的几种大模型,但是在性能上却和主流大模型基本没有区别,甚至有些指标还处于领先位置。这说明只要有效参数足够多,就能够产生比较好的效果,并不完全和堆叠的参数量成正比。

6.1.3　计算能力与数据需求

随着参数规模的增加,模型对计算资源和数据量的需求也急剧上升。大模型的训练需要大量的计算能力,这意味着更高效的硬件支持,如GPU和专用的TPU成为了训练大模型不可或缺的工具。此外,数据的量和多样性也直接影响着大模型的表现。模型不仅需要大量的训练数据来学习数据的内在规律,还需要多样化的数据来源来增强其泛化能力。因此,随着数据的增加和计算资源的提升,模型的规模可以得到更大程度的扩展,并使得其智能水平不断接近人类的认知能力。

6.1.4　参数扩展与泛化能力

虽然大模型在多种任务中展现出强大的表现,但单纯的参数扩展并不能自动确保性能的提升,特别是在模型的泛化能力方面。泛化能力是指模型在训练数据之外的新数据上,仍然能够做出准确和合理的预测或决策。对于大规模的深度学习模型来说,参数的增加不仅要帮助模型学习到更为复杂的特征和模式,还需要保证模型在处理新的、未见过的数据时能够维持高效的推理和判断能力。

大模型之所以能提升泛化能力,部分原因是它们能够捕捉到数据中更丰富、更细致的模式和关系。如图6-2所示,随着参数的增多,模型可以学习更复杂的特征,从而能够在面对更加复杂的输入时做出更加精确的预测。例如,在自然语言处理领域,BERT模型就是通过大规模预训练和后续的微调,提升了模型在多个任务上的表现。BERT的预训练模型通过无监督学习方式，利用大量语料库来学习语言的基本结构和深层次的语义关系，而后通过微调，模型能够根据具体的任务进行调整，优化其在该任务上的表现。

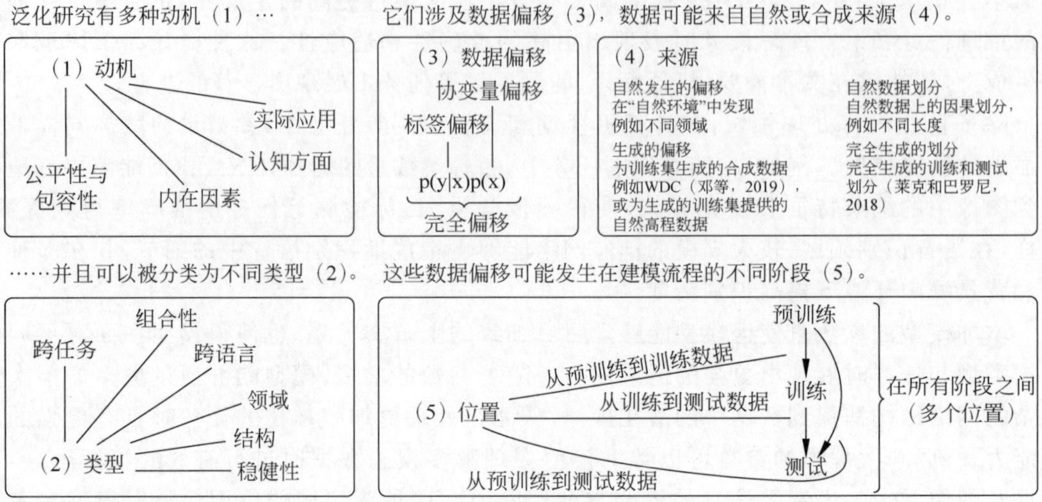

图 6-2　大模型参数泛化的分析

在 BERT 模型中，参数的增加使得模型能够捕捉到更长范围的上下文信息。通过其 Transformer 架构中的自注意力机制，BERT 不仅能够处理长距离依赖，还能灵活地理解文本中的复杂语义关系，这使得 BERT 在文本分类、情感分析、问答系统等任务上都取得了突破性的进展。更大的参数量意味着模型能够在更多的维度上对输入进行细致的学习，从而提升了模型的泛化能力，并在多种语言任务中都表现出了较强的适应性。

然而，尽管参数规模的扩展有助于提升泛化能力，但过度依赖参数的增加仍然存在一定的风险。例如，随着模型规模的增大，训练过程可能会更加容易受到过拟合的影响。过拟合是指模型在训练数据上表现得非常好，但在未见过的测试数据上性能较差，原因在于模型学习到了训练数据中的噪声和偶然性特征，而不是数据的真实规律。因此，如何在增加参数的同时避免过拟合，是大模型开发中的重要问题。

为了解决这一问题，研究人员采取了各种技术手段来增强大模型的泛化能力。例如，正则化技术（如 Dropout、$L2$ 正则化等）通过对模型参数的限制，防止其过于依赖训练数据中的特定模式，从而提高模型在新数据上的泛化能力。此外，数据增强和数据多样化的策略也是避免过拟合的一种有效方法。通过增加训练数据的多样性，尤其是对不同领域、不同情境下的数据进行训练，模型能够学习到更具代表性的特征，提升在未知数据上的表现。

6.2　预训练知识表征机制

本节讲述预训练知识表征机制。

6.2.1　预训练模型的概念

预训练模型是机器学习中一种非常重要的技术，其基本思想是先通过在大规模数据集上进行初步训练，学习到一些通用的知识和特征，然后通过微调（fine-tuning），将这些通用知识转换为解决具体任务的能力，具体如图 6-3 所示。这个过程类似于知识的“压缩与解压”。在预训练阶段，模型学习到的是通用的模式、特征和规律，而不是专门为某个特定任务设计的解决方案。通过这种方式，模型能够在没有大量标注数据的情况下掌握广泛的基础知识。

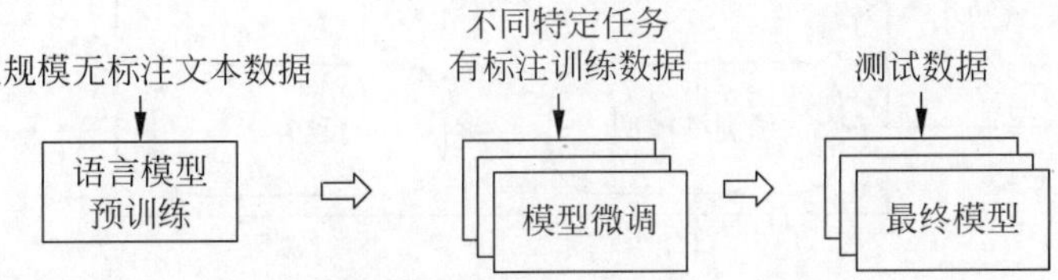

图 6-3　预训练-微调训练流程

预训练的第一个阶段可以看作对知识的“压缩”。在这一阶段，模型并不直接针对某个具体任务进行训练，而是通过无监督学习或自监督学习来从海量数据中提取有用的特征和规律。例如，在自然语言处理任务中，预训练模型可能会通过自监督学习的方式预测文本中的缺失部分，捕捉句子的语法结构和语义信息。在图像处理任务中，模型可能通过无监督学习识别图像的基本结构特征。这些操作通常不依赖于人工标签，而是通过模型对大量未标注数据的学习，使得模型能够自动从数据中识别出规律。

如图 6-4 所示，这一过程的关键是模型通过大量的数据进行训练，能够学到许多通用的、跨领域的知识。对于自然语言处理任务，模型能够学习到词汇之间的关系、句子的结构、上下文的信息；对于图像处理，模型则能够学习到图像中的常见特征，如边缘、形状和颜色等。在这一阶段中，模型并未针对某一特定任务进行学习，而是通过海量数据的训练，学习到一个通用的知识表示。

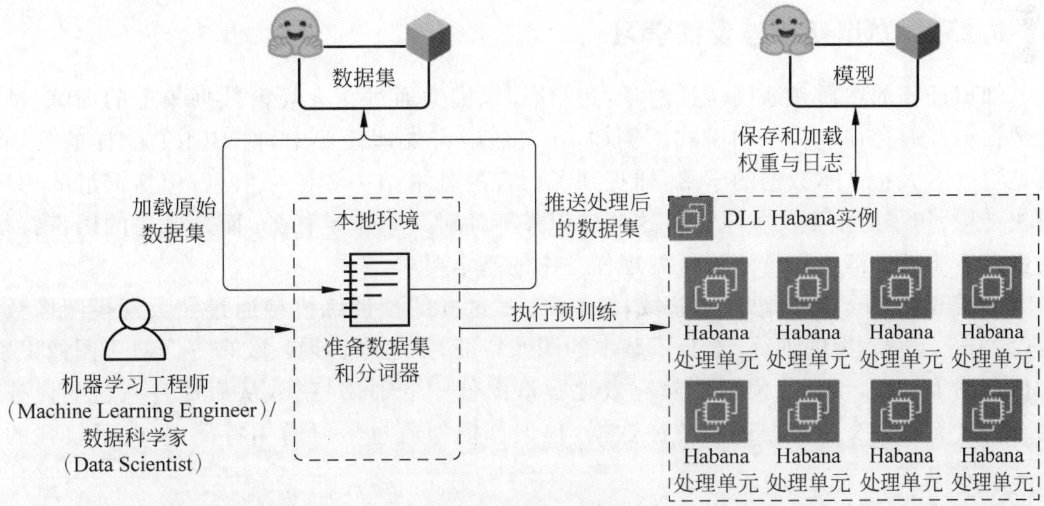

图 6-4　模型的预训练

完成预训练之后，模型进入了微调阶段，这可以看作对知识的“解压”。微调是指将已经预训练的模型应用到具体的任务中，并进一步在任务数据上进行训练，使得模型能够根据任务的需求优化参数。通过微调，模型可以根据特定任务的数据调整权重，从而在应用时更加精准地处理任务。

如图 6-5 所示，在微调阶段，预训练模型的知识表示已经被有效压缩，包含了大量的潜在信息，因此它能够快速适应新任务。模型并不需要从零开始训练，而是应能够利用已经学到的通用知识进行快速调整。例如，对于一个文本分类任务，经过预训练的语言模型已

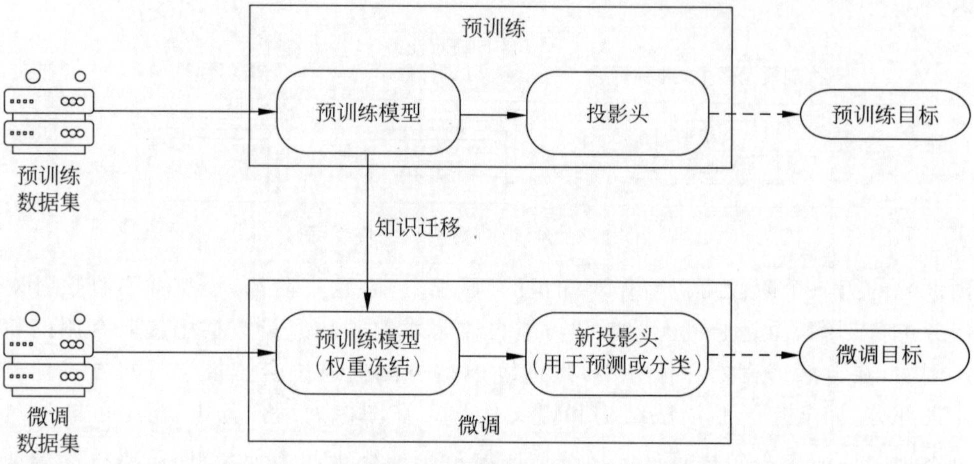

图 6-5 模型的微调阶段

经学会了语言的基本规则和结构，因此当模型在微调阶段接触到任务数据时，它能够快速地利用这些通用知识，从而更加高效地完成任务。

这一阶段的优势在于，大部分复杂的特征和规律已经在预训练阶段学习到了，微调只是对这些已有知识进行细化和调整，从而使模型更好地适应新任务。通过这种“压缩与解压”的过程，预训练模型能够在不同领域的任务中表现出强大的适应性和高效性。

6.2.2 知识迁移与表征学习

知识迁移的本质是通用特征的学习。预训练模型通过在大规模数据集上的训练，学习了数据中普遍存在的特征和模式。例如，在自然语言处理任务中，像 BERT 这样的预训练模型通过对大量文本数据的学习，捕捉到了语言的基本结构和语义信息，包括词汇的用法、语法结构、句子的上下文关系等。这些知识并不针对某一特定任务，而是普适的语言特征，使得模型能够理解各种自然语言处理任务中的基本要求。

如图 6-6 所示，在图像识别领域，像 ResNet 这样的预训练模型通过在大规模图像数据集(如 ImageNet)上的训练，学会了基本的图像特征，如边缘、形状、纹理等。对于图像识别、物体检测等任务，预训练模型能够有效地提取图像中的通用特征，从而提升在这些任务中的表现。无论是文本数据还是图像数据，预训练模型通过学习通用特征，具备了较强的任务适应能力。

知识迁移的最大优势之一就是能够加速模型的学习过程，并减少对大量标注数据的依赖。通常，训练一个深度学习模型需要大量的标注数据，但在许多实际任务中，标注数据的获取可能非常昂贵或困难。然而，通过预训练，模型已经在一个广泛的通用数据集上学到了丰富的知识，因此在进行特定任务的训练时，所需的标注数据量大大减少。这种预训练-微调的方式，让模型能够快速适应特定任务，而无须重新从头开始学习所有特征。

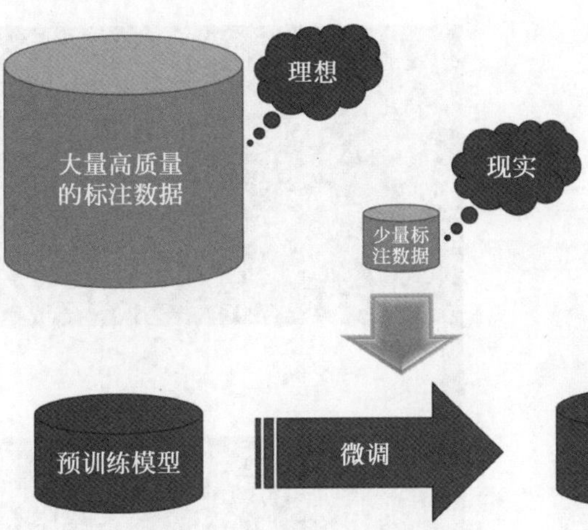

图 6-6 知识迁移

以 BERT 为例，在预训练阶段，BERT 通过对大量语料进行无监督学习，捕捉了语法、词汇以及上下文信息。在微调阶段，BERT 能够迅速应用这些已学到的通用语言理解能力，完成情感分析、命名实体识别、问答系统等任务。即便在这些任务中，数据量较少，预训练知识的迁移依然能够显著提升任务的性能。

6.2.3 主要的预训练方法

1. 自监督学习

自监督学习是一种利用数据本身生成伪标签进行训练的方法。如图 6-7 所示，在自监督学习中，模型不需要依赖外部人工标注的标签，而是通过对输入数据进行一定的预处理或变换，让模型自主地从数据中提取有意义的特征。例如，在语言模型中，模型通过预测上下文中缺失的部分来学习词汇、语法、语义等知识；在图像处理任务中，模型通过对比不同图像的相似性来学习图像的结构特征。

自监督学习的最大优势之一是其能够在没有大量标签数据的情况下进行训练。许多实际任务中的标签数据往往非常稀缺，而自监督学习则能够利用大量的无标签数据，极大地降低了对人工标注的依赖。此外，自监督学习的应用也非常广泛，既可以应用于文本、图像等传统领域，也可以扩展到语音、视频等更为复杂的多模态数据中。

2. 掩码语言模型

掩码语言模型(Masked Language Model，MLM)是自监督学习在 NLP 领域的一种典型实现。如图 6-8 所示，MLM 的核心思想是在输入文本中随机遮蔽一部分词语，并要求模型根据上下文预测这些被遮蔽的词语。通过这种方式，模型能够学习到词汇之间的关系、句子的语法结构以及更为复杂的语义信息。

以 BERT 为例，BERT 在预训练阶段使用了 MLM 的策略。在训练过程中，BERT 会将文本中的一些词汇随机遮蔽(通常遮蔽掉 15%的词语)，然后让模型预测这些被遮蔽的词语。在预测时，BERT 不仅利用了上下文中的前后词汇，还能够通过双向的上下文信息进行更加准确的预测。这种方法使得 BERT 能够有效地理解文本中的语法结构和语义关系，从而在下游任务(如情感分析、命名实体识别等)中表现出色。

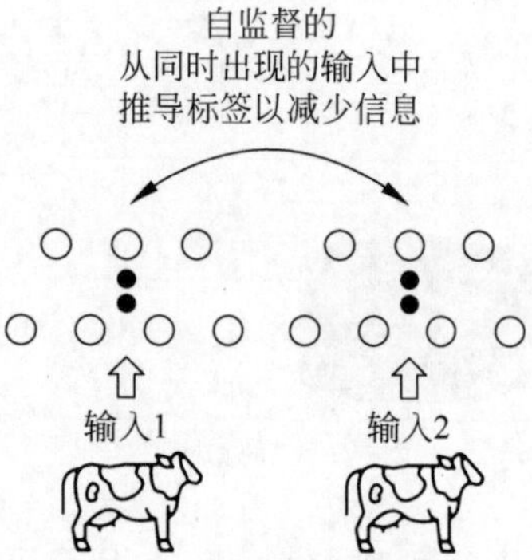

图 6-7 自监督学习示意

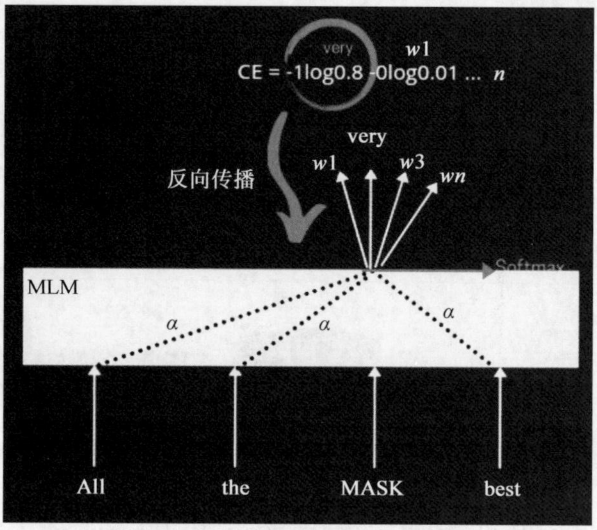

图 6-8 MLM 结构示意图

此外，MLM 不仅能够帮助模型学习词汇和语法，还能够提升模型对长文本的理解能力。通过学习文本中各个词语之间的联系，BERT 等模型在处理复杂的自然语言任务时能够更加灵活和高效。

3. 自监督学习的优势与挑战

自监督学习最大的优势在于它能够充分利用大量的无标签数据，在标签不足的情况下依然能够训练出高效的模型。通过生成伪标签，模型能够自主地发现数据中的潜在模式和结构，进而提升任务的性能。在 NLP 和计算机视觉等领域，自监督学习已成为一项不可忽视的预训练技术，许多成功的预训练模型（如 BERT、SimCLR 等）都在自监督学习的基础上取得了显著的进展。

然而，自监督学习也面临一些挑战。例如，在某些任务中，如何设计有效的自监督任务仍然是一个研究难点。此外，自监督学习对于模型的训练过程和计算资源要求较高，尤其是在处理大规模数据集时，训练的时间和计算成本可能会非常昂贵。因此，如何优化自监督学习的效率和降低计算成本，也是当前研究的一个重要方向。

6.2.4 预训练模型与多任务学习

预训练模型的多任务学习是其应用中的一个重要优势。与单一任务的训练方式不同，预训练模型不仅能够处理一个特定任务，还能在一个训练过程中同时解决多个任务。这使得预训练模型能够在多个任务之间共享学习到的知识，从而提升模型的效率和任务间的迁移能力。多任务学习通过共享知识和模型表示，增强了不同任务之间的相关性和互补性，不仅提高了训练速度，也在多个任务上展现出了更强的泛化能力。

1. 多任务学习的概念

多任务学习（Multi-Task Learning，MTL）是一种通过同时训练模型来解决多个相关任务的学习策略。在多任务学习中，模型的参数和表示是共享的，即在训练过程中，模型不会为每个任务训练独立的网络，而是通过一个共享的表示学习不同任务的知识，它的任务示意图如图 6-9 所示。多任务学习的核心思想是利用任务间的相似性和互补性，使得一个模型能够同时完成多个任务，这不仅提高了学习效率，还使得模型能够在每个任务中获得更好的泛化性能。

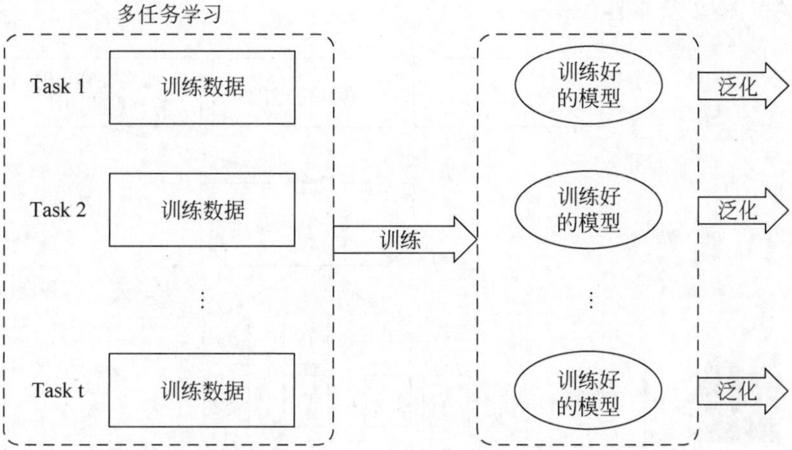

图 6-9 多任务学习示意图

在 NLP、计算机视觉（CV）等领域，任务间的相关性通常非常高。通过共享学习到的表示，预训练模型能够在多个任务上提高性能。例如，T5（Text-to-Text Transfer Transformer）模型在多个 NLP 任务上都取得了优异的成绩，因为它在一个统一的框架下同时进行文本分类、问答生成、文本摘要等任务的训练，能够更好地理解文本的各种潜在语义和结构。

2. 跨任务迁移的优势

多任务学习不仅是在一个模型中并行执行多个任务，它还能够有效地增强任务间的迁移能力。通过在多个相关任务上进行训练，模型能够更好地学习到任务间的共享知识，并在遇到新任务时，能够更快地适应并取得良好效果。任务之间的共享特征和表示，使得模型能够在每个任务上避免从零开始的训练，而是依赖于已经学到的通用知识来快速调整和优化。

这种跨任务的迁移优势，特别是在数据量有限的情况下，能够显著减少对大量标注数据的需求。例如，在医疗图像分析中，模型可能会面临数据稀缺的问题，但通过多任务学习，模型能够通过共享训练经验，快速适应不同类型的医学影像分析任务，如肿瘤检测、器官分割等。这样，预训练模型通过多任务训练，不仅能够提高每个任务的性能，还能够在任务间实现知识迁移，提升泛化能力。

3. 常见的多任务学习

在 NLP 中，多任务学习的应用已经取得了显著的成果。像 T5 模型就是通过多任务学习来实现的。T5 在预训练阶段同时学习了文本分类、文本生成、问答生成、翻译等多种任务，这种多任务训练方法使得 T5 能够在不同的任务中共享知识，提升了模型在每个任务上的表现。在训练过程中，T5 不仅学到了通用的语言特征，还通过任务间的协同效应，更加高效地学习了每个任务所需要的特定知识。

在计算机视觉领域，预训练模型同样通过多任务学习展现出强大的能力。如图 6-10 所示，CLIP（Contrastive Language-Image Pretraining，对比语言-图像预训练）模型通过将图像与文本表示进行对比学习，在多任务学习中表现出色。CLIP 的预训练任务不仅包括传统的图像分类任务，还包括图像描述生成、图像-文本匹配等多模态任务。通过这种多任务学习，CLIP能够理解图像和文本之间的深层联系，并将这种理解应用到各种任务中，如图像分类、视觉问答、图像-文本匹配等。

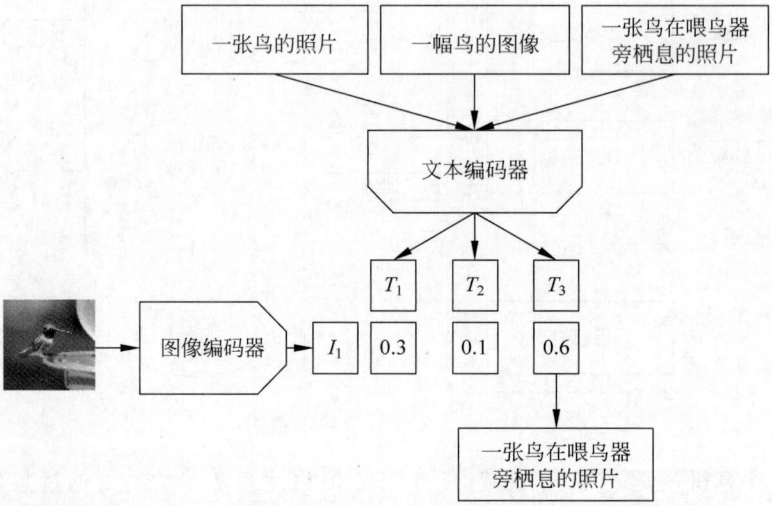

图 6-10 CLIP 模型结构示意图

6.3 Token 化处理机制

本节讲述 Token 化处理机制。

6.3.1 Token 的定义和重要性

Token 化是自然语言处理中将连续文本切分为若干基本单位的过程，这些基本单位即为 Token。Token 化的核心目标是将语言的连续文本结构拆解为更容易处理的单元。Token 可以是在多个层次上进行定义的：字符级别 Token、子词级别 Token 和词级别 Token。字符级别 Token 将文本分解为最小的单元——字符，这种方法的灵活性较高，但在表达丰富语义和捕捉上下文信息方面通常不如词级别 Token 高效。子词级别 Token 则通过拆分单词为更小的词缀或子单位，使得模型能够有效应对词汇表外的情况，平衡了计算效率与语义的完整性。词级别 Token 通常是将每个单词作为最小单位进行切分，在很多语言中这种方法效果较好，但在处理低频词汇或复杂构词时可能面临挑战。

当前有几种主流的分词策略，如 BPE（Byte Pair Encoding，字节对编码）、WordPiece（词片）分词法和 Unigram（Unigram Language Model，单字语言模型）分词法。这些算法的基本思路是通过统计文本中的词汇频率，选择最频繁的字符或子词组合进行合并，生成更大的子词单元。BPE 通过贪婪算法合并最常见的字符对，从而逐步扩展子词的单元，优化分词效率。WordPiece 与 BPE 类似，但它在生成子词时考虑词汇表的概率分布，目的是让每个子词具有更强的语义表达能力。Unigram 通过最大化条件概率来决定最佳的分词切分方式，通常能够在面对低频词汇时提供较好的适应性。尽管每种算法的处理方式有所不同，但它们的共同目标是通过有效的 Token 化，使模型能够理解和处理文本数据。

Token 的重要性在于,它是自然语言处理模型理解和生成语言的基础。如图 6-11 所示,在实际应用中,Token 不仅是文本的拆解单元,它还直接影响着模型的计算效率和表现能力。每个 Token 都会成为模型计算图中的一个节点,模型对 Token 的处理和理解将决定它是否能够准确地捕捉到语言中的语义信息。Token 的数量、Token 化的粒度及其语义关联性都对模型的性能产生深远影响。因此,在训练大语言模型时,设计合适的 Token 化策略,选择合适的粒度,是至关重要的。

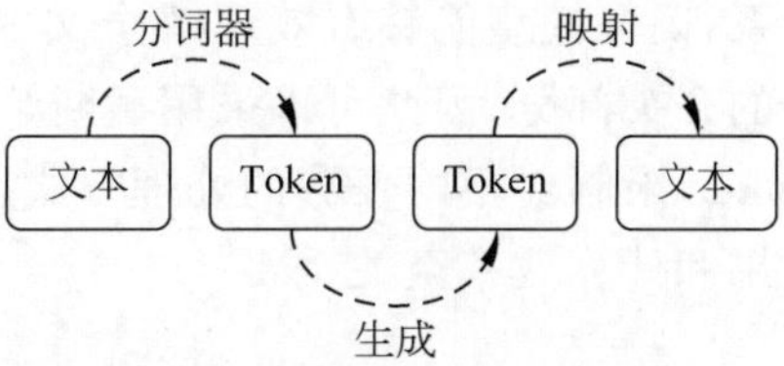

图 6-11 大语言模型利用 Token 理解和生成文本

举个简单的例子,如果用句子“自然语言处理非常有趣”进行 Token 化,在字符级别的 Token 化下,模型会将每个字符作为一个独立的 Token:“自”“然”“语”“言”“文”“本”“处”“理”“非”“常”“有”“趣”。在子词级别 Token 化时,模型可能会将“自然”作为一个 Token,“语言”作为另一个 Token,而“处理”“非常”“有趣”等也可能分别被当作子词处理。相比之下,词级别 Token 化则会将“自然语言处理非常有趣”直接切分为一个词,作为单一的 Token,这对于大部分语言处理任务来说是最为直观和高效的选择。因此,Token 的设计和分割不仅影响文本的理解效率,也影响下游任务的处理能力。

6.3.2 上下文窗口与 Token 限制

在深度学习模型的文本处理过程中,最大序列长度是影响模型性能的一个至关重要的因素。特别是在基于 Transformer 架构的模型中,这一限制对模型的表达能力、计算效率和处理速度都有着直接的影响。Transformer 模型在处理文本时,通过位置编码和注意力掩码来维持文本的上下文信息。位置编码为每个 Token 提供一个唯一的位置信息,这使得模型能够理解 Token 在序列中的相对位置,这对于捕捉上下文语义至关重要。而注意力掩码则用于确保在计算自注意力时,模型仅关注有效的 Token,避免模型对无效部分(如填充 Token)的无谓计算。这两种机制是 Transformer 能够高效处理长序列文本的基础。

然而,最大序列长度的限制是不可避免的。当输入的文本超出模型允许的最大序列长度时,必须对文本进行处理。常见的两种策略是截断和分段。截断策略通常会直接将文本超出最大长度的部分删除,保留文本的前一部分作为模型的输入。这种方式简单高效,但也可能丢失一些关键信息,尤其是在需要保留全文语境的任务中,如长篇文章摘要或跨段落理解等任务。

与此不同,分段策略则试图将过长的文本切分成多个子序列,每个子序列单独输入到模型中进行处理。分段处理虽然避免了信息丢失,但也带来了新的挑战,尤其是在文本的上下文连贯性上。每个子序列都是独立的,模型可能无法完全捕捉到各个子序列之间的依赖关系,这对于任务的准确性和效果可能产生负面影响。尤其是在跨段落理解、复杂的问答或文本推理等任务中,段落之间的关联性和连贯性变得尤为重要,因此在分段策略中,如何保持不同子序列之间的语境联系是一个重要课题。

不同的任务和应用场景可能需要不同的处理策略。例如,在长篇文章的摘要任务中,截断策略往往会导致一些关键信息丢失，因此通常会采用分段策略，尽可能保留段落间的联系，确保模型能够有效理解全文的主题和脉络。而对于情感分析等任务，通常只关注文本的开头部分，因此可以采用截断策略，仅处理文本的前几个 Token。文本的上下文窗口和 Token 限制对不同任务的处理方式提出了不同的挑战，因此选择合适的策略对于提升模型效果和计算效率至关重要。

6.3.3 Token 效率与模型性能的关系

Token 数量在很大程度上决定了模型的计算资源消耗和处理效率。每个 Token 在模型中都会引入计算操作，尤其是在基于 Transformer 架构的深度学习模型中，计算复杂度与 Token 数量之间的关系非常紧密。随着 Token 数量的增加，模型在进行前向传播时需要处理的参数量和计算量也随之增加。具体而言，Transformer 模型中的自注意力机制，其计算量是与输入 Token 数量的平方成正比的。因此，当 Token 数量增多时，计算时间和内存消耗将呈指数级增长，这对于大规模预训练模型尤其显著。

对于大规模预训练模型来说，Token 数量往往非常庞大，可能达到数千甚至更多。这使得计算资源的需求急剧增加，往往需要高性能的硬件设备，如大量的 GPU 或 TPU，以及更大的内存存储。这种对资源的依赖在实际应用中可能成为瓶颈，尤其是在需要处理大规模文本或长文本时。如果无法合理控制 Token 数量，模型的推理效率和响应速度将大大降低，从而影响到应用的实际表现。因此，如何在保证模型性能的同时控制 Token 数量，是当前模型优化中的重要目标之一。

减少 Token 数量通常可以显著降低计算成本，提升处理效率。为了实现这一目标，研究人员提出了多种方法，例如，通过压缩 Token 表示来减少计算量，或者通过使用更高效的分词策略来避免冗余 Token 的生成。在实际应用中，根据不同的任务需求和资源限制，灵活选择 Token 处理策略，将对提升整体性能产生重要影响。

另外，多语言场景下的分词适配问题也需要特别关注。不同语言的结构特性以及字符表的不同，会对分词策略的有效性产生影响。以中文和英文为例，英文的分词主要依赖于空格进行单词边界的划分，这使得英文文本的分词相对简单。相比之下，中文并没有天然的词边界，因此中文文本的分词需要依赖于更加复杂的统计模型或字典信息。中文分词算法通常采用混合粒度切分策略，即在一些特定上下文中使用词级别的分词，在另一些情况下则使用字符级别的分词。这种策略能够在不同类型的文本中获得较好的效果，既能保留词汇的语义完整性，又能有效减少过度切分带来的冗余。

在中文大模型中，处理 Token 时需要同时考虑这些不同的分词层次和策略。在处理长文本或复杂句子时，合理的 Token 切分不仅能够优化模型性能，还能减少无效 Token 的数量，提高计算效率。对于跨语言的大模型，如何在不同语言间进行 Token 化适配、平衡多语言之间的 Token 处理效率，是当前多语言 NLP 任务中的一大挑战。通过优化分词策略和 Token 管理，可以有效提升模型在多语言任务中的表现，减少资源消耗，同时保持较高的计算效率。

6.4 提示语设计的交互策略

本节讲述提示语设计的交互策略。

6.4.1 提示语的基本概念

提示语(Prompt)在大语言模型中是指通过用户输入的文本或指令来引导模型执行特定任务并生成所需的输出。如图 6-12 所示,可以将提示语看作人与模型之间的互动语言,是模型理解用户需求、执行任务并提供相关响应的基础。通过设计特定的提示语,用户能够精确地告诉模型任务的类型、目标和期望的结果,从而最大限度地提高模型的性能和输出质量。

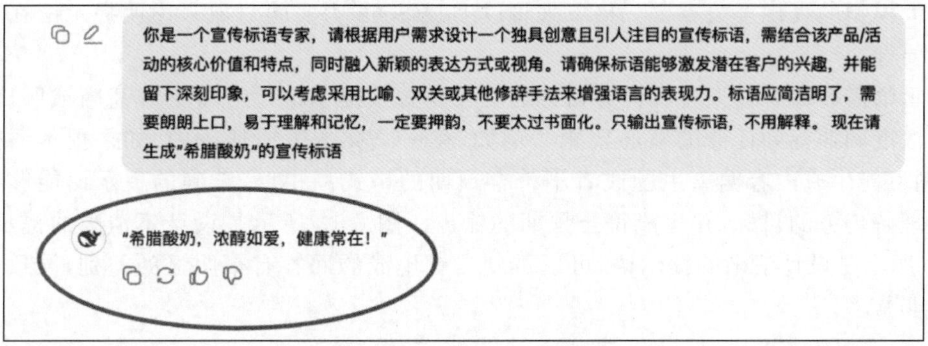

图 6-12 与 DeepSeek 对话的提示语

提示语的核心作用是引导模型执行特定任务,它通过结构化的语言或指令帮助模型理解任务的需求。大语言模型通过预训练在海量的语料库中学习了语言的基本结构和多种任务的处理方式,因此,合理的提示语设计能够直接影响模型的理解能力和生成结果。例如,简短而清晰的提示语能够让模型更快速、更准确地捕捉到用户的需求,生成符合预期的内容。而不清晰或含糊的提示语,则可能使模型误解任务要求,从而导致输出偏差或不相关的结果。

提示语的设计原则是确保它能够简洁、明确地传达任务目标,并减少模型理解上的歧义。设计良好的提示语通常包括以下几方面的特征。

- 明确性:提示语需要明确指出用户希望模型执行的任务类型和预期输出。例如,在一个文本生成任务中,用户可以明确写出"请写一篇关于人工智能未来发展趋势的文章。"这样的提示语明确告诉模型输出的是一篇关于人工智能主题的文章。
- 简洁性:提示语应该尽量简洁明了,避免复杂的结构和多重指令。过于冗长或复杂的提示语可能导致模型理解上的困难,降低任务执行效率。
- 方向性:提示语应当为模型提供明确的指导,确保模型执行任务时的方向性。例如,对于问答任务,提示语可能是"根据以下文章,回答问题:'人工智能如何影响教育?'"这样可以明确告诉模型任务目标是提供文章中与人工智能影响教育相关的答案。
- 适应性:良好的提示语能够根据任务需求的不同进行调整,确保能够引导模型完成多种类型的任务。例如,文本分类任务、摘要生成任务和情感分析任务等,都需要根据其特定的需求设计不同的提示语。

由于大语言模型在预训练过程中已经学会了大量的语法结构、语言规律和任务处理方式,因此,它能够理解并适应各种形式的提示语。但如何通过设计精妙的提示语进一步提升模型的性能和生成效果,仍然是关键所在。通过不断优化提示语,用户能够更好地利用模型的强大能力，提高任务处理效率和结果质量。

6.4.2 提示语的重要性

提示语设计在大模型中的重要性不可忽视，因为它直接决定了模型输出的质量和准确性。一个好的提示语能够清晰地传达任务要求，引导模型产生高质量、相关性强的输出，而不良的提示语可能导致模型产生误导性或者不相关的结果。提示语是模型与用户之间的桥梁，能够帮助模型理解用户的需求并有效地进行任务执行。因此，设计合适的提示语对于提高大模型的表现至关重要。接下来将以 DeepSeek 为实验对象来说明提示语在不同方面的重要性。

提示语需要提升模型理解任务目标的能力。如果提示语设计得不够清晰或明确，模型可能无法准确捕捉到任务的核心要求。例如，在一个文本生成任务中，如果提示语模糊不清，模型可能生成内容偏离主题或者不符合预期的格式。相反，精确的提示语能够帮助模型迅速理解任务的目标，并生成符合预期的输出。图 6-13 所示是设计不清晰的提示语，而图 6-14 所示是设计清晰的提示语，可以看到二者生成的回答有很明显的差别，导致可用性也相差非常多。

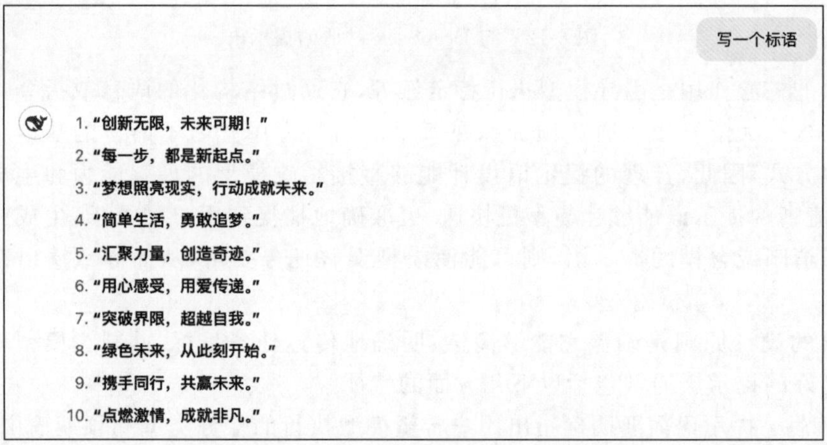

写一个标语
1. “创新无限，未来可期！”
2. “每一步，都是新起点。”
3. “梦想照亮现实，行动成就未来。”
4. “简单生活，勇敢追梦。”
5. “汇聚力量，创造奇迹。”
6. “用心感受，用爱传递。”
7. “突破界限，超越自我。”
8. “绿色未来，从此刻开始。”
9. “携手同行，共赢未来。”
10. “点燃激情，成就非凡。”

图 6-13 设计不清晰的提示语

提示语会影响生成内容的风格和质量。提示语不仅要描述任务的目标，还应根据任务要求设定输出的风格和形式。例如，在一个文学创作的任务中，提示语需要明确说明是创作一个正式报告，还是一篇带有幽默色彩的短篇小说；在翻译任务中，提示语可以指示模型使用正式还是口语化的语言风格。通过调整提示语，用户可以精确地控制模型的输出风格，从而满足特定的应用场景。图 6-15 所示就是指定风格后的提示语，可以看到和图 6-14 产生了明显的差别。

除此之外，提示语的设计还需要避免歧义，确保模型在理解任务时不会产生误解。例如，某些任务可能涉及复杂的情境或多个步骤，提示语需要明确指出各个阶段的要求。有歧义的提示语可能导致模型输出不准确的答案，降低任务的完成度。通过精心设计提示语，用户可以最大限度地减少模型的误解，确保其生成的内容符合任务要求。假设用户需要让模型生成关于“全球变暖”的解释，但如果提示语为“请写出关于全球变暖的解释”，模型可能会理解为写一篇广泛的讨论文章，缺乏针对性。而如果提示语是“请简明扼要地解

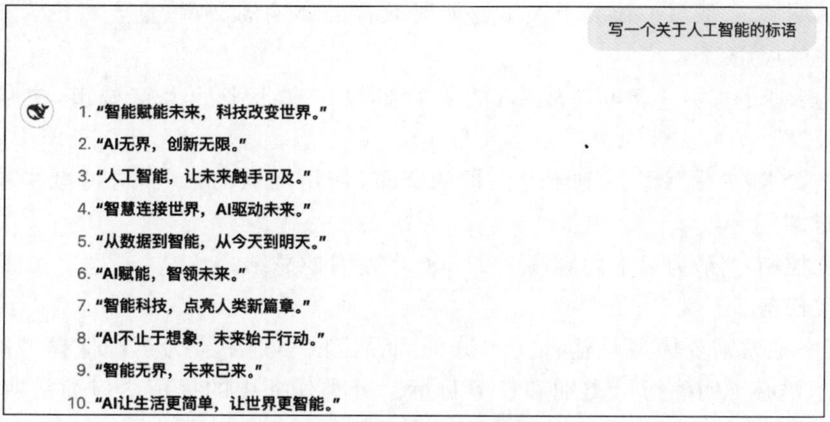

图 6-14　设计清晰的提示语

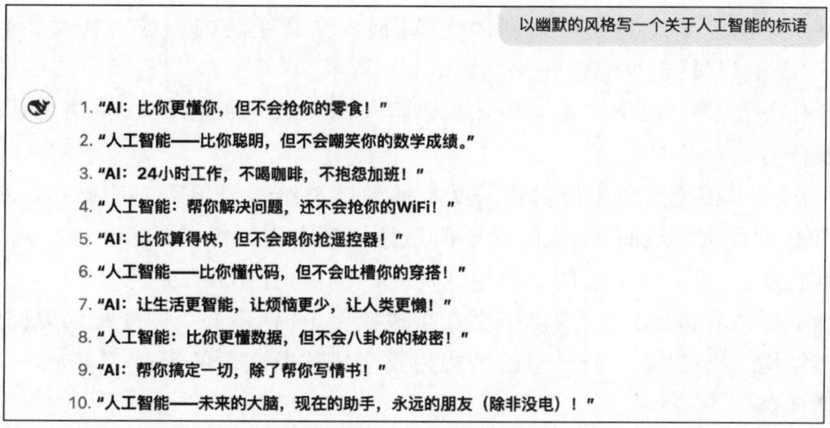

图 6-15　指定风格的提示语

释全球变暖的概念，强调其对气候变化的影响”，那么模型就能更精确地聚焦于概念的定义，并突出气候变化的相关影响，避免生成过于泛泛的内容。

通过调整和优化提示语，用户可以逐步改善模型的输出，特别是在复杂任务中。例如，在问答任务中，提示语不仅要包含问题，还可以包含一些提示性的信息，从而帮助模型更好地理解问题的背景和具体要求。

6.4.3　不同任务的提示语策略

不同的任务类型对提示语的要求有所不同，因此需要根据具体任务的目标进行个性化的设计。通过为每种任务类型定制适当的提示语，能够帮助大语言模型更好地理解任务，并生成高质量的输出。以下将详细讨论不同任务的提示语策略，并提供实际案例和优化策略。

1. 生成任务

生成任务要求模型根据提示生成与主题相关的文本内容。为了确保模型生成的文本符合任务要求，提示语应包含明确的主题、结构或风格要求。生成任务的提示语通常需要提供清晰的上下文信息，帮助模型明确输出的主题、风格、长度或语气等。每个要求单独举例如下。

- 主题明确:“请写一篇关于人工智能对教育的影响的文章,重点讨论人工智能在教学中的应用。”
- 结构要求:“写一个短篇故事,故事背景设定在未来的太空城市,主角是一个机器人。”
- 风格要求:“写一篇关于环境保护的文章,使用幽默的语气,讨论减少塑料使用的措施。”
- 长度控制:“请为以下内容写一个500字左右的总结。”

2. 分类任务

分类任务通常需要模型将输入文本分配到预定的类别中。为了确保模型准确理解分类任务,提示语必须明确指示类别和任务目标。分类任务中的提示语应简洁明了,确保模型知道该根据什么标准进行分类。每个要求单独举例如下。

- 清晰定义类别:“以下是一个产品评论,请判断它是积极的、消极的还是中立的。”
- 提供足够上下文:“这是一篇新闻文章【插入文章主要内容或上传文章】,请判断它属于‘政治’‘科技’‘体育’还是‘娱乐’。”
- 明确任务要求:“以下文本是用什么语言写的?请判断是中文、英语还是法语。”

3. 摘要任务

在摘要任务中,模型需要生成对输入文本的简洁总结。提示语应明确指定摘要的内容范围、格式和长度要求,以确保生成的摘要简洁且信息密集。每个要求单独举例如下。

- 指定长度:“请为以下新闻文章生成简短的摘要,控制在150字以内。”
- 明确摘要内容范围:“请为以下文章生成摘要,特别强调全球变暖的原因和影响。”
- 指定结构:“请以总—分—总的结构为我生成这篇文章的摘要。”

4. 对话任务

在对话任务中,提示语需要能够引导模型产生自然、流畅且富有逻辑的对话。提示语不仅要确保模型理解对话上下文,还要促使其根据用户的意图生成合理的回应,其中的重点就是让模型扮演你想要的角色。每个要求单独举例如下。

- 明确身份:“你是一名技术专家,请回答用户接下来的问题。”
- 明确对话目标:“你是一名心理咨询师,请帮助用户解决以下情感问题。”
- 建立上下文关联:“请你注意,接下来我们的对话都是具有前后关系的,在回答每个问题之前请先回顾我们的聊天历史,并结合聊天历史回答问题。”

6.5 开源模型与专有模型的发展路径

本节讲述开源模型与专有模型的发展路径。

6.5.1 开源模型概述

开源模型是指那些其技术、代码和/或预训练模型参数向公众开放的机器学习模型。这些模型通常由学术机构、企业或开源社区发布,旨在促进人工智能技术的共享与普及。开源模型为全球开发者提供了先进的技术工具,推动了人工智能在各行各业的应用,也助力了大模型的多行业发展和落地。

在大模型发展的初期，GPT 系列模型的效果非常优异。但是因为缺乏同类产品的竞争，以及知识保护、商业行为等原因，GPT 系列的模型一直没有面向公众开源，只是提供了可供调用的接口。

而国内的绝大多数大模型公司也采取了闭源策略，导致该领域的模型不互通，竞争严重，最初只有阿里的通义大模型保持开源，可以让其他中小企业和个人学习者部署代码到本地进行使用和学习，如图 6-16 所示。

图 6-16　通义大模型

在 2025 年初，国内的另一家大模型公司 DeepSeek 也宣布开源自己的模型，提供预训练模型供所有使用者下载。并且它在开源且训练所需资源远小于 GPT-4 的情况下，依然做到了在绝大多数指标上位居前列的好成绩。这样一个模型的横空出世打破了原有的大模型行业格局，各家公司都在快速提升产品性能或逐步实现开源，大模型行业迎来了一个可获取更多知识的阶段。

6.5.2　专有模型的优势与挑战

专有模型是指由特定公司或机构开发并严格控制的机器学习模型。这些模型通常不对外公开其训练数据、模型架构或预训练的参数，且在商业化过程中具备一定的封闭性。知名的专有模型包括 OpenAI 公司的 GPT-4、谷歌公司的 Bard、Amazon 公司的 Alexa 等，这些模型通常在其背后强大的研发团队支持下，展示出在特定任务中的出色表现，并且具有明显的市场竞争力。

专有模型的最大优势之一是它们的技术保护。由于不对外公开，专有模型可以帮助公司保持其技术的独特性和竞争优势。通过封闭的开发和运营模式，公司能够有效地避免技术泄露或被其他竞争者复制，从而确保其技术在市场中的领先地位。这对于大规模技术公司尤其重要，它们往往拥有庞大的投资和研发团队，能够通过不断优化和调整模型维持技术优势。

专有模型的另一个显著优势是其强大的商业化潜力。公司通过封闭的开发和运营模式，可以更好地实现盈利。例如，OpenAI 公司通过其 GPT 系列模型提供的 API 访问服务，允许企业和开发者通过付费使用其强大的自然语言处理能力。这种商业化路径不仅为公司创造了稳定的收入流，还帮助其技术进一步优化和扩展应用。专有模型可以灵活地进行收费，例如，按使用量计费、按订阅模式提供服务或授权其他公司使用，从而形成稳定的盈利模式。

专有模型的定制化能力也为其提供了显著的优势。由于控制了模型的研发和应用过程，企业可以根据自身的需求进行优化，确保其产品或服务在特定领域的领先性。例如，谷歌公司的 BERT 模型虽然广泛用于自然语言处理任务，但为了更好地支持其搜索引擎，谷歌公司对 BERT 进行了特定优化，使得它能够在搜索查询中表现得更为精准。同样，Amazon 公司的 Alexa 语音助手经过定制化优化，能够更好地理解和处理语音指令，以便为用户提供更加个性化和流畅的体验。

但专有模型的研发通常需要庞大的计算资源、数据和专家团队，这使得专有模型的开发和运维成本非常高。对于小型企业和个人开发者来说，无法直接参与这种资源密集型的模型研发和训练，且可能无法承担相关的使用费用。即使这些小型企业能够使用专有模型提供的 API 服务，高昂的访问成本仍然可能使得它们的应用受限，无法充分利用先进技术带来的竞争优势。

而且封闭的专有模型存在一定的伦理和透明性问题。由于这些模型的训练数据和内部工作机制不可见，外界无法对其进行充分的审查。这样就可能导致模型在某些情境下产生偏见或不当行为。例如，如果模型的训练数据不够多样化，或者在特定地区的数据偏向过于集中，它可能在面对多样化用户时做出不公平的判断或推荐。此外，专有模型的"黑箱"性质也使得人们很难了解其决策过程，可能会对用户和社会产生不利的影响。

6.5.3 发展趋势和前景

未来的大模型发展将呈现出开源与专有技术共同发展、相互竞争的局面。随着硬件计算能力的提升、训练数据的快速增长和算法的持续优化，大模型将在多个商业和学术领域得到更加广泛的应用。然而，如何平衡开源与专有技术的竞争与合作，将成为未来发展中的重要问题。

对于专有模型，随着大模型在技术、应用和市场中的不断成熟，未来的趋势可能是更多的"开放部分"专有模型。大公司，如谷歌、微软、OpenAI 等，可能会在保持核心技术封闭的同时，选择开放部分的训练数据、模型架构或部分预训练参数，允许社区和研究人员参与改进和创新。这种做法将为开源社区提供更多的研究空间，并推动技术的持续优化，同时保障企业在市场中的技术竞争力。

对于开源模型，随着技术的逐渐成熟和企业对市场份额的竞争，开源模型将越来越注重规范化和透明性。开源不再仅仅意味着完全开放，而是会逐步趋向更加理性和有条件的开放。例如，部分技术和数据会被开源，以便社区进行创新和改进，一些核心技术和商业化关键环节则会保留在专有模型中。企业可能会在开源技术的基础上进行专有技术的优化和增强，保持其在市场中的独特竞争力。通过这样一种"开源＋专有"的模式，企业能够更好地利用社区的创新力量，并将其技术优势转化为商业价值。同时，开源社区也将面临更严格的规范，以保证模型的透明度、伦理性和可控性。

6.6 本章小结

本章系统解析了大模型技术的核心原理与发展趋势。首先，大模型通过参数规模扩展显著提升智能表现，以 GPT-3、BERT 等为例，展示了参数与性能的强关联性。预训练机制通过“预训练-微调”范式实现知识迁移，自监督学习（如 MLM）和多任务学习增强模型泛化能力。Token 化处理作为文本理解的基础，影响模型效率与性能，需平衡粒度与计算成本。提示语设计通过明确任务目标、风格要求等提升模型输出质量。开源与专有模型路径对比显示，开源推动技术共享（如 DeepSeek），专有模型保障商业优势但面临透明度挑战。未来大模型将呈现开源与专有融合趋势，硬件优化与跨领域应用是关键发展方向。

6.7 习题

在线答题

一、判断题

1. 大模型参数规模与性能呈绝对正相关。（　　）
2. 预训练模型通过微调适应特定任务。（　　）
3. 自监督学习依赖人工标注数据。（　　）
4. Token 化粒度影响模型计算效率。（　　）
5. 开源模型技术完全公开。（　　）

二、选择题

1. 以下哪项是大模型的典型代表？（　　）

   A. LeNet　　B. GPT-3　　C. SVM　　D. KNN

2. 下列哪项是预训练模型的核心优势？（　　）

   A. 减少计算资源需求　　B. 增强泛化能力

   C. 降低数据量要求　　D. 提高实时性

3. 下列哪项是 Token 化的主要目的？（　　）

   A. 压缩文本长度　　B. 增强语义理解

   C. 降低模型复杂度　　D. 加速硬件计算

4. 下列哪项是提示语设计的核心原则？（　　）

   A. 模糊性与开放性　　B. 明确性与简洁性

   C. 复杂性与多样性　　D. 随意性与灵活性

5. 下列哪项是专有模型的主要挑战？（　　）

   A. 技术封闭性　　B. 计算效率低　　C. 数据需求大　　D. 硬件依赖强

三、填空题

1. 大模型的性能通常随________规模的增加而提升，但同时也需要更强的________支持。

2. 预训练模型通过________技术将下游任务知识迁移到新任务，其核心是________学习。

3. 在 Token 化处理中，________决定了模型单次处理的文本长度，而________影响模型对文本的解析效率。

4. 提示语设计的核心策略包括________和________，以引导模型生成预期输出。

5. 开源大模型如________和专有模型如________代表了当前大模型的两种发展路径。

四、简答题

1. 简述预训练-微调范式的核心流程。

2. 提示语设计对大模型输出的影响有哪些？

3. 开源模型与专有模型的主要区别是什么？

4. Token 化粒度选择的权衡点是什么？

5. 多任务学习如何提升模型性能？

五、思考题

1. 参数扩展的边际效应：参数规模与性能正相关，但存在边际效应。如何量化这一效应并设计动态参数调整策略？

2. 多语言 Token 化优化：中文分词与英文空格分词差异显著，如何设计跨语言统一的 Token 化方案以提升多语言大模型效率？

3. 提示语的跨模态适配：除文本提示外，如何将图像、语音等多模态输入转换为有效提示语，增强模型交互能力？

4. 开源模型的商业化路径：DeepSeek 等开源模型如何平衡技术共享与商业盈利？需解决哪些技术与生态问题？

5. 大模型的实时推理优化：在保持高精度的前提下，如何通过模型蒸馏、动态计算图等技术降低大模型的推理延迟？

第7章

人工智能技术的应用场景

本章目标

- 理解推荐系统的基本概念，掌握人工智能在推荐系统中的应用方式及技术逻辑，熟悉其最新发展与趋势。
- 了解自动驾驶决策系统的核心技术，掌握决策算法的演进过程及最新发展与趋势。
- 熟悉医疗诊断辅助系统的核心技术与最新进展，明确其面临的风险及挑战。

第1～6章主要介绍了人工智能领域的基础知识和重要技术，在介绍的过程中也穿插了一些当前人工智能在各行各业中的运用，但是都只是作为示例简要地提及。本章将会选择应用范围比较广泛的4个领域，详细介绍人工智能技术在其中的运用和发展。

7.1 推荐系统算法解析

本节讲述推荐系统算法解析。

7.1.1 推荐系统的基本概念

推荐系统是一种通过推荐系统分析用户的历史行为、偏好和兴趣来预测用户可能感兴趣内容的技术。如图7-1所示，推荐系统的核心目标是帮助用户在庞大且多样化的信息或产品中找到符合其需求和兴趣的内容，提升用户体验和满意度。推荐算法被广泛应用于各行各业，尤其是在电子商务、社交媒体、流媒体平台、新闻网站等领域。通过推荐系统，平台能够向用户推荐商品、电影、音乐、文章等内容，从而提高用户黏性、增加用户活跃度并推动商业转化。

推荐系统的应用不仅能有效提升平台的用户体验，还能够促进用户与平台的深度互动。无论是电商网站向用户推荐产品，还是社交平台推送符合兴趣的内容，推荐算法都是现代互联网产品中不可或缺的一部分。在当前信息爆炸的时代，推荐系统为用户提供了一个"信息过滤器"，帮助用户从海量的选择中找到最符合其兴趣和需求的内容。

7.1.2 人工智能在推荐系统中的应用

随着深度学习技术的迅速发展，推荐系统的效果得到了显著提升。虽然传统的推荐算法在早期取得了成功，但在面对日益庞大的数据量和更加复杂的用户行为时，难以满足高效精准的推荐需求。深度学习的引入使得推荐系统能够从更加复杂和高维的特征中提取信息，优化推荐结果，从而更好地满足用户需求。常见的推荐算法可以分为三大类：协同过

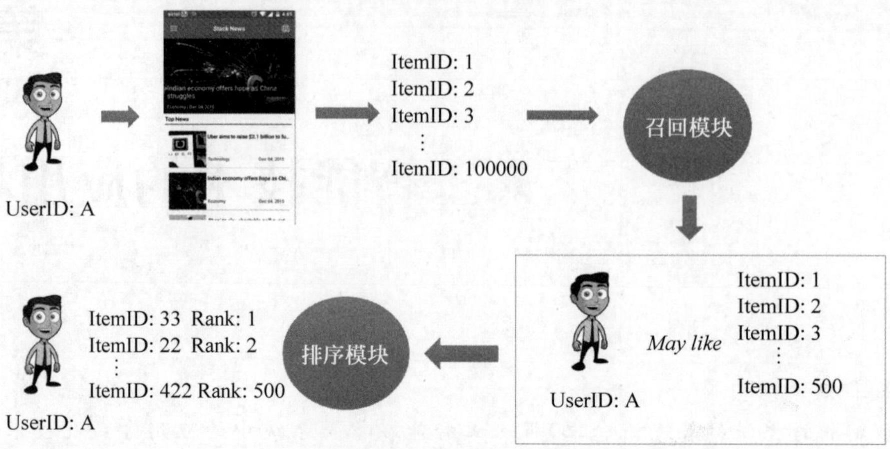

图 7-1　推荐系统示意图

滤、内容推荐和混合推荐。

1. 协同过滤

协同过滤是最为传统且应用广泛的推荐算法，它通过分析用户行为的相似度来进行推荐，如图 7-2 所示。根据不同的视角，协同过滤方法可以分为两类：用户协同过滤和物品协同过滤。

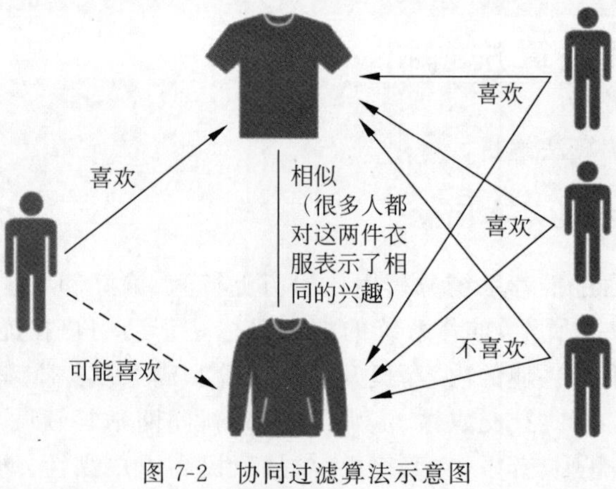

图 7-2　协同过滤算法示意图

用户协同过滤指的是基于用户之间的相似度进行推荐。假设用户 A 和用户 B 在历史行为上有很高的相似度，那么用户 A 喜欢的物品将会推荐给用户 B。这种方法的一个显著问题是稀疏性：当用户与用户之间的交互很少时，推荐效果会显著下降。

物品协同过滤指的是通过找出与当前物品相似的其他物品来进行推荐。物品协同过滤基于用户对物品的偏好进行推荐，假设用户喜欢某个物品，那么会推荐与该物品相似的其他物品。

但是协同过滤算法在处理稀疏数据时效率较低，尤其在冷启动问题中尤为明显，即系统在缺乏用户或物品的初步交互数据时难以生成有效推荐，不适用于用户和产品信息少的情况。

2. 内容推荐

内容推荐算法则侧重于物品或内容本身的特征。如图 7-3 所示，它通过分析物品的属性、特征以及与用户历史兴趣的匹配程度来进行推荐。例如，在视频推荐系统中，系统可以根据视频的主题、演员、类型等特征来为用户推荐类似的内容。内容推荐不依赖于其他用户的行为，因此能够较好地解决冷启动问题。

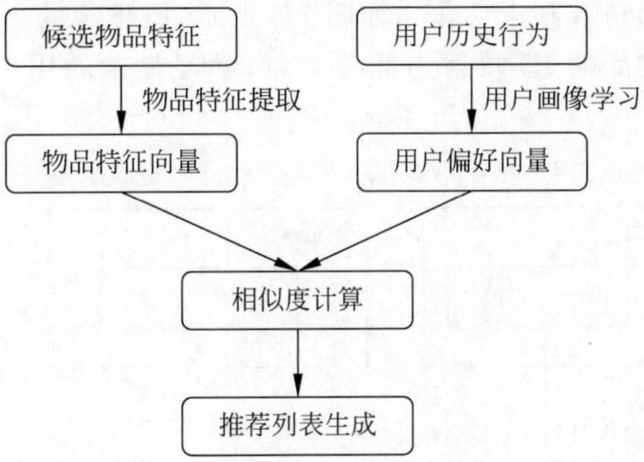

图 7-3　内容推荐算法示意图

然而，内容推荐算法的缺点是，它只能基于已有的特征进行推荐，无法挖掘用户和物品之间潜在的复杂关系。为了弥补这一缺点，很多系统采用了混合推荐的方法，将协同过滤和内容推荐相结合。

3. 混合推荐

混合推荐算法结合了协同过滤和内容推荐的优势，旨在克服两者的不足，如图 7-4 所示。例如，在处理稀疏数据或冷启动问题时，混合推荐算法可以通过结合内容特征和用户行为进行更精准的预测。混合推荐可以通过多种策略进行实现，包括加权平均、级联策略或并行推荐等。混合推荐不仅提高了推荐的准确度，还使得系统在面对多样化需求时能够更好地进行个性化推荐。

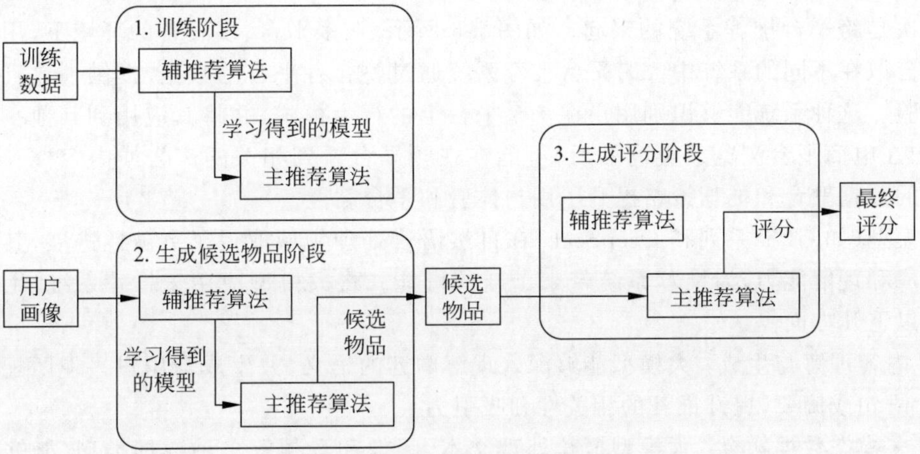

图 7-4　混合推荐算法示意图

7.1.3　最新的发展与趋势

随着人工智能技术的不断进步，推荐系统在个性化服务和跨平台应用方面取得了显著发展。特别是大语言模型（大模型）的引入为推荐系统带来了新的机遇和挑战。

首先就是个性化推荐的深化。个性化推荐系统旨在根据用户的历史行为、兴趣标签和社交信息，提供量身定制的内容。传统方法主要依赖用户的浏览和购买历史，但随着数据源的丰富，系统开始整合用户的社交媒体活动、兴趣爱好甚至情感分析结果。这种多维度的数据融合，使推荐更加精准和人性化。如图 7-5 所示，腾讯云的个性化推荐系统通过神经网络嵌入层，将用户和物品的 ID 映射为低维向量，学习复杂的用户偏好关系，提高了推荐的准确性。

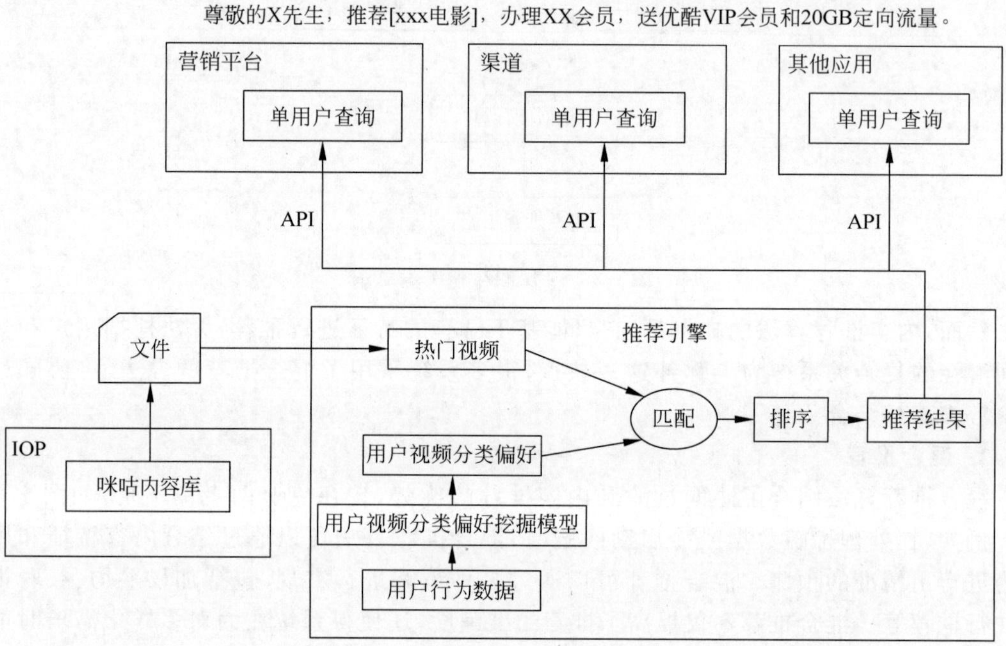

图 7-5　腾讯云个性化推荐示例

其次是跨平台推荐系统的兴起。如图 7-6 所示，在多平台、多设备的环境下，用户的行为数据分散在不同的系统中。跨平台推荐系统通过整合各平台的数据，提供一致且连贯的推荐体验。这种系统能够识别用户在一个平台上的行为模式，并将其应用到其他平台。例如，用户在电商平台浏览某类商品后，可能在视频平台看到相关的广告或内容推荐。这种跨平台的数据融合和推荐策略提升了用户体验和平台黏性。

大模型（如 GPT 系列和 DeepSeek）在自然语言处理领域取得了突破性进展，其强大的文本生成和理解能力，为推荐系统带来了新的可能。将大模型应用于推荐系统，主要优势体现在以下几方面。

- 内容理解与生成：大模型能够深入理解内容的语义，并生成与用户兴趣匹配的推荐语句或摘要，提升推荐的相关性和吸引力。
- 多模态数据融合：大模型擅长处理文本、图像和音频等多种数据类型，能够将这些信息融合，为用户提供丰富的推荐内容。
- 个性化对话式推荐：结合大模型的对话能力，推荐系统可以与用户进行自然语言交互，实时获取用户反馈，动态调整推荐策略。

当然，在采用大模型时也面临着一些问题，如计算资源消耗过大、数据隐私和安全问题难以保障、结果的可解释性不高等。

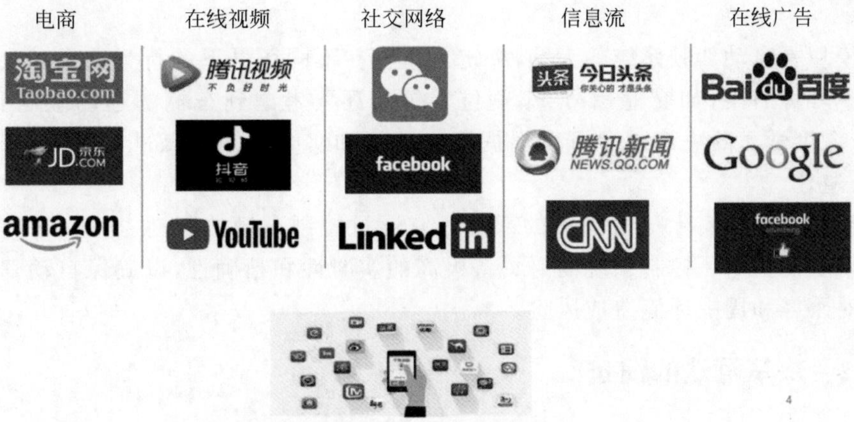

图 7-6　跨平台推荐系统示例

7.2　自动驾驶决策系统的原理

本节讲述自动驾驶决策系统的原理。

7.2.1　自动驾驶的核心技术

自动驾驶技术是一个复杂的系统，涉及多个技术模块的紧密配合。核心技术包括感知、规划、决策和控制 4 方面，每个模块在确保车辆安全、智能地完成自动驾驶任务中起着关键作用。

感知模块是自动驾驶系统的眼睛，如图 7-7 所示，主要负责通过传感器（如激光雷达、摄像头、雷达等）获取周围环境的实时信息，识别和追踪行人、车辆、障碍物以及交通标志。深度学习，尤其是卷积神经网络，被广泛应用于图像识别和物体检测中，以从视觉数据中提取有用的特征并进行分类。

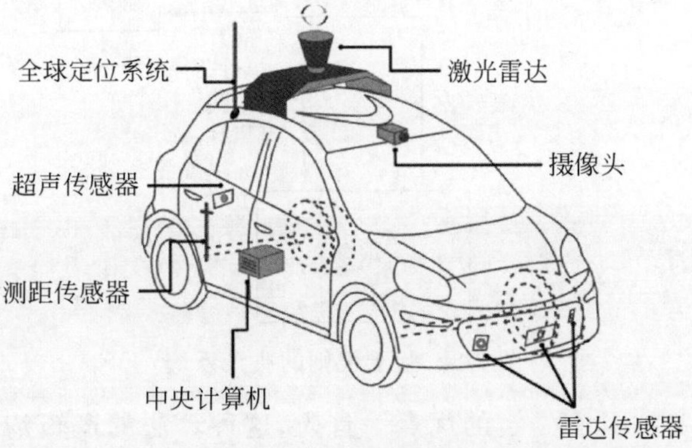

图 7-7　感知模块概念图

规划模块则负责根据感知模块提供的数据生成车辆的行驶轨迹。这一过程涉及路径规划和运动规划，目的是确保车辆能够安全、高效地在道路上行驶。路径规划考虑的因素包括道路情况、交通规则以及其他障碍物，而运动规划则需要计算出最优的加速度、转向角度等参数。

决策模块是自动驾驶系统的大脑,决定了车辆在不同场景下的行为选择。决策算法不仅要考虑到环境因素(如交通信号、车辆位置等),还要考虑到车辆的运动限制和安全性。例如,基于深度学习的决策模型可以根据历史数据和实时感知信息进行决策,选择何时停车、超车或避让。

控制模块是车辆实际执行决策的部分。它通过控制车辆的制动、加速、转向等操作来执行决策模块的指令。控制系统需要具备极高的实时性和精确性,以确保自动驾驶系统的操作不会对乘客和周围环境造成风险。

7.2.2 决策算法的演进

在多个模块中,和人工智能技术最相关的就是决策模块,而决策模块的效果也直接决定了自动驾驶的安全性。在自动驾驶技术的探索中,决策模块经历了从基于规则的决策算法到基于数据的决策算法的演进,这一演进不仅提升了系统的灵活性,还极大增强了应对复杂交通场景的能力。

1. 基于规则的决策算法

在自动驾驶的早期阶段,基于规则的决策算法是主要的应用方式。这类系统依赖于人工编写的规则,通常基于专家的驾驶经验和交通规则。如图 7-8 所示,这些规则被硬编码到系统中,系统根据外部感知数据和当前交通环境来执行相应的操作。例如,规则可能会规定在红灯前停车、在环形交叉口按特定的顺序行驶,或遇到紧急情况时立即制动等。由于这些规则是由专家事先定义的,因此系统的行为是可以预见和理解的。

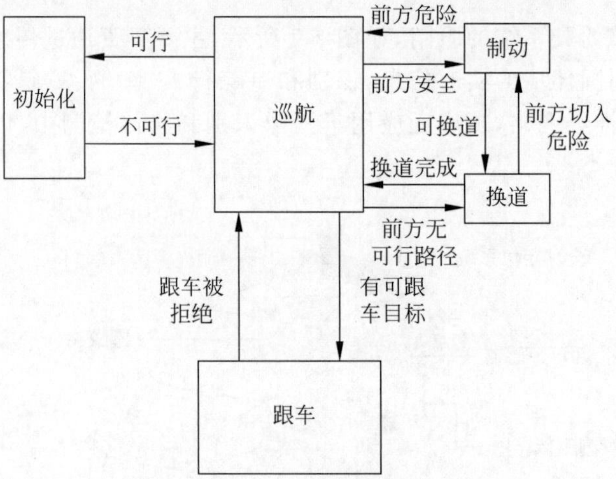

图 7-8 基于规则的决策系统

基于规则的决策算法具有一定的优点。首先,这种算法的逻辑清晰,容易理解和调试,适合处理一些明确的场景和规则。其次,在一些简单、规则明确的交通环境下,基于规则的决策系统能够提供可靠和安全的决策。

然而,这种算法也有显著的局限性。最主要的不足是它无法处理复杂和多变的交通环境。在现实交通中,交通参与者的行为经常难以预测,尤其是一些突发事件(如突然出现的行人、失控的车辆等)往往难以通过预设的规则应对。由于规则的设计通常是静态的,缺乏适应性，因此当遇到未曾预见的交通情形时，基于规则的决策系统往往会显得力不从心，甚至可能导致系统失效。此外，随着交通环境的不断变化和演进，规则的维护和更新也会变得越来越复杂。

2. 基于数据的决策算法

随着深度学习、强化学习和大数据技术的不断进步，自动驾驶系统逐步从基于规则的决策算法转向基于数据的决策算法。基于数据的决策算法能够在动态环境中不断学习和适应，从而有效应对更加复杂的驾驶场景。特别是强化学习的引入，使得自动驾驶决策系统在处理未知环境和复杂情况时展现出更大的灵活性和自主决策能力。

强化学习是一种通过与环境的交互来学习最优决策策略的算法。在强化学习中，智能体（在自动驾驶系统中即为车辆）通过在环境中执行操作，获取相应的奖励或惩罚，并根据这些反馈不断优化自身的行为策略。通过这种方式，系统能够逐渐学习到如何在多种复杂情况下做出决策，例如，如何选择合适的车速、何时换道、如何处理突发的障碍物等。

与基于规则的系统不同，基于数据的决策系统通过大量的历史数据和实时数据进行训练，能够自主学习并调整决策策略。如图 7-9 所示，通过模拟环境和仿真训练，强化学习系统可以进行反复试验，以优化决策策略，进一步提升系统在未知或复杂场景中的适应性。这使得自动驾驶系统能够逐渐具备处理复杂交通情况的能力，例如，在多变的城市道路上应对拥堵、识别复杂交叉口、预测其他道路使用者的行为等。

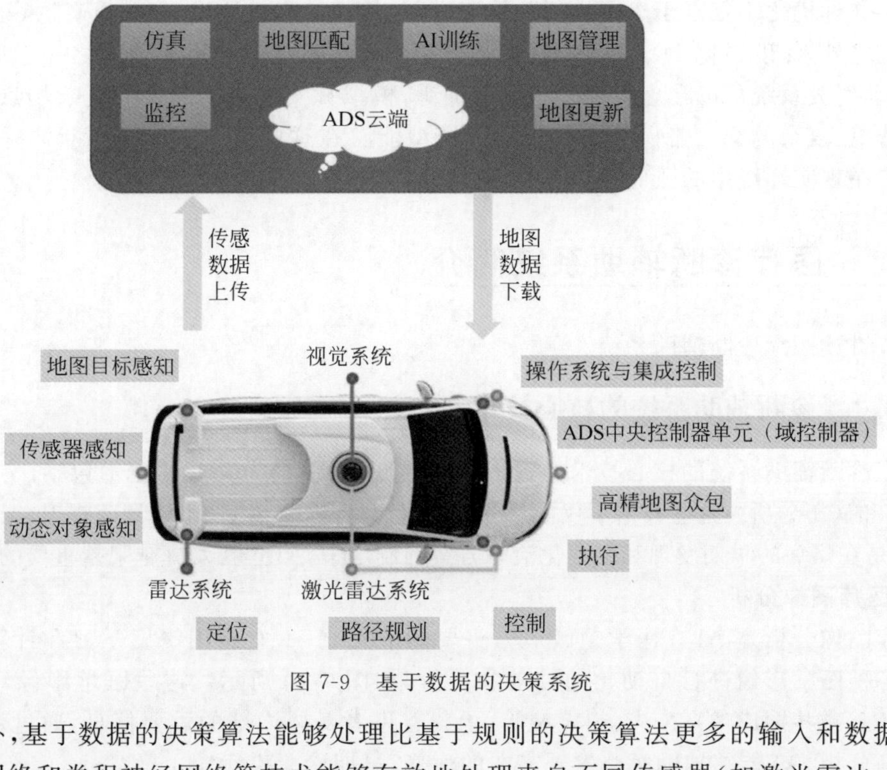

图 7-9　基于数据的决策系统

此外，基于数据的决策算法能够处理比基于规则的决策算法更多的输入和数据源。深度神经网络和卷积神经网络等技术能够有效地处理来自不同传感器（如激光雷达、摄像头、雷达等）的多模态数据，使得决策系统能够基于全面的环境感知信息做出更加精准的决策。

然而，基于数据的决策系统也面临着一定的挑战。首先，数据的质量和数量对系统的性能至关重要。为了确保系统在各种复杂场景下都能做出准确的决策，需要大量地标注数据和计算资源。其次，深度学习和强化学习模型虽然能够提供较强的决策能力，但由于其内部机制的复杂性和不透明性，这些系统的可解释性较差，难以完全理解其决策背后的原因，这给自动驾驶技术的普及和应用带来了一定的障碍。

7.2.3 最新发展与趋势

自动驾驶决策系统的最新发展集中在多模态数据融合、实时决策优化和深度强化学习等方面，推动着自动驾驶技术向更高的智能化和自动化迈进。而大模型的出现也推动了这一进程的加速。

在多模态数据融合方面，现代自动驾驶系统不再依赖单一的传感器或数据源，而是通过融合来自不同传感器（如激光雷达、摄像头、雷达等）的数据来提高决策的精度。通过深度学习模型，系统能够同时处理视觉、雷达和其他传感器数据，从而获取更全面的环境感知信息。这种多模态数据融合有助于提高系统在复杂环境中的可靠性，尤其是在恶劣天气或复杂地形下。

在实时决策优化方面，自动驾驶系统对实时决策的要求非常高。随着计算能力的提升和算法的进步，实时决策优化技术越来越被重视。近年来，深度强化学习与仿真训练结合的技术得到了广泛应用，能够通过不断地模拟训练，优化自动驾驶系统在不同场景下的决策策略。这种优化不仅限于车辆的行驶轨迹，还包括如何高效地规划车速、避障等问题。

除此之外，深度强化学习被认为是提升自动驾驶决策能力的重要技术之一。通过仿真平台，自动驾驶系统可以在虚拟环境中进行训练，模拟真实道路上的各种复杂场景，包括突发交通情况、复杂的交叉路口等。强化学习模型能够在这些模拟训练中不断调整策略，进而提高其在现实环境中的适应性和安全性。

7.3 医疗诊断辅助系统简介

本节讲述医疗诊断辅助系统。

7.3.1 诊断辅助系统的核心技术

医疗诊断辅助系统的核心技术涵盖了多个领域，其中最为关键的技术包括医疗图像分析、NLP和病历分析。这些技术不仅能够帮助医生提高诊断效率，还能显著提升诊断的准确性，尤其是在疾病的早期发现和个性化治疗方案的制定中，AI正在发挥越来越重要的作用。

1. 医疗图像分析

医疗图像分析是AI在医学领域最为重要的应用之一，它利用深度学习和计算机视觉技术对各种医学影像进行自动化的处理和分析，如图7-10所示。这些医学影像，包括CT扫描、MRI（磁共振成像）、X光、超声波等，承载着患者身体内部的重要信息，通过对这些影像的精确分析，AI能够辅助医生发现潜在的病变，早期诊断疾病。

医疗图像分析的过程通常包括图像分割、特征提取和图像分类等几个步骤。在图像分割阶段，AI能够准确识别并区分图像中的不同区域，自动分离出肿瘤、器官、骨骼等目标区域。在特征提取阶段，AI从图像中提取出有关病变的关键信息，如肿瘤的形状、大小、位置

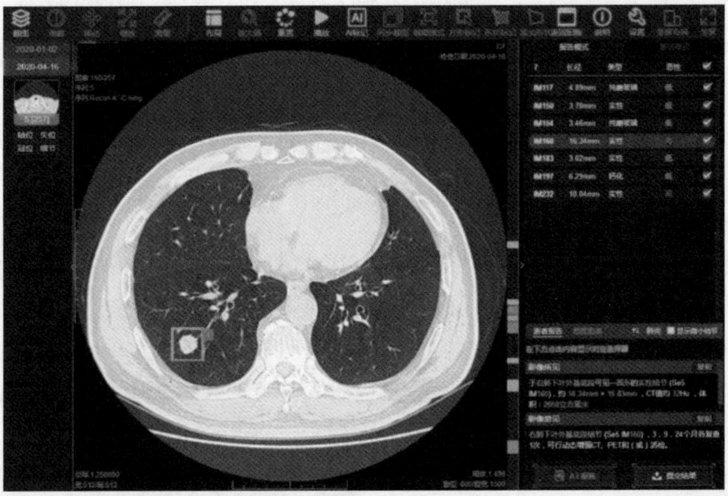

图 7-10　医学影像分析图

等特征，这些特征能够帮助医生评估病变的严重程度和发展趋势。最后，在图像分类阶段，AI 通过训练大量的医学影像数据，能够对不同的影像进行分类，识别是否存在病变，并判断其类型（如良性或恶性肿瘤）。相比传统的人工诊断，AI 技术能够在短时间内处理大量的图像数据，并且能够识别出肉眼难以察觉的细微病变，极大地提高了诊断的效率和准确性。

AI 在医疗图像分析中的应用已经取得了显著的成果，尤其是在肿瘤检测、骨折识别、血管分析等方面，AI 能够通过对图像的精确分析，帮助医生及时发现疾病并做出有效的治疗决策。例如，AI 在乳腺癌、肺癌、脑肿瘤等的早期筛查中，已经证明能够显著提高早期诊断的准确性和敏感性。

2. NLP

NLP 技术是人工智能在医疗领域中的另一个重要应用。如图 7-11 所示，NLP 使得计算机能够理解和处理医学领域中的大量文本信息，如电子健康记录（EHR）、医生的病历笔记、患者的病史、诊断报告、处方等。通过对这些文本数据的分析，NLP 能够从中提取出有用的医疗信息，为医生提供更全面的患者健康状况，进而辅助临床决策。

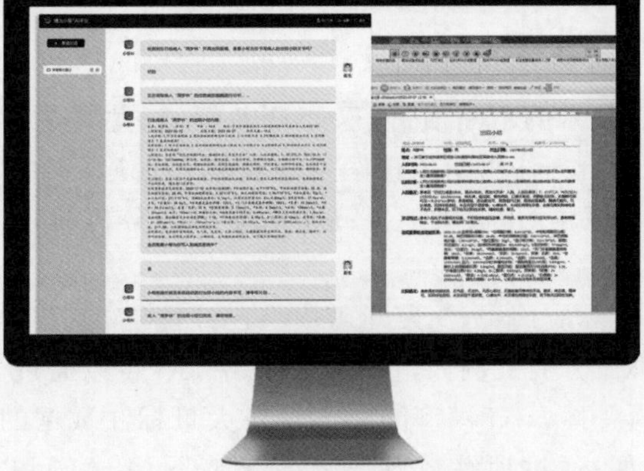

图 7-11　大模型辅助处理电子医疗病历

NLP 在医疗中的应用主要体现在对病历文本的处理和信息提取上。传统上，医生在记录患者的健康状况时，往往会通过自然语言进行描述，这些信息往往杂乱无章、结构化不够，因此难以直接用于数据分析。NLP 技术通过语义分析、词汇提取、命名实体识别(NER)等技术，能够从大量的临床文本中提取出关键数据点，如症状、病史、药物使用记录、治疗效果等。通过这些信息的提取，AI 可以生成结构化的患者数据，帮助医生更加清晰地了解患者的健康状况。

3. 病历分析与个性化医疗决策

病历分析是 AI 在医疗领域中的一个关键应用，主要通过对患者的历史病历、检查结果、基因数据、生活方式等多维数据的综合分析，帮助医生制定个性化的治疗方案，如图 7-12 所示，可以辅助医生快速生成病历。AI 技术通过大数据处理能力，能够整合来自不同来源的信息，包括患者的生理数据、基因数据、疾病史、家庭病史、过敏反应等，从而为患者提供个性化的医疗决策。

传统的医疗决策通常依赖于医生的经验和临床指南，尽管这种方法在大多数情况下有效，但随着医学的复杂性不断增加，个性化医疗成为越来越重要的研究方向。AI 技术通过分析大量患者数据，能够识别出个体之间的差异，从而为不同的患者制定个性化的治疗方案。例如，通过分析基因数据，AI 可以帮助医生发现患者可能对某些药物存在的过敏反应，或者识别出患者可能面临的潜在疾病风险。

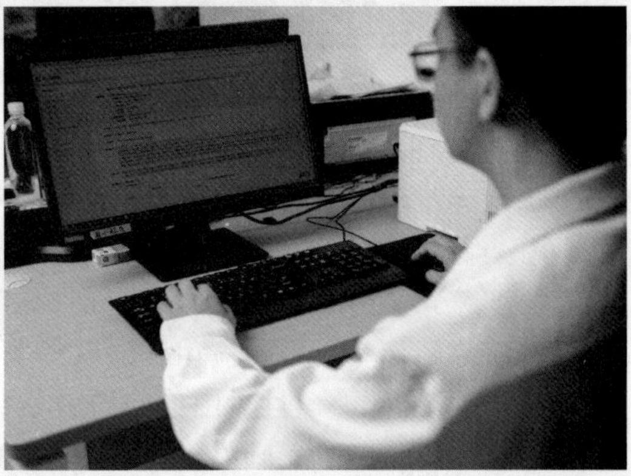

图 7-12 大模型快速生成病历

AI 在病历分析中的应用还包括疾病的早期预测。通过分析患者的病历数据和相关的医学信息，AI 能够识别出可能导致疾病发生的风险因素，并根据这些因素提前进行干预，从而达到预防的目的。例如，AI 可以通过分析患者的病史、生活习惯、基因信息等，预测心血管疾病、糖尿病、癌症等慢性疾病的发生概率，为医生提供早期的干预方案。通过不断学习和训练，AI 能够根据实时数据更新治疗方案，以便随时调整治疗方向，确保患者获得最适合的医疗服务。

7.3.2 最新技术与发展

随着深度学习和 AI 技术的不断演进，医疗诊断领域，尤其是医学影像分析，已获得显著的突破。传统的人工分析方法由于依赖医生的经验和直觉，往往存在一定的局限性。而 AI 技术的引入，尤其是深度学习，极大地提高了医学影像分析的效率、准确性，并推动了个性化医疗决策的进展。

在医学影像分析的实际应用中，深度学习模型已经能够在不同类型的医学影像中进行疾病检测、病变分割和影像分类。例如，在 CT 扫描中，AI 可以通过分析图像自动识别肺部结节，并判断结节是否为恶性。AI 模型能够通过对大量标注数据的学习，逐渐完善其对不同疾病的识别能力。例如，通过训练数万张胸部 X 光图像，AI 可以学习到正常肺部与肺癌、肺结核等病变的差异，进而自动识别患者是否存在这些疾病。通过这种自动化的影像分析，AI 不仅能帮助医生识别细微的病变，还能够提高疾病早期诊断的敏感性，减少误诊率。

深度学习模型的另一个优势在于其能够处理多模态数据，如CT与MRI图像的联合分析。AI能够在不同类型的影像数据中寻找共性，综合评估患者的健康状况。这种多模态的数据融合极大地提升了诊断的综合性和准确性，尤其是在一些复杂病例的处理上。

随着医疗大数据的快速发展，基于大数据的个性化医疗决策系统成为近年来医学领域的重要进展。传统的医疗决策往往是依赖于医生的经验和专业知识，而大数据和机器学习技术的结合，使得医疗决策能够更加精准、实时且个性化。

个性化医疗决策系统通过分析患者的多维数据，包括基因信息、历史病历、生活方式、疾病史等，结合机器学习模型进行处理，为每一位患者量身定制个性化的治疗方案。基于大数据技术，AI能够从广泛的患者数据中提取规律，帮助医生识别出潜在的健康风险，为患者提供个性化的预防和治疗建议。例如，AI可以通过对患者的基因数据分析，判断其患某些遗传性疾病的风险，并根据该信息建议早期检查或采取预防措施。

7.3.3　面临的风险及挑战

尽管AI在医疗诊断中展现了巨大的潜力，但其广泛应用仍面临着许多挑战，尤其是在数据隐私、算法准确性、医生协作等方面。

首先，医疗数据涉及大量的个人隐私信息，如何确保这些数据在AI模型训练和使用过程中得到妥善保护，防止数据泄露和滥用，是一个亟待解决的问题。此外，AI的决策过程通常是基于大量数据训练的，因此在某些情况下，如何保证算法的透明性和公正性也是伦理问题的重要一环。

其次，医疗问题与其他场景不同，患者及其家属需要医生对他们进行有理有据的判断。尽管深度学习在医学影像分析中的表现非常出色，但AI系统的准确性仍然是一个挑战。不同于传统的规则驱动的系统，AI算法的“黑箱”特性使得其决策过程难以解释，这在医疗领域尤其敏感。医生需要了解AI诊断背后的推理过程，以便判断是否采取相应的治疗措施。因此，AI模型的可解释性仍然是医学应用中亟需改进的方面。

最后，医疗领域对AI的应用涉及大量的法规问题。如何确保AI技术符合各国的医疗法规，获得合法的认证，是其广泛应用的前提。同时，患者和医疗工作者对于AI诊断系统的接受度也是一个重要问题。只有当AI技术得到广泛的认可并合法合规地使用时，才能真正发挥其在医疗领域的巨大潜力。

7.4　本章小结

本章聚焦AI在四大领域的核心应用。推荐系统通过协同过滤、内容推荐及混合策略实现个性化服务，结合大模型提升多模态理解与对话式推荐能力。自动驾驶依赖感知、规划、决策与控制四大模块，从规则驱动转向数据驱动的强化学习决策，多模态融合与实时优化是关键发展方向。医疗诊断辅助系统利用深度学习分析医学影像（CT/MRI）、处理电子病历（NLP）并生成个性化治疗方案，但面临数据隐私与算法可解释性挑战。

在线答题

7.5 习题

一、判断题

1. 协同过滤依赖用户行为相似度进行推荐。(   )
2. 自动驾驶决策模块负责生成行驶轨迹。(   )
3. 医疗图像分析仅需处理单一模态数据。(   )
4. 混合推荐结合协同过滤与内容推荐优势。(   )
5. 强化学习用于提升自动驾驶实时决策能力。(   )

二、选择题

1. 下列哪项是推荐系统的核心目标?(   )

A. 减少数据存储　　B. 提升用户黏性
C. 降低硬件成本　　D. 增加广告收入

2. 自动驾驶感知模块不包括下列哪项?(   )

A. 激光雷达　　B. 摄像头　　C. 决策算法　　D. 超声传感器

3. 医疗图像分析的关键技术是什么?(   )

A. 语音识别　　B. 卷积神经网络　　C. 强化学习　　D. 群体智能

4. 以下哪项属于内容推荐的缺点?(   )

A. 依赖用户行为数据　　B. 无法解决冷启动
C. 难以挖掘潜在关系　　D. 计算复杂度高

5. 下列哪项是自动驾驶决策系统的演进方向?(   )

A. 规则驱动到数据驱动　　B. 单模态到多模态
C. 集中控制到分布式　　D. 硬件优化到算法优化

三、填空题

1. 推荐系统的核心算法包括基于内容的推荐和________推荐,其中后者利用用户________数据进行个性化推荐。

2. 自动驾驶决策系统的感知模块主要依赖________和________技术来识别周围环境。

3. 医疗诊断辅助系统通过分析医学________和________数据来提高诊断准确性。

4. 在推荐系统中,________问题是指新物品或新用户缺乏足够历史数据导致的推荐困难。

5. 自动驾驶中的路径规划算法需要综合考虑交通规则、________和________等多个因素。

四、简答题

1. 简述混合推荐系统的优势。
2. 自动驾驶决策模块的主要功能是什么?
3. 医疗图像分析的主要步骤有哪些?
4. 推荐系统冷启动问题如何解决?
5. 基于数据驱动的自动驾驶决策系统的挑战是什么?

五、思考题

1. 推荐系统冷启动优化：如何结合大模型的文本生成能力自动生成用户兴趣标签以缓解冷启动？

2. 自动驾驶多模态融合：当激光雷达与摄像头数据融合时，如何设计自适应权重机制应对不同天气条件（如雨天、雾天）？

3. 医疗 AI 可解释性增强：在 CT 影像分析中，如何通过可视化技术（如热力图）展示模型决策依据以提升医生信任度？

4. 跨平台推荐系统设计：如何整合电商、社交、流媒体等多平台数据，构建统一用户画像并避免隐私泄露？

5. 医疗数据隐私保护：在医疗 AI 模型训练中，如何应用联邦学习技术实现跨医院数据共享而不暴露患者隐私？

第8章

人工智能对社会的影响

本章目标

- 理解技术革新对职业结构变迁的影响机制，明确人工智能发展与就业市场变化的关联。
- 掌握数字内容真实性验证技术的核心原理，了解其在信息防伪领域的应用逻辑。
- 熟悉人工智能伦理框架构建的基本原则与关键维度，明确伦理规范的制定路径。
- 认识技术依赖与自主性丧失的潜在风险，理解人工智能应用中的系统性挑战。

人工智能的浪潮席卷而来，在重塑社会的同时，也带来机遇与挑战。它推动职业结构发生深刻变革，催生出新的岗位，也让部分传统工作面临转型。在内容创作领域，真实性验证成为亟待解决的问题。伦理框架的构建关乎技术的正确走向；而技术依赖的潜在风险，更引发人们对自主性的思考。本章将探讨人工智能给社会带来的多重影响，剖析其背后的复杂命题。

8.1 技术革新与职业结构变迁

技术革新，尤其是人工智能技术的快速发展，正在深刻影响全球社会的方方面面。人工智能的应用已经覆盖了从医疗、金融到制造和零售等多个行业。这些变革不仅提高了生产效率、降低了成本，还为社会带来了新的商业模式和服务形式。然而，随着人工智能在各个领域的渗透和普及，它同时也在深刻改变着劳动市场的结构和职业角色。如图 8-1 所示，人工智能技术使得许多烦琐且重复的工作可以被自动化处理，带来了生产方式的根本变革，也让职场面临着新的挑战和机遇。在这一过程中，技能需求的变化尤为显著，跨学科的复合型人才需求日益增多。为了应对这一变化，劳动力市场面临着失业问题以及再就业和培训的挑战。

如图 8-2 所示，我国人工智能的普及率位居世界前列。随着人工智能在各个领域的渗透，许多新兴职业应运而生。传统的职业角色发生了根本性变化，尤其在数据科学、人工智能工程和算法优化等技术领域，出现了大量新的职业岗位。数据科学家、人工智能工程师、算法专家等职位日益成为现代社会不可或缺的部分。数据科学家利用大数据分析技术，将复杂的数据转化为可操作的信息，助力企业决策。而人工智能工程师则负责设计和实现机器学习算法，使得人工智能能够在实际应用中提供精准的服务。算法专家则专注于改进现有的算法，提高机器学习模型的准确性和效率。这些新兴职业的产生，不仅推动了科技行业的发展，也改变了传统行业的面貌。

与此同时，传统职业的结构正在发生深刻的变化。许多传统岗位，特别是那些高度依

图 8-1　人工智能技术的快速发展和应用

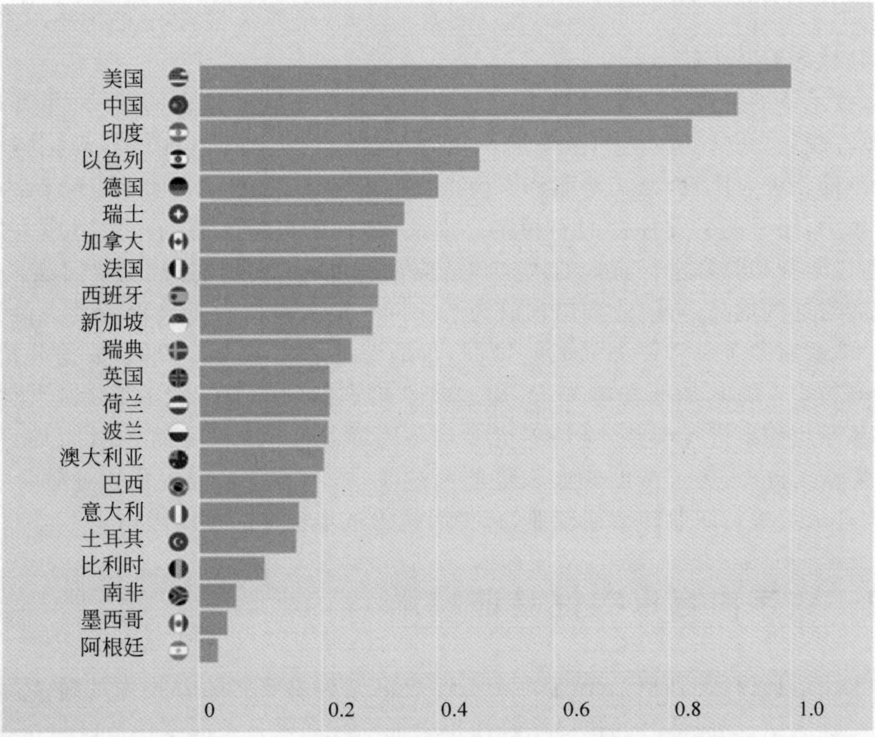

图 8-2　人工智能在全球的普及率

赖人工的低技能、重复性工作，正逐步被自动化和智能化技术所取代。如图 8-3 所示，在制造业中，自动化生产线和机器人已经能够替代人工进行装配和质量检测，这些曾经需要人工完成的任务现在由机器承担，导致大量传统岗位消失。类似地，客服行业的自动化程度也在不断提高，智能客服系统和聊天机器人能够完成大量的客户服务任务，传统的人工客服岗位因此面临萎缩。即便是在一些高技能领域，人工智能技术也在逐步挑战传统职业的地位。像医生、律师这样的专业职业，虽然仍然需要人工干预，但人工智能技术的辅助作用越来越大，特别是在医学影像诊断和法律案件分析等领域，人工智能的介入大大提高了工作效率和准确性。

图 8-3　传统制造业的劳动力变革

随着人工智能的广泛应用，劳动力市场的技能需求也发生了变化。在人工智能时代，跨学科、复合型人才的需求日益增加，传统的单一学科知识已不足以满足市场的需求。技术和数据分析能力已经成为许多行业从业者必备的基础技能。例如，医学领域的医生不再仅仅依赖传统的医学知识，还需要掌握如何使用人工智能技术来分析医学影像、诊断疾病；在金融行业，分析师不仅要懂得财务报表，还需要理解机器学习模型，从而从海量数据中提取有价值的投资信息。许多岗位的技能要求越来越高，且不再局限于某一专业领域，要求从业者具备多学科知识的融合能力。因此，培养跨学科的复合型人才，成为教育和培训领域的重要任务。

然而，技术革新也给就业市场带来了挑战。随着人工智能技术的普及，尤其是在制造业、服务业等领域，大量低技能的工作岗位正逐渐被取代。人工智能的自动化特性使得很多传统岗位面临失业风险，尤其是那些依赖重复性工作的岗位。失业问题不仅会给劳动者带来经济压力，还可能引发社会的不稳定。因此，如何确保技术革新不会造成大规模的失业，如何通过政策和教育进行有效的调整和适应，成为社会必须面对的重要问题。

为了应对这些挑战，再就业和培训成为解决问题的关键。为了确保劳动力能够适应新的就业需求，政府和企业需要加强职业培训，帮助劳动者掌握人工智能、数据分析、机器学习等领域的技术。尤其是低技能工人，通过技术培训能够提升自己在新兴行业中的竞争力。教育体系也需要进行调整，应培养更多具备跨学科知识的复合型人才，以适应未来劳动市场的需求。此外，为了帮助失业人员顺利过渡，政府和社会应提供职业辅导和就业服务，支持失业人员进行职业转型或创业，减少因技术进步带来的负面影响。

8.2　数字内容真实性验证技术

在数字化信息爆炸的时代，信息的真实性变得尤为重要。随着技术的进步，尤其是人工智能的广泛应用，虚假信息的传播已经变得更加隐蔽和复杂。深度伪造(Deepfake)技术、虚假新闻等的兴起，使得人们面临越来越严峻的挑战。信息真实性的验证不仅关系到个人的知情权，还涉及社会的稳定与公正。因此，如何有效地识别和防范虚假信息，保障信息的真实性和可信度，已经成为社会亟需解决的重要课题。

随着深度伪造技术的迅猛发展，伪造内容的产生变得愈加普遍，深度伪造视频、音频以及图像的质量已经非常高，以至于普通人难以察觉其中的虚假成分。深度伪造技术通过深度学习算法生成高度仿真的虚假内容，这些内容的造假程度高到几乎无法分辨，如图 8-4 所示。虚假新闻的传播、网络暴力的加剧以及舆论的操控都可能源于这些伪造内容。一些不法分子利用人工智能技术恶意篡改图像或视频，制造虚假的情节或事件，从而影响公众认知，制造恐慌或煽动情绪。这些伪造信息不仅影响个人的决策，甚至可能对整个社会的稳定性带来威胁。

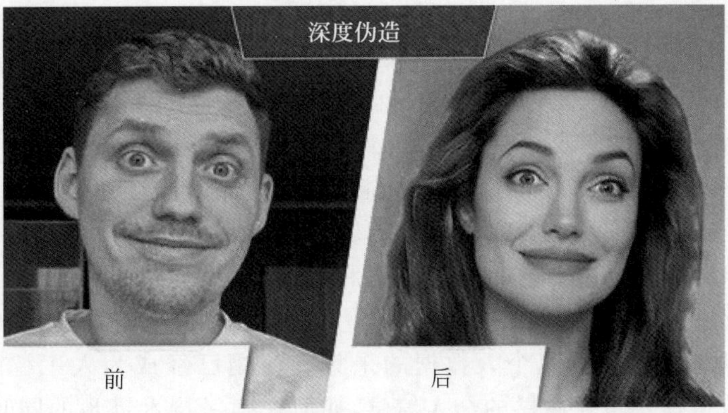

图 8-4 换脸技术逼真的深度伪造

为了应对深度伪造技术的挑战，人工智能在识别虚假信息中的作用变得愈加重要。利用计算机视觉和深度学习技术，科学家们已经开始研发多种针对伪造图像和视频的验证方法。相关领域的研究者们通过对图像和视频内容的细微分析，训练人工智能使其能够发现伪造内容的痕迹。例如，人工智能可以通过分析视频的帧率、光照变化、面部表情、音频的频率波动等特征，识别出其中的异常。这些技术使得人们能够及时发现伪造的图像和视频，从而为虚假信息的识别提供有力支持。

除了传统的人工智能图像、视频验证技术，区块链技术也开始在内容真实性验证中扮演重要的角色。区块链具有去中心化和不可篡改的特性，能够为每一条信息提供不可篡改的时间戳和来源记录。这使得区块链能够确保内容在发布后的真实性。通过在区块链中记录每一段视频、图像或文章的创作和修改历史，用户可以追溯内容的来源及其变化过程，从而判断信息是否被篡改。区块链技术的应用，为信息真实性验证提供了技术保障，进一步增强了公众对信息来源的信任。

此外，随着多模态数据分析的兴起，人工智能在内容验证中的应用也不再局限于单一类型的数据。通过结合文本、图像、声音等多模态数据，人工智能可以更加全面地进行虚假信息的识别。图像和视频中的视觉信息、声音中的音频特征以及文本中的语义内容可以互相佐证，从不同角度进行验证。通过多模态数据的融合，人工智能能够更加精确地识别真假信息。例如，当一段视频的内容被怀疑是伪造时，人工智能可以同时分析该视频的配音、文字说明以及相关的文字内容，以确认视频是否与实际事实相符。这种多模态验证方法能够提高信息验证的准确性，降低单一数据源可能带来的误判。

虚假信息的泛滥不仅影响个体的决策，甚至可能引发社会的不信任与动荡。在这个背景下，公众对信息来源的信任变得极为重要。随着伪造内容的增多，如何恢复公众对信息的信任，成为社会面临的重大挑战。为了重建公众信任，政府、媒体和技术公司需要共同努力，通过提高信息验证技术的透明度，确保信息来源的可追溯性，同时加强对虚假信息传播的监管。公众教育也是一个不可忽视的环节，提高公众的辨别能力，培养理性的信息消费习惯，对于减少虚假信息的传播至关重要。

8.3 人工智能伦理框架构建

人工智能技术的快速发展和广泛应用，正在深刻改变社会的各个方面。然而，在技术进步的同时，人工智能伦理问题也日益突出，成为社会关注的重点议题。人工智能的广泛应用不仅涉及技术层面的突破，还直接影响到人类社会的道德和价值观。因此，如何确保人工智能技术在带来便利和创新的同时，也能够遵循道德和公正的原则、保障社会的公平与正义，成为了全球范围内亟待解决的重要问题。

在人工智能伦理的核心问题中，隐私保护和数据安全无疑是最为紧迫的议题之一。人工智能系统的高效性和准确性往往依赖于大量的个人数据，无论是通过社交平台、智能设备，还是医疗记录、金融数据等，个人数据的采集和使用已经成为人工智能技术运作的基础。然而，这些数据往往包含敏感的个人信息，如何在确保技术进步的同时，保障用户的隐私成为关键。人工智能在处理个人数据时，必须遵循严格的隐私保护标准，确保数据的匿名化、加密存储以及合规使用。这不仅关乎技术的安全性，也关乎公众对人工智能系统的信任，只有在充分保护隐私的前提下，用户才会愿意将个人数据提供给人工智能系统进行处理，才能进一步发挥数据的最大魅力。

此外，算法偏见也是人工智能伦理中的一个核心问题。由于人工智能模型通常依赖于历史数据进行训练，而这些数据本身可能带有历史遗留的偏见或不公正，因此，人工智能系统很容易在决策过程中产生偏见。无论是在招聘、信贷、司法判决中，还是在医疗、教育等领域，人工智能系统的不公平决策可能会加剧社会的不平等性，甚至可能对某些群体造成歧视。因此，如何确保人工智能模型在训练过程中去除偏见，做到公平、无歧视，是人工智能伦理中亟需解决的问题。这要求在人工智能数据的收集、处理和训练过程中，采取更加多样化和公正的数据集，避免历史性偏见的传播和放大。同时，开发者需要持续监控和调整人工智能系统，确保其输出的结果符合公平和公正的原则。

透明性和可解释性也是人工智能伦理的一个重要议题。随着人工智能技术越来越多地参与决策，尤其是在医疗、金融、司法等高风险领域，人工智能的决策过程必须具备透明性和可解释性。简单来说，人工智能决策的依据和流程应当对用户和社会可理解，这不仅关乎技术的可信度，也涉及用户的知情权和选择权。如图 8-5 所示，人工智能的黑箱问题，即人工智能决策过程的不可理解性，一直是公众和监管机构关注的焦点。为了解决这一问题，人工智能开发者需要优化模型的可解释性，设计出更加透明的算法，使得用户在得到结果的同时，可以理解其背后的逻辑。同时，提供适当的反馈和解释，有助于增加用户对人工智能系统的信任，并让他们能够在必要时对人工智能的决策结果进行审查。

为了确保人工智能技术的发展能够在道德和公正的框架下进行，构建一个有效的人工智能伦理框架至关重要。首先，政府和监管机构在这一过程中发挥着至关重要的作用。政府需要制定明确的法规和标准，确保人工智能技术的应用符合伦理要求。例如，在数据隐私保护、算法透明度、算法公平性等方面，政府应当出台相关法律，确保人工智能技术不会滥用。同时，政府还应通过定期审查和监督，确保人工智能技术在应用过程中遵守伦理规范，避免技术对社会产生负面影响。

其次，企业在人工智能技术的开发和应用中也有重要的社会责任。作为人工智能技术

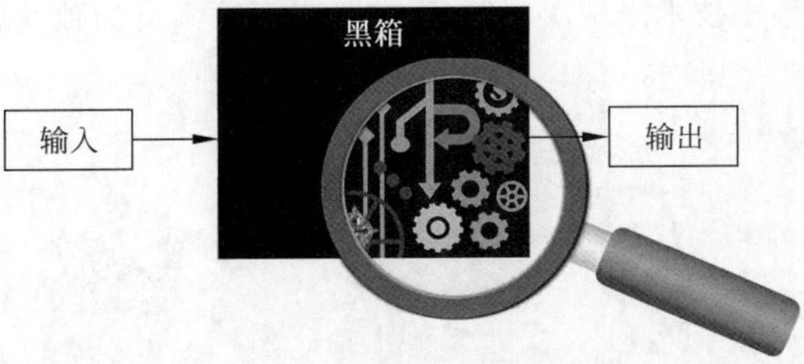

图 8-5　人工智能的黑箱问题

的推动者，企业不仅要追求技术的创新和市场的盈利，更需要承担起对社会的责任。在技术开发过程中，企业应当充分考虑伦理问题，从设计阶段开始就考虑数据隐私保护、公平性和透明性等问题。此外，企业还应当进行自我约束和内审，确保产品的合规性和伦理性，避免因技术滥用带来的社会负面效应。

最后，人工智能伦理问题不仅是单个国家或地区的问题，而且是一个全球性议题。随着人工智能技术的全球化应用，各国的法律和伦理标准可能存在差异，这为人工智能技术的跨国应用带来了挑战。为了避免技术滥用和伦理冲突，国际合作变得尤为重要。如图 8-6 所示，各国应当加强合作，协调制定全球性的人工智能伦理标准，确保人工智能技术的发展符合全球伦理共识。此外，国际知识共享与经验交流也有助于建立更加完善的全球人工智能伦理框架。

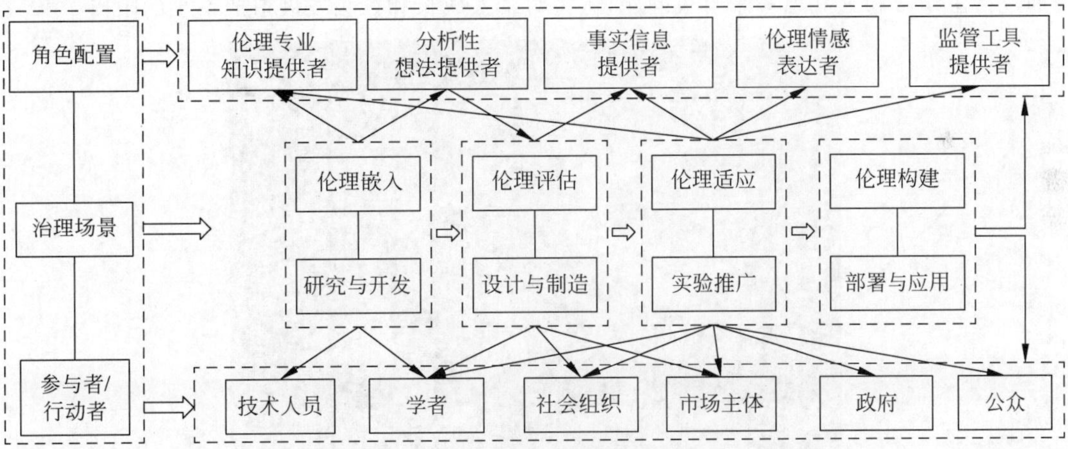

图 8-6　人工智能伦理框架示意图

8.4　技术依赖与自主性丧失

随着大模型和人工智能技术的迅猛发展，技术依赖与自主性丧失已成为一个日益严峻的社会问题。在大模型的驱动下，人工智能技术在日常生活中的应用已经无处不在，从语音助手、自动驾驶到智能推荐、个性化广告，人工智能的参与无时无刻不在影响着人们的决策、行为甚至思维模式。这种技术的广泛渗透，一方面提升了生活的便捷性，但另一方面却带来了人类自主性的严重挑战。如图 8-7 所示，人们越来越依赖技术，逐渐丧失了自我决策的能力，甚至对于简单的生活选择都依赖于系统的指引。智能设备的普及和人工智能系统的无缝对接让人们在很大程度上依赖于技术来解决问题，而缺乏对问题本身的独立思考和判断。

图 8-7 过度依赖技术

这种依赖的后果在多个层面已经初现端倪。在信息获取上，人们通过搜索引擎、社交平台、智能推荐系统等方式获得信息，但这些平台通过算法推送的信息并非完全客观，而是根据用户的历史行为、偏好和预设的偏见来筛选，导致信息泡沫和认知偏差的加剧，成为图 8-8 所示的信息茧房。用户被算法"引导"着做出选择，逐渐失去批判性思维，难以真正自主地分析问题。长此以往，人们的认知边界被算法所局限，创造性思维和独立判断力的培养也遭遇挑战。尤其是在教育和职场等领域，学生和员工的决策能力越来越依赖于技术的指导，而不是通过自主学习和独立思考来解决问题，这将对个人成长和社会发展造成不小的阻碍。

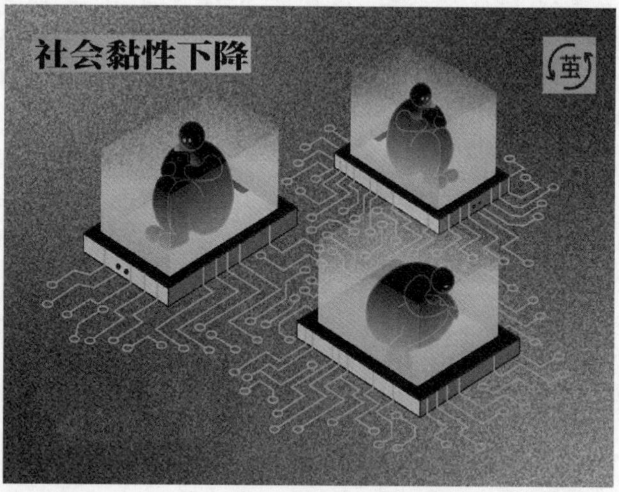

图 8-8 信息茧房

在日常生活中，技术依赖已逐步扩展到个体行为的各个方面。智能手机、语音助手、社交媒体等工具的普及，使得人们的行为模式愈发依赖于这些技术设备提供的建议和指引。举例来说，许多人习惯依赖导航软件来规划行车路线，导致在没有技术支持的情况下，人们可能会失去方向感或者无法应对突发的交通情况。这种现象不仅局限于日常生活，甚至在更为复杂的决策过程中，人们也开始过度依赖技术。例如，自动驾驶汽车的普及本应减轻交通事故的发生，但如果过度依赖自动化系统，一旦系统出现问题，驾驶人的应急反应能力可能被削弱，导致出现更严重的后果。人们逐渐对自己的能力产生依赖性，丧失了面对未知和挑战时的应对能力。

这种趋势不仅会对个人带来影响，整个社会的创造力和适应力也可能因此遭遇危机。技术依赖的加剧可能会使社会整体的自主创新能力和批判性思维能力下降。当技术能够解决大部分的实际问题时，人们会陷入一种“懒惰思考”的状态，依赖技术做出决策和预测，而不是自主判断和思考。这种现象不仅降低了个体的学习和思维能力，也使社会整体的技术创新和发展面临停滞的风险。人工智能的“思维”在很多场景下虽然能模拟出接近真实的反应，但它仍然缺乏人类对情感、价值观和直觉的综合理解。这种缺乏感性判断和人文关怀的技术依赖可能会导致人类在面对复杂的社会、道德和情感问题时失去灵活性和应变能力。目前，技术依赖与自主性丧失的问题已经在各个领域有所体现。社交媒体的个性化推荐让人们的世界逐渐局限在“算法推荐”的框架中，新闻、娱乐甚至日常消费的信息都经过了筛选和定向推送，导致公众认知和兴趣趋于单一化、极端化。尤其是在青少年中，长时间的网络依赖性行为使他们缺乏独立思考的习惯和能力，容易被外界信息左右，缺乏对事物的深刻理解。与此同时，自动化工具和智能设备的普及也让人们的基本生活技能逐渐退化，例如，用纸质地图导航、手动计算等技能的丧失，让人们在没有技术支撑的情况下变得更加脆弱。

未来，随着大模型和人工智能技术的进一步发展，技术依赖与自主性丧失的问题只会更加严峻。要解决这一问题，社会需要加强对技术依赖的警觉和反思。首先，教育系统应当强调批判性思维和独立判断能力的培养，鼓励学生在面对技术的同时，学会保持独立思考和自主决策。其次，技术发展应当注重如何在增强人类能力的同时，避免让技术成为个体过度依赖的工具。人工智能可以在处理大量数据和完成复杂计算任务方面提供支持，但在人类的核心决策和创造性工作中，仍应保留足够的自主空间。最后，政府和社会各界应当共同努力，确保技术的使用是有益的，而不是让人类逐渐失去思考的主动权。

8.5 本章小结

在线答题

本章聚焦人工智能对社会的多维度影响。首先，技术革新推动职业结构变迁，催生新兴岗位（如数据科学家、人工智能工程师），同时替代传统低技能岗位，要求劳动者提升跨学科能力。其次，数字内容真实性验证技术通过人工智能与区块链结合，应对深度伪造挑战，多模态融合提升验证精度。伦理框架构建强调隐私保护、算法公平性及可解释性，需政府、企业、国际合作共同推进。技术依赖问题凸显，过度依赖人工智能可能导致人类自主性丧失，需平衡技术辅助与独立决策。

8.6 习题

一、判断题

1. 人工智能导致所有传统职业消失。（　　）
2. 深度伪造技术可通过人工智能识别。（　　）
3. 区块链技术用于增强数据隐私。（　　）
4. 算法偏见源于训练数据缺陷。（　　）
5. 技术依赖必然削弱人类自主性。（　　）

二、选择题

1. 以下哪项是人工智能对职业结构的影响？（　　）

A. 完全替代高技能岗位　　B. 催生复合型人才需求

C. 消除失业风险　　D. 降低技术岗位需求

2. 深度伪造验证不包括下列哪项？（　　）

A. 视频帧率分析　　B. 区块链溯源

C. 多模态数据融合　　D. 语音识别

3. 人工智能伦理框架的核心不包括下列哪项？（　　）

A. 隐私保护　　B. 算法透明性　　C. 技术垄断　　D. 公平性

4. 技术依赖有什么负面影响？（　　）

A. 提升决策效率　　B. 增强独立思考

C. 导致认知单一化　　D. 促进创新

5. 医疗人工智能的挑战不包括下列哪项？（　　）

A. 数据隐私　　B. 算法可解释性　　C. 法规认证　　D. 硬件成本

三、填空题

1. 人工智能导致的职业结构变迁主要表现为________职业需求增加和________职业被替代的双重效应。

2. 数字内容真实性验证技术通过________和________等方法检测人工智能生成的伪造内容。

3. 人工智能伦理框架的核心原则包括________、透明性和________。

4. 技术依赖可能引发________问题，表现为人类决策能力和社会________的弱化。

5. 应对人工智能社会影响需要________、________和公众教育三方面的协同努力。

四、简答题

1. 简述人工智能对职业结构的双重影响。

2. 深度伪造技术的主要风险是什么？

3. 区块链如何助力内容真实性验证？

4. 算法偏见的根源是什么？如何缓解？

5. 技术依赖可能导致哪些社会问题？

五、思考题

1. 职业转型路径设计：如何设计针对传统制造业工人的人工智能技能培训方案，平衡理论与实践？

2. 多模态深度伪造检测：现有技术侧重图像/视频，如何结合语音特征与文本语义设计多模态深度伪造检测模型？

3. 算法公平性量化评估：针对招聘场景，如何构建可量化的公平性指标体系，评估人工智能招聘系统的偏见程度？

4. 技术依赖干预策略：在教育领域，如何设计课程培养学生的批判性思维，避免过度依赖人工智能辅助工具？

5. 医疗人工智能监管框架：如何构建分级分类的医疗人工智能认证体系，平衡创新与安全？

实 践 篇

第 9 章　本地部署 DeepSeek

第 10 章　DeepSeek 辅助 Word 处理文字

第 11 章　DeepSeek 辅助 Excel 处理数据

第 12 章　DeepSeek＋X 实现自动化制作 PPT

第 13 章　生成个性化的图片

第 14 章　生成定制视频

第 15 章　搭建个人的 AI 智能体辅助学习

第 16 章　在本地部署多模态大模型

第9章

本地部署DeepSeek

本章目标

- 了解 DeepSeek 大模型的基本概念与特点，明确本地部署 DeepSeek 的优势与应用价值。
- 掌握本地部署 DeepSeek 的任务目标与整体要求，明确操作方向。
- 熟悉使用网页版 DeepSeek、本地部署 DeepSeek 以及可视化 DeepSeek 的操作流程与实现方法。
- 通过实例学习，加深对 DeepSeek 本地部署及应用的理解与掌握。

DeepSeek 凭借高效性能与创新能力，成为人工智能领域的亮眼新星。将其进行本地部署，不仅能降低使用成本、保障数据隐私，还能实现灵活的定制化应用。无论是个人开发者探索模型潜力，还是企业寻求专属智能解决方案，本地部署都提供了新的可能。本章将详细介绍 DeepSeek 的技术优势，拆解本地部署的任务目标、操作流程与实用案例，助力读者解锁大模型的本地化应用新体验。

9.1 背景

本节讲述本地部署 DeepSeek 的背景。

9.1.1 DeepSeek 大模型简介

深度求索(DeepSeek)公司作为中国人工智能领域的前沿探索者，始终致力于打造新一代通用大模型技术体系，其自主研发的 DeepSeek-R1 系列模型在保持行业领先性能的同时，率先构建了完整的开源生态矩阵。该公司的核心技术突破体现在对 MoE(混合专家)架构的革新性优化上，通过动态路由算法与稀疏激活机制的协同设计，在同等算力消耗下实现模型推理效率提升 300%，这一技术路径不仅支撑起千亿参数规模的复杂语义理解能力，更在代码生成、多模态对齐等场景展现出类人的逻辑推演特性。

值得关注的是，DeepSeek 始终坚持“技术普惠”理念，其开源的 DeepSeek-MoE-16B 模型完整公开了训练方案、模型权重及部署工具链，成为全球首个可商用的开源 MoE 大模型，此举不仅降低了人工智能技术的应用门槛，更带动了开发者社区的协同创新——开源社区已衍生出金融舆情分析、工业图纸解析等 12 个垂直领域微调版本，形成独特的“基础模型+生态插件”技术范式。这种开放共赢的研发策略，使得 DeepSeek 的技术影响力从学术界延伸至产业界，正在重塑大模型时代的创新协作模式。

随着 DeepSeek 的开源行为，国内外多家著名企业和很多人们日常生活中使用的办公软件都接入了 DeepSeek，让它最大程度地服务人们的日常生活。

9.1.2 本地部署 DeepSeek 的优点

在人工智能技术加速落地的当下，个人本地部署 DeepSeek 大模型不仅是对数据主权与隐私安全的战略性守护，更是实现技术自主进化的核心路径。对科研人员与开发者而言，本地化部署通过完全隔离外部网络的数据闭环，从根本上规避了敏感信息（如医疗记录、个人隐私信息）在云端传输中的泄露风险。

这种自主可控性还体现在可持续的模型迭代能力上——用户无须依赖厂商接口更新，即可基于本地私有数据持续微调模型参数，例如，金融从业者可将实时交易数据注入模型强化风险预测能力，而历史学者能构建专属古籍语义理解引擎。更重要的是，DeepSeek 完整的开源工具链（包含分布式训练框架和量化压缩工具）大幅降低了本地部署的算力门槛，使得单张 RTX 3090 显卡即可流畅运行百亿参数模型，这种技术民主化进程正推动人工智能创新从科技巨头实验室向个人开发者工作站迁移，催生出医疗诊断插件、工业质检算法等众多社区驱动的垂直应用生态。

当然，最重要的一点是本地部署的 DeepSeek 可以实现实时响应，不会出现如图 9-1 所示的服务器繁忙的问题，对于频繁、多次使用 DeepSeek 的用户来说十分方便友好。

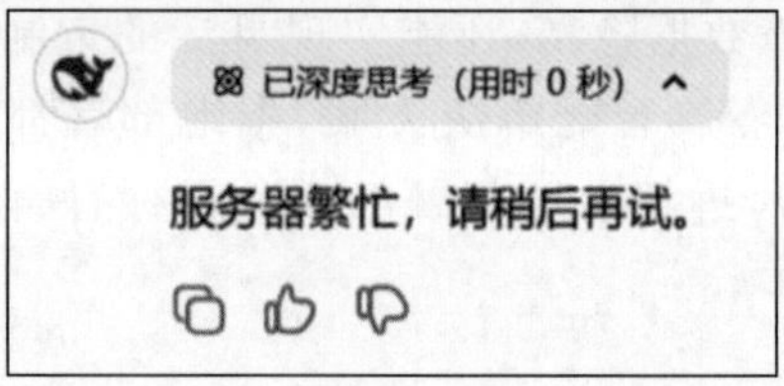

图 9-1 DeepSeek 网页版服务器繁忙截图

9.2 任务目标

本地部署 DeepSeek 的任务目标如下。

(1) 能够使用网页版的 DeepSeek 辅助日常工作。

(2) 能够将 DeepSeek 的模型部署到本地计算机上，并且使用命令行使其成功运行，输出读者问题的答案。

(3) 能够在本地计算机中接入可视化界面，简化调用 DeepSeek 的操作，优化读者的实际体验。

9.3 操作流程与实现

9.3.1 使用网页版 DeepSeek

DeepSeek 的官方网址是 https://www.DeepSeek.com/，读者在浏览器中输入该网址即可跳转到图 9-2 所示的界面。

单击图 9-2 中所示的“开始对话”按钮，就会进入图 9-3 所示的注册和登录界面，如果读

图 9-2 DeepSeek 网站首页

者从未使用过 DeepSeek，那么填写手机号或微信扫码注册后就会自动登录并记录，之后就可以用相同的账号继续使用，并且聊天记录也会被保存在其中。

图 9-3 注册和登录界面

在成功登录之后，读者就可以在图 9-4 所示的界面中进行操作。其中，左上角的"开启新对话"按钮可以让 DeepSeek 开启一段新的记忆，重新开始一个话题。左侧的信息栏则是读者已经和 DeepSeek 进行过的对话，如果读者想接续之前的某个话题，只需要单击对应的聊天记录即可。网页中间的对话框就是读者输入问题的地方，在输入问题时，可以选择左侧第一个选项"深度思考"来让 DeepSeek 输出思维过程；也可以选择左侧第二个选项"联网搜索"来让 DeepSeek 结合网络上最新的知识生成答案。如果读者需要上传文件，可以单击右侧的第二个按钮上传本地文件供 DeepSeek 分析。当所有内容准备就绪后，单击右侧第一个按钮发送问题，就可以开始和 DeepSeek 进行对话了。

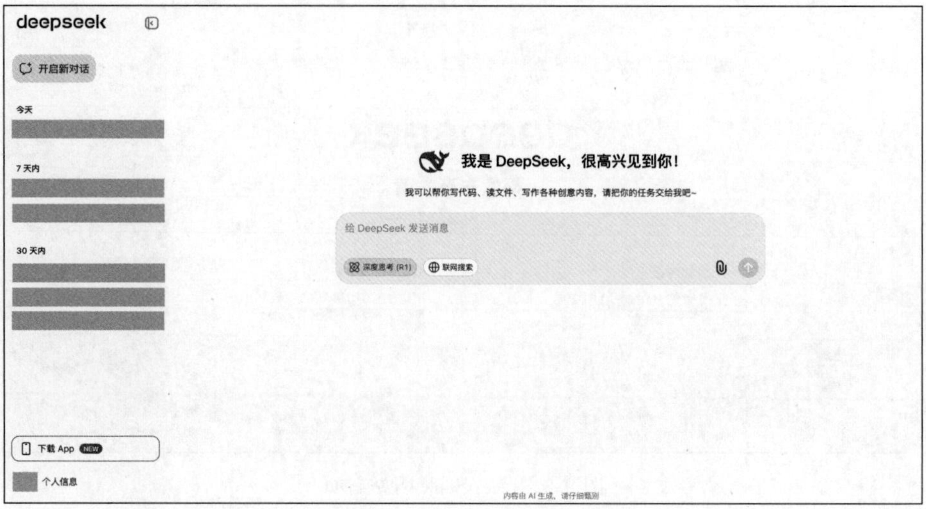

图 9-4 DeepSeek 使用的主界面

需要注意的是，每个聊天框中的记忆是不互通的，所以读者需要做好聊天记录的管理，这样可以方便 DeepSeek 根据上下文给出更准确的回答。

9.3.2 本地部署 DeepSeek

1. 确认本地计算机配置

由于本地运行 DeepSeek 需要借助计算机本身的算力，因此对计算机的硬件配置有着一定的要求，后续也需要根据硬件设备的不同，选择不同参数量的本地模型进行导入。因此，读者需要首先确定计算机的显卡配置。

如果是 Windows 系统计算机，可以利用终端查看显卡型号。首先使用 Windows＋R 打开“终端”运行框，然后输入 msinfo32 并按 Enter 键。在打开的窗口中，单击展开“组件”下的“显示”选项。在界面的右侧就可以看到关于 GPU 的详细信息，包括名称、VRAM（Video Random Access Memory，视频随机存储器）和驱动程序等，如图 9-5 所示。

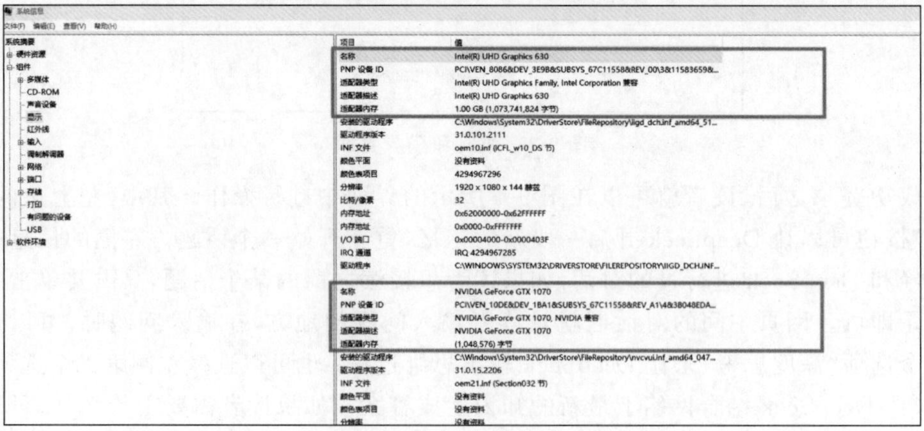

图 9-5 显卡型号示意图

如果是 macOS 系统的计算机，可以单击左上方的苹果标志，在弹出菜单中执行“关于本机”选项，如图 9-6 所示。

之后，就可以看到图 9-7 所示的界面，其中的“芯片”和“图形卡”就是该计算机的硬件配置（注：由于部分 macOS 计算机使用的是 M 系列芯片，因此没有独立显卡，和图 9-7 显示一致）。

图 9-6 macOS 系统的菜单栏

图 9-7 macOS 系列计算机的配置信息

在确认了计算机配置之后，就可以根据显卡的性能判断是否适合部署本地的 DeepSeek 模型，以及部署多大的 DeepSeek 模型。为了计算机的长时间可靠运转，建议不要选择本地计算机性能极限的模型，可以选择参数量稍微小一些的模型部署。

例如，Windows 系统笔记本电脑中搭载的是 RTX 3070（8GB 显存）的显卡，就可以尝试部署 deepseek-r1：7b 大小的本地模型，但是为了保证正常运行，需要在使用过程中关闭后台程序。如果为了计算机的流畅运行，可以考虑部署 deepseek-r1：1.5b 的模型。

2. 安装 Ollama

Ollama 是一个开源的大语言模型（LLM）管理工具，旨在简化用户在本地运行和管理大语言模型的过程。它提供了类似 Docker 的命令行界面，支持模型的下载、运行和切换，使得在本地环境中使用大语言模型变得更加便捷。

首先访问它的官网网址 https://ollama.com/download，会出现图 9-8 所示的界面，之后读者就可以根据自己计算机的操作系统选择对应的下载包进行下载。

下载完成后，单击下载包会出现图 9-9 所示的界面，单击 Install 按钮即可安装。

3. 拉取 DeepSeek 模型

安装 Ollama 成功后，就可以选择想要部署的 DeepSeek 版本了。首先输入 https://ollama.com/search 进入模型汇总界面，如图 9-10 所示。然后单击 deepseek-r1 栏，进入 DeepSeek 模型选择界面，如图 9-11 所示。

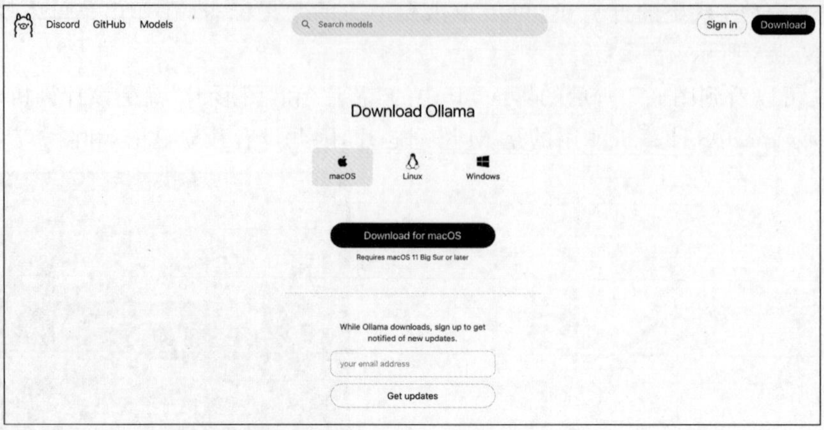

图 9-8 Ollama 官网首页

图 9-9 Ollama 安装界面

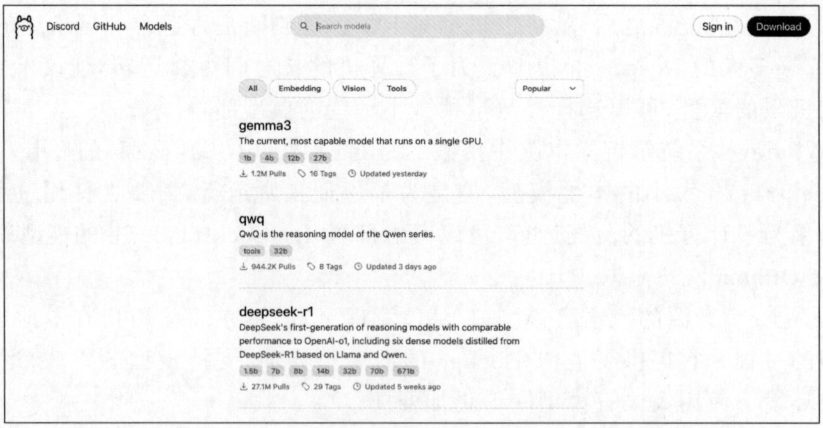

图 9-10 模型汇总界面

可以看到，默认选择是 7b 参数大小。这里的数字大小代表着模型参数量的多少，数字越大代表参数越多，需要运行起来的算力就越多。所以如果本地计算机配置不高，就可以选择 7b 或 1.5b 的版本进行部署。

首先在图 9-11 所示界面的左侧方框中选择要部署的模型大小，选择完毕后，右侧方框就是需要复制的命令，只需要单击最右侧的“复制”图标即可成功复制整条命令。

接下来打开本地计算机的终端。Windows 用户按 Win＋R 组合键调出终端窗口，

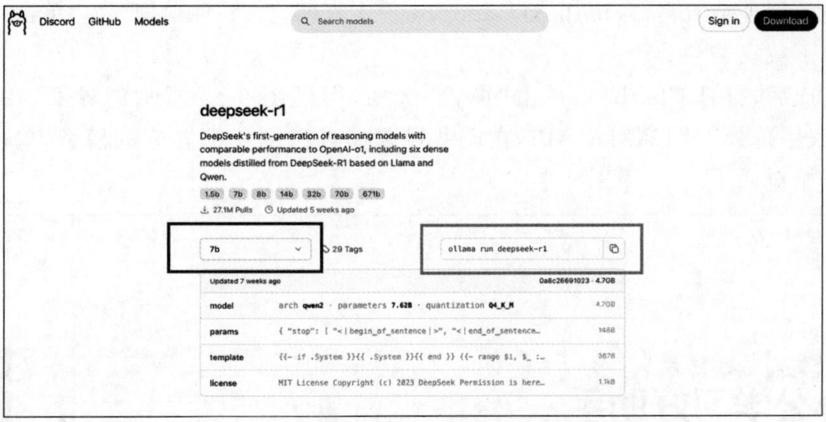

图 9-11 DeepSeek-r1 模型选择界面

macOS 用户使用 Command＋Space 组合键打开 Spotlight，输入 Terminal 命令调出终端窗口。

之后，在终端内输入上一步复制好的命令，按 Enter 键即可运行。注意：如果下载的是 1.5b 的版本，命令应该是 ollama run DeepSeek-r1:1.5b。

拉取成功后，会出现图 9-12 所示的界面，接下来在 end a message 行输入问题，就可以得到 DeepSeek 的回答了，如图 9-13 所示。

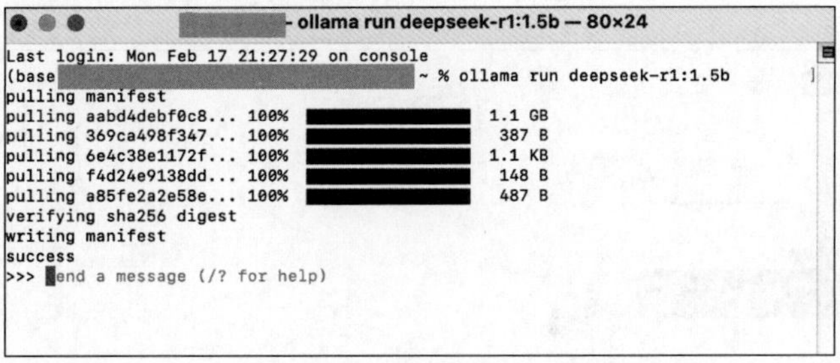

图 9-12 拉取成功后示例

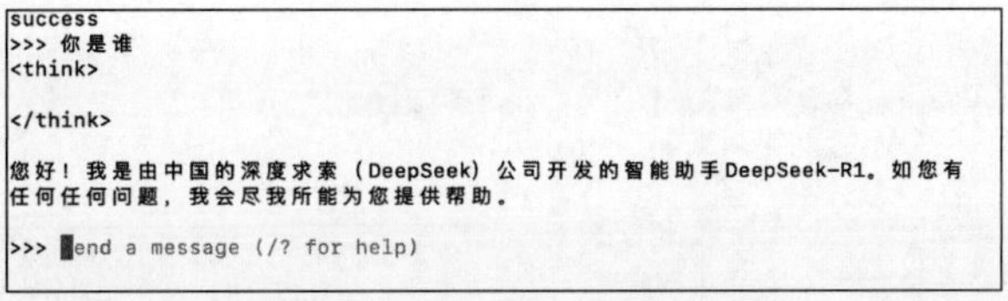

图 9-13 本地终端问答示例

9.3.3 可视化 DeepSeek

完成以上两步后，就已经可以在本地使用 DeepSeek 了，但是通过终端打开太过烦琐，而且生成的答案不利于查看，因此考虑在本地部署一个类似于网页端的界面。

Chatbox 是一款开源且免费的跨平台桌面客户端应用，旨在为用户提供高效、便捷的人工智能聊天体验。它支持 Windows、macOS 和 Linux 等主要操作系统，方便用户在不同平台上使用。

首先输入网址 https://chatboxai.app/zh 进入官网，如图 9-14 所示。单击“免费下载”按钮就可以下载安装包。

安装完成后，打开 Chatbox，单击“设置”选项，得到图 9-15 所示的界面，在“模型提供方”下拉列表中选择 OLLAMA API，在模型栏选择自己刚才部署好的模型，单击“保存”按钮就可以开始对话了。

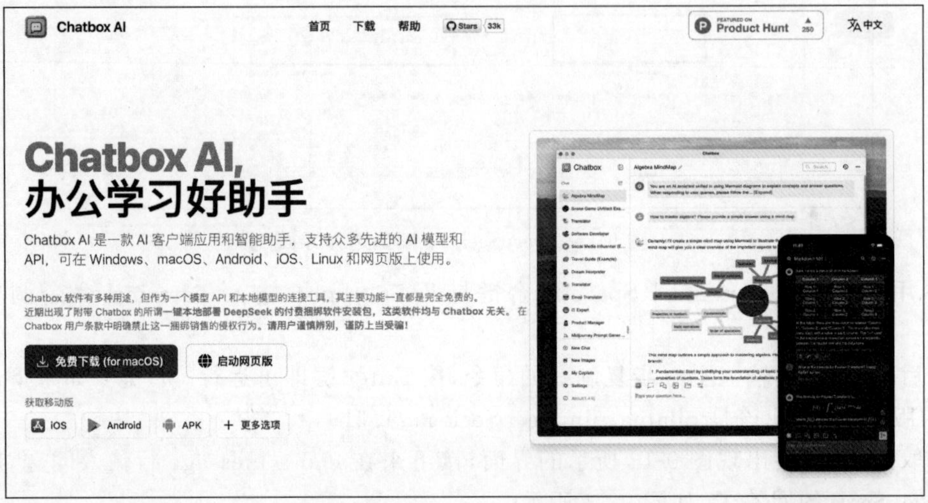

图 9-14 Chatbox 官网首页

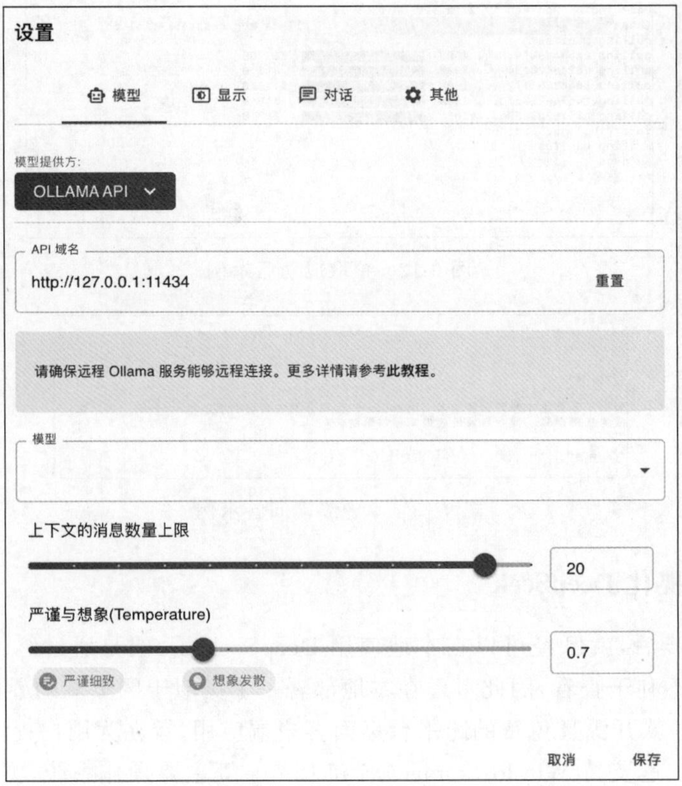

图 9-15 Chatbox 设置页

9.4　实例

设置完成后，就可以在本地和 DeepSeek 进行对话交流了，示例效果如图 9-16 所示。

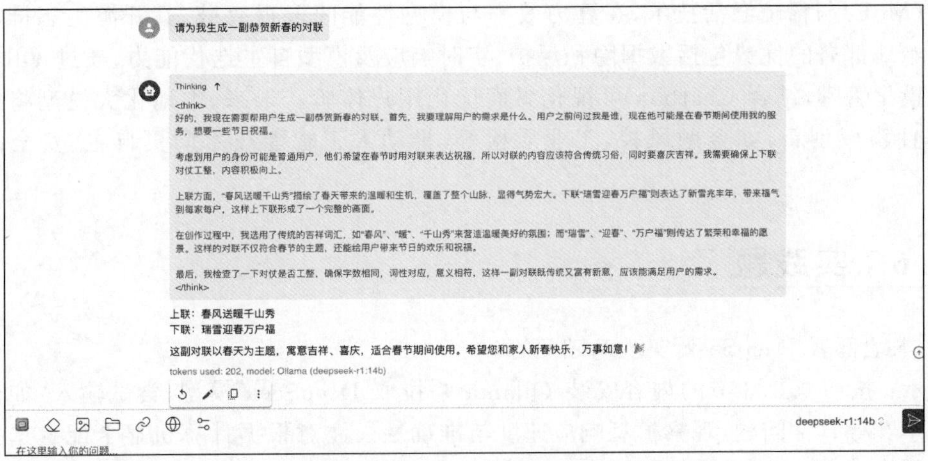

图 9-16　在本地与 DeepSeek 进行对话交流的示例效果

同时，Chatbox 还自带了一些预训练模型，用户接入本地模型后不需要额外输入信息即可使用，如翻译助手，塔罗牌占卜师、小红书文案、夸夸机等，可以供用户快速上手使用，如图 9-17 所示。

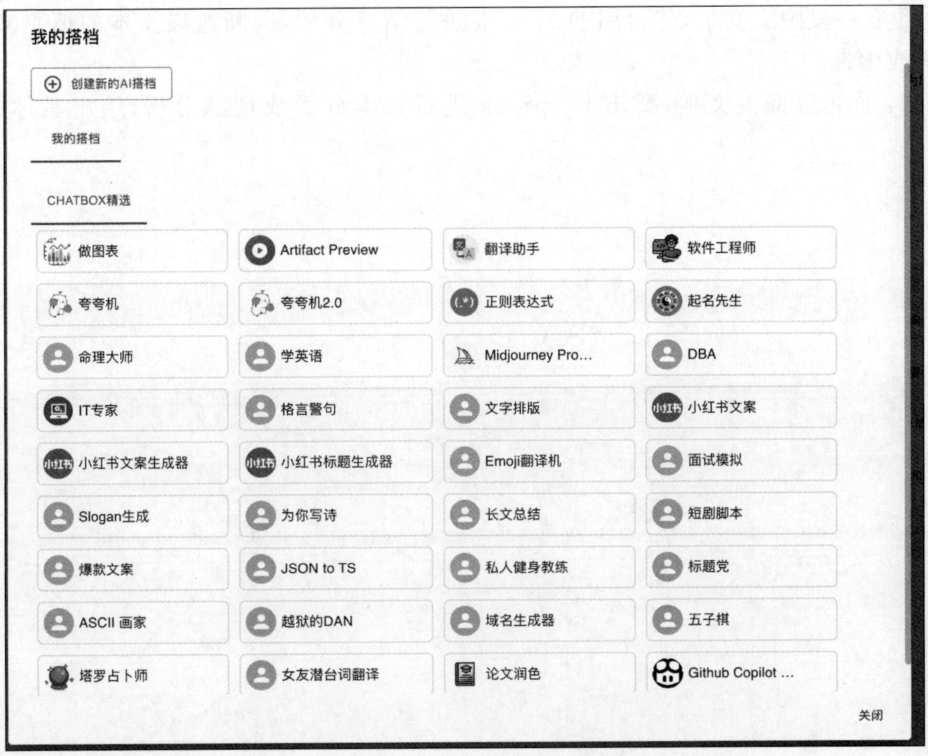

图 9-17　Chatbox 自带的人工智能搭档

9.5 本章小结

本章聚焦于 DeepSeek 大模型的本地化部署与实际应用。首先,DeepSeek 通过混合专家架构(MoE)与稀疏激活技术,在算力效率与模型性能间取得突破,其开源生态推动技术普惠。本地部署的优势包括数据隐私保护、实时响应及模型自主迭代能力,通过 Ollama 工具简化模型管理,结合 Chatbox 可视化界面优化用户体验。未来,本地化大模型将进一步赋能垂直领域创新,如金融风控、工业质检等,推动人工智能技术向更自主、安全的方向发展。

9.6 实践题

1. 本地部署 DeepSeek 实现基础问答。

提示:按照 9.3.3 节的内容安装 Ollama 并拉取 DeepSeek 模型,尝试输入"如何提高写作效率?"等日常问题,观察模型响应速度与准确性。注意根据计算机显卡配置选择合适参数量的模型(如 1.5b 或 7b),避免内存溢出。

2. 扩展 DeepSeek 功能至微信机器人。

提示:基于 9.3.3 节中 Ollama 的 API 接口,将本地部署的 DeepSeek 集成到微信小程序。通过微信发送文本指令(如"翻译这句话"),利用 requests 库调用模型 API 并返回结果,重点关注 API 参数配置与中文编码处理。

3. 我有一段中文文本,能否用 DeepSeek 进行情感分析,判断这段文本的情感倾向(正面、负面或中性)?

提示:你可以提供文本,要求 DeepSeek 进行文本分类或情感分析,给出具体的情感分类。

第10章

DeepSeek辅助Word处理文字

本章目标

- 了解 Word 应用的重要性，明确 DeepSeek 接入 Word 的优势与应用价值。
- 掌握 DeepSeek 辅助 Word 处理文字的任务目标与整体要求，明确操作方向。
- 熟悉开通 DeepSeek 网页版 API、将在线及本地 DeepSeek 部署到 Word 的操作流程与实现方法。
- 通过实例学习，加深对 DeepSeek 在 Word 文字处理中应用的理解与掌握。

在日常办公中，Word 是处理文字的重要工具，而 DeepSeek 的接入为其赋予了全新的智能动能。将 DeepSeek 与 Word 结合，既能利用大模型强大的文本处理能力，辅助完成内容创作、语法校对、摘要提炼等任务，又能提升办公效率与文字处理质量。本章将阐述 Word 应用的重要性及 DeepSeek 接入优势，围绕任务目标展开详细操作流程，通过实例展示如何让 DeepSeek 成为 Word 文字处理的得力助手。

10.1 背景

本节讲述 DeepSeek 辅助 Word 处理文字的背景。

10.1.1 Word 应用的重要性

微软公司的 Word，自其发布以来，已经成为全球应用广泛的文字处理软件之一。无论是个人日常办公、教育、商业报告，还是法律文件、出版物的制作，Word 在各个行业和领域中都有着广泛的应用。它的易用性和功能性使其在全球范围内成为标准的文字处理工具，相信各位读者也在学习和工作中经常使用 Word 编辑相关的内容。

在日常办公环境中，Word 作为文档创建和编辑的主要工具，其普及度远远超出了其他同类软件。无论是公司内部的文件沟通，还是外部的报告输出，Word 文档总是被广泛使用。同时，随着技术的进步，Word 逐渐支持了更多的高级功能，如嵌入图像、表格、图表，提供了强大的排版、格式调整和自动化处理功能，使得写作和编辑的效率大幅提升。

不仅如此，Word 与微软公司 Office 套件的紧密集成，尤其是与 Excel、PowerPoint 等工具的互操作性，也使得它在企业级工作流中占据了极为重要的地位。无论是在团队协作还是在个人生产力提升方面，Word 都发挥着不可或缺的作用。

除此之外，在编辑简历的过程中，大多数读者也是使用 Word 先编辑好内容，再将其转换为 PDF。在这个过程中，如何编写及组织一份简历的内容是很多读者头疼的问题。本章将介绍如何使用 Word 快速生成一份属于自己的简历，最终结果可以参考 10.4 节。

10.1.2 DeepSeek 接入 Word 的优势

随着人工智能技术的迅猛发展,DeepSeek 等先进的人工智能助手可以被集成到 Word 中,极大地提高了文档处理的效率和精度。DeepSeek 通过深度学习和自然语言处理技术,能够在 Word 中执行复杂的任务,如内容生成、编辑优化、语法修正和信息提取等,从而减少了传统文档编辑中繁重的人工劳动。

在实际应用中,DeepSeek 不仅能自动生成符合上下文的文本内容,减少用户的创作负担,而且还能够智能地为文档提供结构化建议,帮助用户更好地组织文章的框架。例如,在撰写研究报告或技术文档时,DeepSeek 可以根据文章的主题和要求自动为用户提供相关的引用和参考文献,帮助用户快速查找并插入合适的资料,图 10-1 所示为一个实际使用案例,展示了 DeepSeek 接入 Word 后的测试效果,用户不仅可以得到想要的内容,还可以看到思考过程,从中选取需要的优秀生成内容。

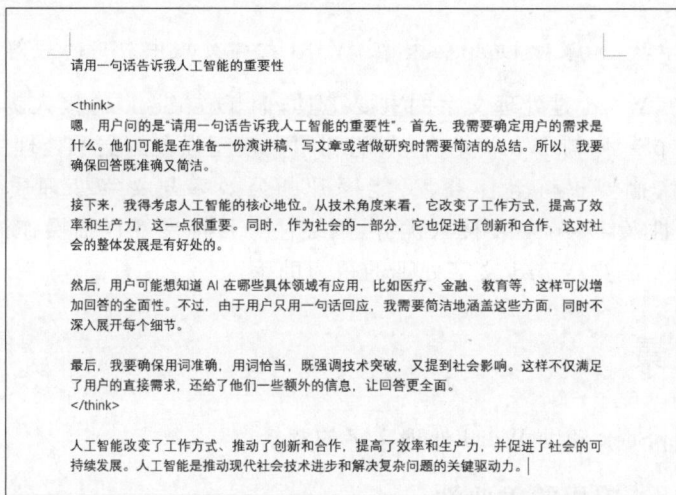

请用一句话告诉我人工智能的重要性

<think>
嗯，用户问的是"请用一句话告诉我人工智能的重要性"。首先，我需要确定用户的需求是什么。他们可能是在准备一份演讲稿、写文章或者做研究时需要简洁的总结。所以，我要确保回答既准确又简洁。

接下来，我得考虑人工智能的核心地位。从技术角度来看，它改变了工作方式，提高了效率和生产力，这一点很重要。同时，作为社会的一部分，它也促进了创新和合作，这对社会的整体发展是有好处的。

然后，用户可能想知道 AI 在哪些具体领域有应用，比如医疗、金融、教育等，这样可以增加回答的全面性。不过，由于用户只用一句话回应，我需要简洁地涵盖这些方面，同时不深入展开每个细节。

最后，我要确保用词准确，用词恰当，既强调技术突破，又提到社会影响。这样不仅满足了用户的直接需求，还给了他们一些额外的信息，让回答更全面。
</think>

人工智能改变了工作方式、推动了创新和合作，提高了效率和生产力，并促进了社会的可持续发展。人工智能是推动现代社会技术进步和解决复杂问题的关键驱动力。

图 10-1 DeepSeek 接入 Word 后的测试效果

更为重要的是,DeepSeek 能够进行高效的文档审核和校对,自动检查并修正语法、拼写错误,甚至针对内容逻辑和表达方式提出优化建议。这一功能在复杂的文档编辑过程中尤为有用,尤其对于涉及大量专业术语和复杂表达的文档,DeepSeek 的辅助可以极大地提高文档质量,并显著减少编辑时间。

结合 DeepSeek 的智能功能,Word 用户不仅能在短时间内完成复杂的文档编辑任务,还能确保文档的质量和准确性。无论是企业内部的报告制作,还是学术领域的研究论文写作,DeepSeek 的接入都极大地提高了生产效率,使得用户能够更专注于创作的核心内容,而无须再为细节和烦琐的编辑工作烦恼。

10.2 任务目标

使用 DeepSeek 辅助 Word 处理文字的任务目标如下。

(1) 能够开通 DeepSeek 的 API 调用服务。

（2）能够成功调用 DeepSeek 模型的在线 API，并将它集成到 Word 中协助日常办公，生成所需文本。

（3）能够将第 9 章中部署的本地 DeepSeek 成功接入 Word 中，并协助日常办公。

10.3 操作流程与实现

以下的操作流程以 Windows 系统为例，因为 Word 中的 Active X 插件不支持 macOS 系统，所以无法在 macOS 中导入。笔者建议可以在 macOS 中下载一个 Windows 系统的虚拟机，然后在虚拟机中打开 Word，就可以解决系统不适配的问题了。

10.3.1 开通 DeepSeek 的网页版 API

这里需要各位读者注意，如果最终接入 Word 的是本地的 DeepSeek 模型，那么则不需要开通 DeepSeek 网页版的 API，可以直接参考 10.3.3 节中的内容。本节内容主要针对将在线 DeepSeek 模型部署到 Word 的操作。

首先打开 DeepSeek 的官方网址 https://www.DeepSeek.com/，如图 10-2 所示。单击右上角的“API 开放平台”超链接就可以进入 DeepSeek 的 API 注册界面，如图 10-3 所示。

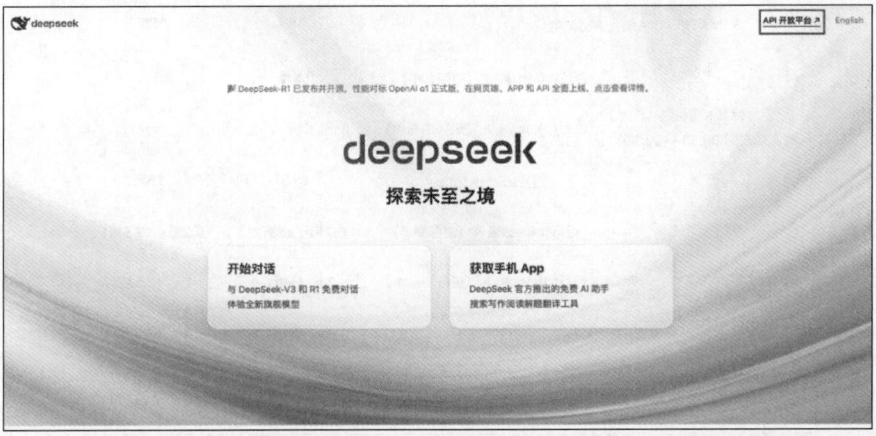

图 10-2 DeepSeek 网页版 API 入口

这里需要注意，使用在线 API 的服务是需要付费的，总体的花费根据输入和输出的内容量决定，DeepSeek API 收费表如图 10-4 所示。如果需要充值，可以单击图 10-3 左侧导航栏中的“充值”标签，进入其中进行充值操作，充值成功后在图 10-3 所示主界面中的“充值余额”部分就可以看到可使用的金额了。

充值成功后，单击左侧导航栏中的 API keys 标签进入创建 API 部分，如图 10-5 所示，单击主界面中的“创建 API key”按钮就可以创建一个新的 API 了。在弹出的界面中输入 API 的名称后，单击右下角的“创建”按钮就可以完成创建。注意，这里的 API 名称作用只是方便用户区分每个 API 的使用场景和作用，所以读者可以根据自己的需求命名，笔者命名为 AIForOffice。

在单击“创建”按钮后会出现图 10-6 所示的界面。出于安全性考虑，每个 API key 只有在第一次创建后可以查看完整的 key，之后无法单击打开。所以这里建议读者在出现图 10-6 所

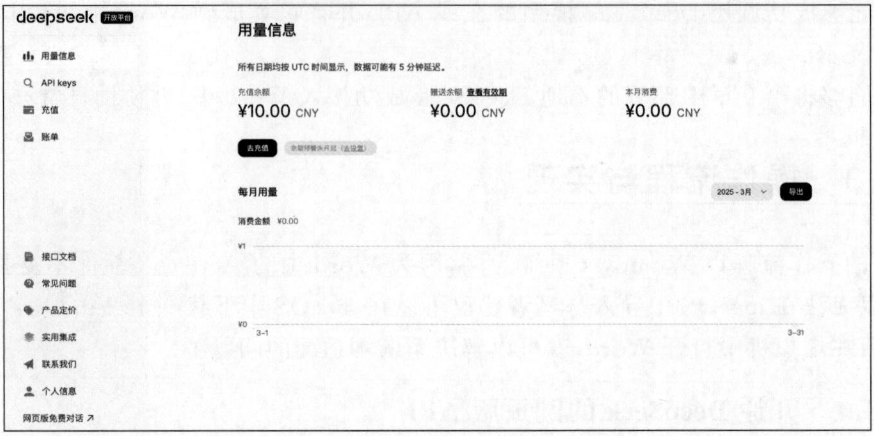

图 10-3　DeepSeek 的 API 注册界面

模型		deepseek-chat	deepseek-reasoner
上下文长度		64K	64K
最大思维链长度		-	32K
最大输出长度		8K	8K
标准时段价格（北京时间 08:30—00:30）	百万tokens输入（缓存命中）	0.5元	1元
	百万tokens输入（缓存未命中）	2元	4元
	百万tokens输出	8元	16元
优惠时段价格（北京时间 00:30—08:30）	百万tokens输入（缓存命中）	0.25元（5折）	0.25元（2.5折）
	百万tokens输入（缓存未命中）	1元（5折）	1元（2.5折）
	百万tokens输出	4元（5折）	4元（2.5折）

图 10-4　DeepSeek API 收费表

图 10-5　创建 API 界面

示界面后，单击右下角的“复制”按钮来复制整个 key，然后将它手动复制到一个文档中进行保存，避免出现在之后使用中忘记 key 的问题。同时，建议读者不要将 API key 泄露给他人使用，因为每一个 key 唯一关联到一个账户，泄露 API key 可能会导致账户余额被恶意盗刷。

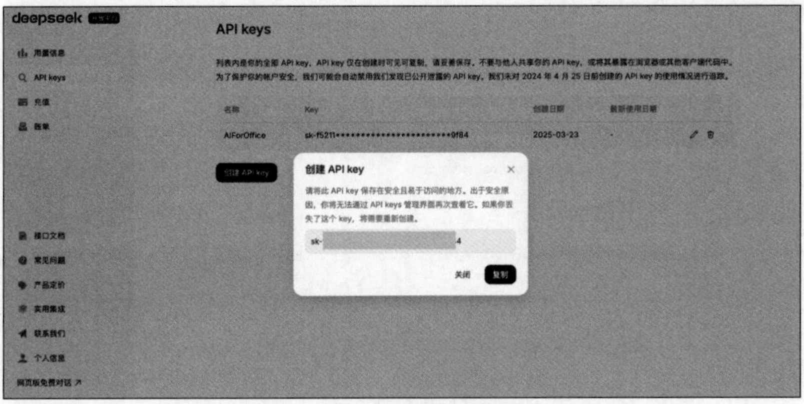

图 10-6 新建后的 API key

在保存好 API key 后，读者就成功创建了属于自己的 DeepSeek 的 API key，下面就可以利用它来部署到本地的 Word 中协助办公了。

10.3.2 将在线 DeepSeek 部署到 Word

在获取了 DeepSeek 的 API key 后，就需要配置本地的 Word 了。

首先，新建一个 Word 文档，执行“文件”→“选项”→“自定义功能区”命令，之后勾选右侧红框中的“开发工具”，使用户可以在 Word 面板中打开开发工具对 Word 的设置内容进行调试，如图 10-7 所示。

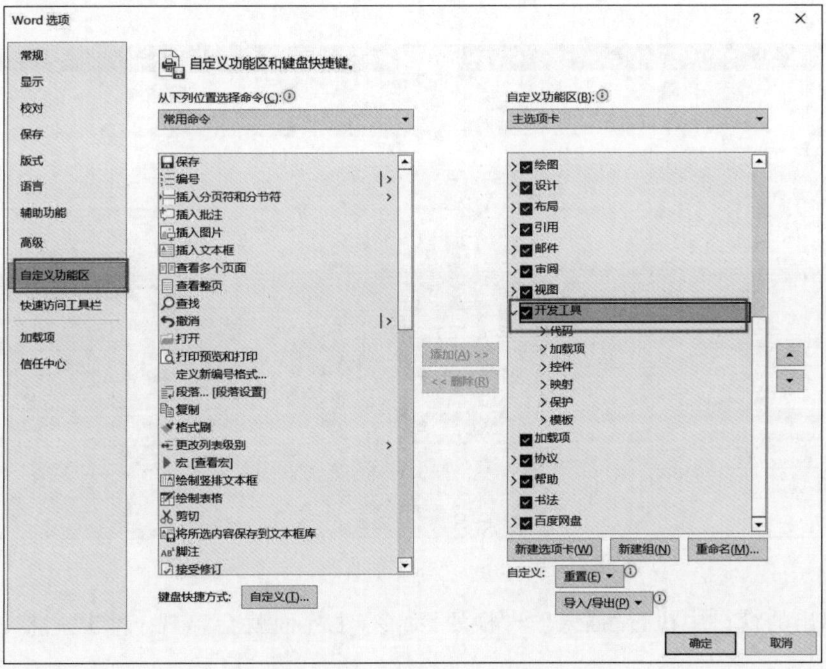

图 10-7 自定义功能区

之后，单击左侧标签栏中的“信任中心”选项，进入图 10-8 所示的界面，单击右下角的“信任中心设置”按钮进入设置界面，也就是图 10-8 右下角的小对话框。之后，单击左侧的“宏设置”选项，勾选“启用所有宏”和“信任对 VBA 工程对象模型的访问”两个选项。之后连续单击“确定”按钮退出设置界面。

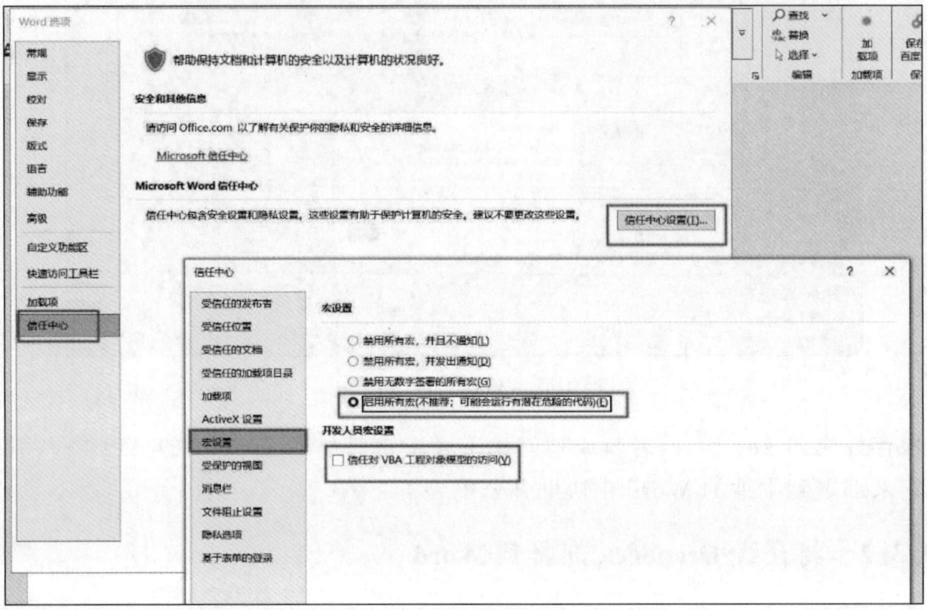

图 10-8 “信任中心”界面

在完成 Word 的基础设置之后，在标签页就可以看到“开发工具”了。单击“开发工具”选项后，再单击第一个 Visual Basic 图标，就会弹出图 10-9 所示的窗口，之后将在这个窗口中配置导入代码。

图 10-9 “开发工具”窗口

在新弹出的窗口中执行“插入”→“模块”命令，主界面就会出现一个代码框，如图 10-10 所示。

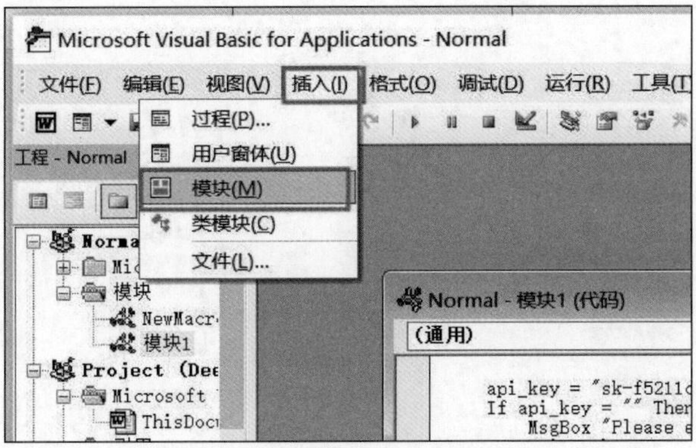

图 10-10 插入新模块

需要插入的导入 DeepSeek API 的代码可以扫描如下二维码获取。

读者只需要将上述导入模块的代码复制到图 10-10 中所示的代码框后，修改其中加粗的一行(api_key＝"……")，将引号中的内容替换为 10.3.1 节中保存的 API key，如图 10-11 所示。保存代码后关闭 Visual Basic 即可。

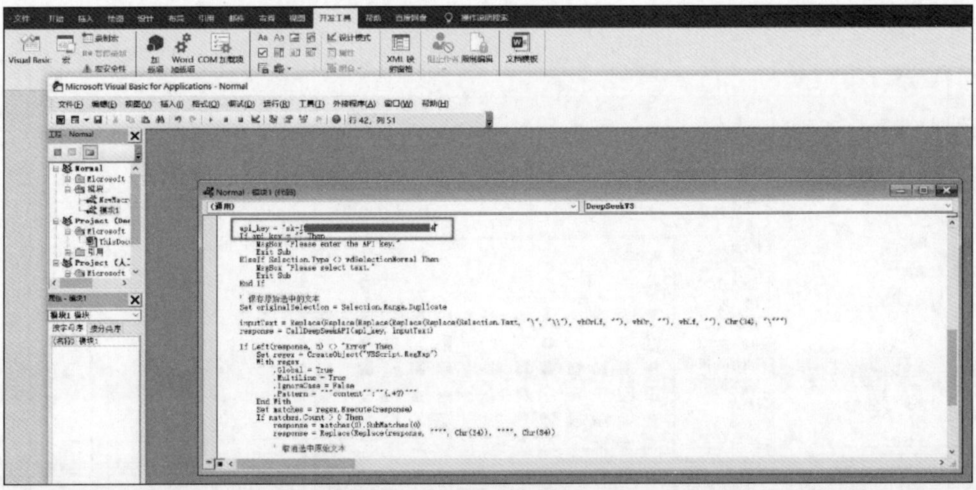

图 10-11 复制导入模块的代码

在设置完模块之后，就需要将新建的模块添加到工作区了。先执行"文件"→"选项"→"自定义功能区"命令，并右击"开发工具"选项，然后选择"添加新组"选项，如图 10-12 所示。

添加好新组后，右击新组就可以对这个组进行重命名了，如图 10-13 所示。笔者将该模块命名为 DeepSeek_chat，还为该模块选择了一个图标。单击"确定"按钮保存设置。

在重命名新组后，单击左侧最上方的选项，把"常用命令"切换为"宏"，可以看到其中出现了之前输入的代码函数 DeepSeekV3，然后单击中间的"添加"按钮，将它添加到新添加的组 DeepSeek_chat 中，如图 10-14 所示。

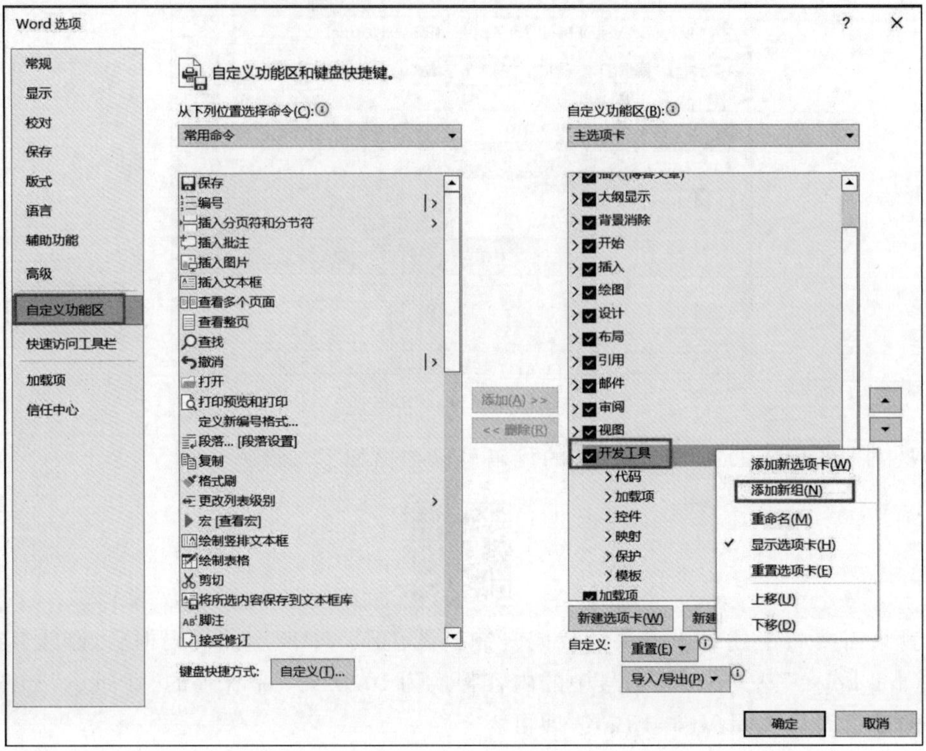

图 10-12　添加新组

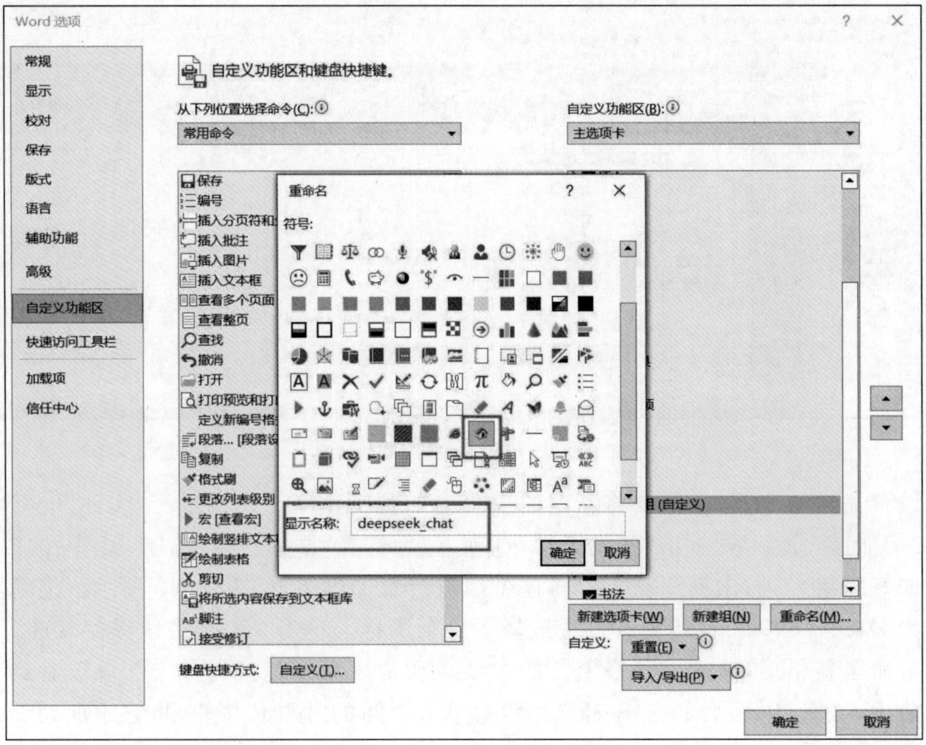

图 10-13　重命名新组

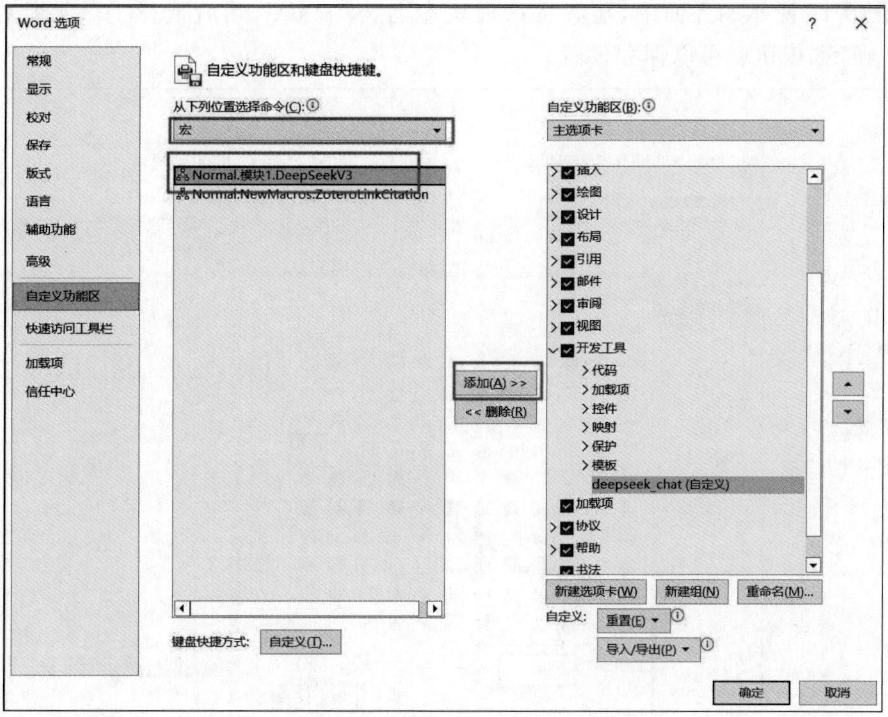

图 10-14 将新添加的“宏”导入

在添加之后，可以看到图 10-15 中 DeepSeek_chat 组下已经出现了 DeepSeekV3 模块，然后右击 DeepSeekV3 模块，选择“重命名”选项对该模块重命名。

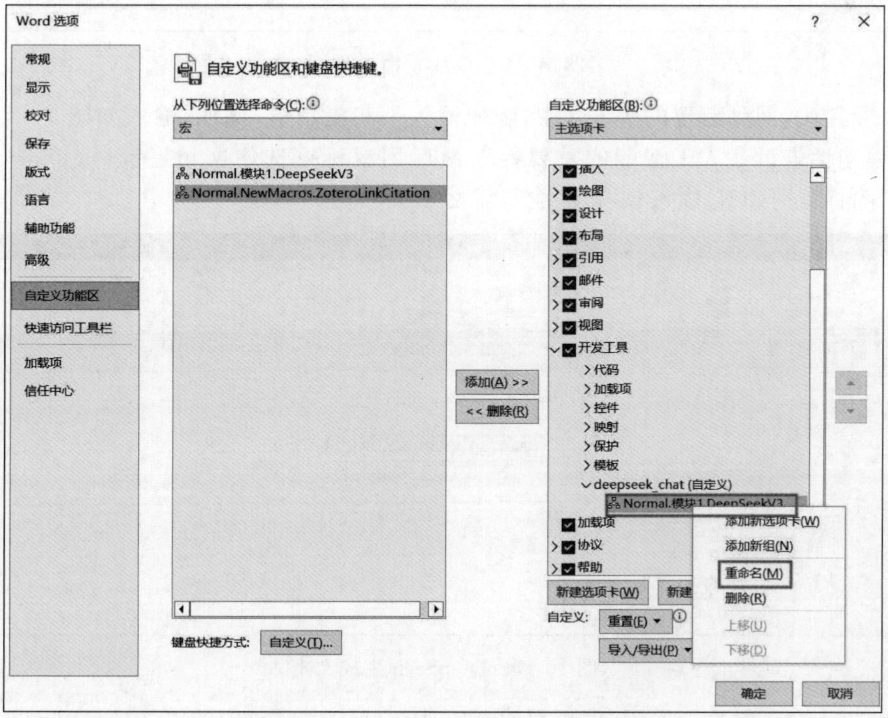

图 10-15 更改 DeepSeekV3 模块

在图 10-16 所示的界面中，笔者将该模块命名为“对话”，然后选择了微笑脸作为图标后，单击“确定”按钮就可以保存设置。

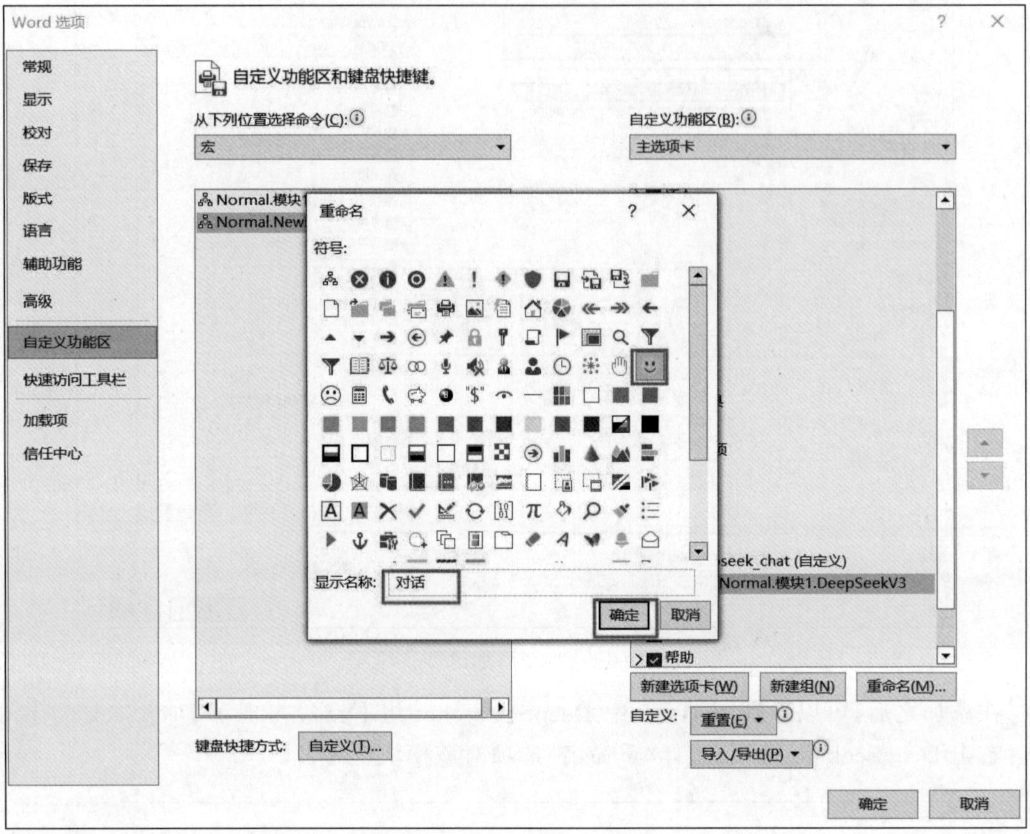

图 10-16 模块重命名界面

结束配置后，回到新建的 Word 中，随便输入一句提示语，例如，输入如图 10-17 所示中的“请用一句话告诉我人工智能的重要性”，然后用鼠标框选住这句提示语，单击工具栏中的“对话”图标就可以让 DeepSeek 生成所需文本了。

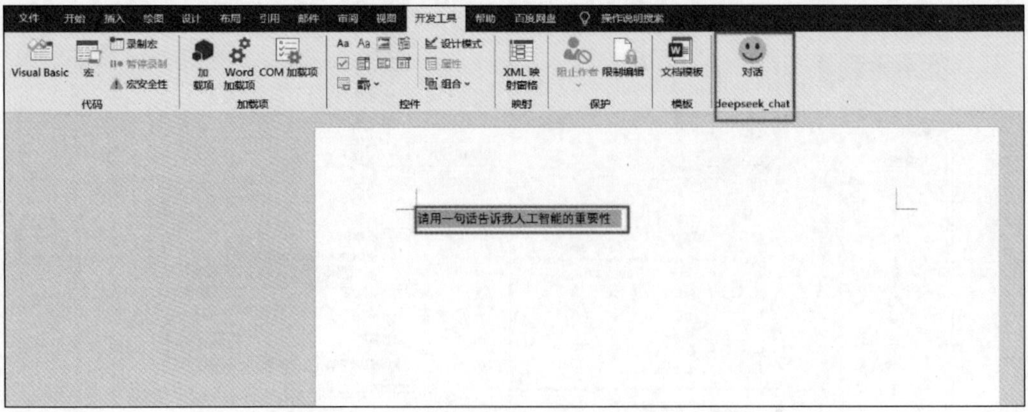

图 10-17 DeepSeek 生成文本

如图 10-18 所示，DeepSeek 就可以直接在 Word 中生成对应的答案。

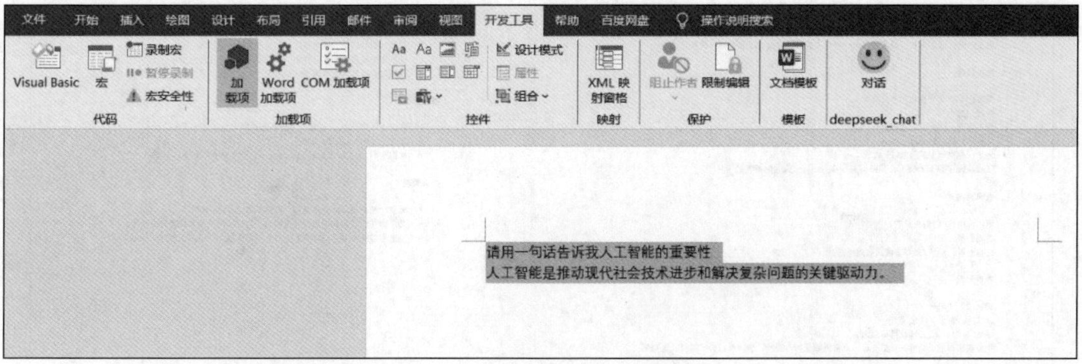

图 10-18 DeepSeek 生成的答案

到这里，读者就可以通过调用 DeepSeek 的 API 来将其接入 Word，提高 Word 的生产效率。

10.3.3 将本地 DeepSeek 部署到 Word

除了调用网页版中 DeepSeek 的 API，如果读者在本地部署了 DeepSeek，也可以直接将本地的 DeepSeek 接入 Word。

在整体的步骤上，本部分与 10.3.2 节中的步骤一样，只是导入的代码需要进行一定的变换，除变化的代码之外，其他的步骤都和 10.3.2 节的内容一致。新的导入代码可以扫描如下二维码获取。

在上述代码中不需要输入 API key，但是导入的本地模型需要与之前配置的本地模型一致，也就是代码中加粗的部分。""model""：""DeepSeek-r1:1.5b""中的 1.5b 就是指本地模型的参数大小。

在替换代码后再重新导入，就可以将使用的大模型从网页版的 API 转换为本地的 DeepSeek 大模型。

10.4 实例

在竞争激烈的求职市场中，简历不仅是个人经历的罗列，更是展现核心竞争力的战略工具。传统简历制作常面临两大痛点：信息结构化困难（如项目成果量化表述）与个性化表达不足（无法针对不同岗位调整侧重点）。通过 DeepSeek 与 Word 的深度集成，读者可激活人工智能辅助创作引擎，将零散的职业素材快速转化为专业简历。

在配置好 DeepSeek 与 Word 的联动之后，就可以使用 DeepSeek 来提高生产效率了。如图 10-19 所示，在输入需求之后，DeepSeek 就可以为读者生成一个粗略版的简历，如果读者细化输入内容，增加更多的个性化内容和要求，生成的简历内容会更加详细，也会更加符合读者的需求。

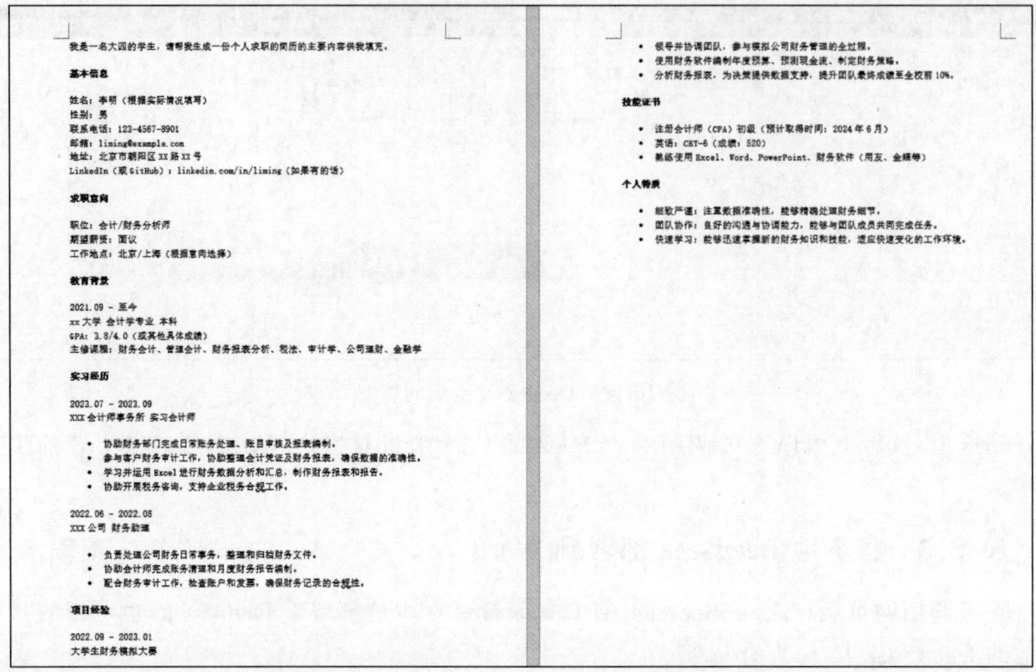

我是一名大四的学生，请帮我生成一份个人求职的简历的主要内容供我填充。

基本信息

姓名：李明（根据实际情况填写）
性别：男
联系电话：123-4567-8901
邮箱：liming@example.com
地址：北京市朝阳区 XX 路 XX 号
LinkedIn（或 GitHub）：linkedin.com/in/liming（如果有的话）

求职意向

职位：会计/财务分析师
期望薪资：面议
工作地点：北京/上海（根据意向选择）

教育背景

2021.09 - 至今
xx 大学 会计学专业 本科
GPA：3.8/4.0（或其他具体成绩）
主修课程：财务会计、管理会计、财务报表分析、税法、审计学、公司理财、金融学

实习经历

2023.07 - 2023.09
XXX 会计师事务所 实习会计师

- 协助财务部门完成日常账务处理、账目审核及报表编制。
- 参与客户财务审计工作，协助整理会计凭证及财务报表，确保数据的准确性。
- 学习并运用 Excel 进行财务数据分析和汇总，制作财务报表和报告。
- 协助开展税务咨询，支持企业税务合规工作。

2022.06 - 2022.08
XXX 公司 财务助理

- 负责处理公司财务日常事务，整理和归档财务文件。
- 协助会计师完成账务清理和月度财务报告编制。
- 配合财务审计工作，检查账户和发票，确保财务记录的合规性。

项目经验

2022.09 - 2023.01
大学生财务模拟大赛

- 领导并协调团队，参与模拟公司财务管理的全过程。
- 使用财务软件编制年度预算、预测现金流、制定财务策略。
- 分析财务报表，为决策提供数据支持，提升团队最终成绩至全校前 10%。

技能证书

- 注册会计师（CPA）初级（预计取得时间：2024 年 6 月）
- 英语：CET-6（成绩：520）
- 熟练使用 Excel、Word、PowerPoint、财务软件（用友、金蝶等）

个人特质

- 细致严谨：注重数据准确性，能够精确处理财务细节。
- 团队协作：良好的沟通与协调能力，能够与团队成员共同完成任务。
- 快速学习：能够迅速掌握新的财务知识和技能，适应快速变化的工作环境。

图 10-19　使用 DeepSeek 直接生成简历

值得一提的是，还可以框选全部内容，让 DeepSeek 帮助读者修改相关内容。

10.5　本章小结

本章详细介绍了 DeepSeek 与 Word 的集成方法，通过 API 调用与本地化部署实现智能化文档处理。首先，通过开通网页版 API 并配置 Word 宏，读者可直接在文档中调用 DeepSeek 生成文本、优化内容。其次，本地部署的 DeepSeek 模型通过 Ollama 与 Chatbox 结合，进一步提升响应速度与数据隐私保护。此外，以简历生成为例，展示了 DeepSeek 在结构化建议、语法校对和个性化内容生成方面的优势。通过自动化生成与手动编辑结合，读者可显著提升文档创作效率，尤其在专业报告、简历制作等场景中体现了技术价值。未来，结合 Excel 等工具的多软件联动将进一步拓展 AI 辅助办公的应用边界。

10.6　实践题

1. 自动化周报生成工具。

提示：利用 DeepSeek 的文本生成能力，结合 Word 邮件合并功能，自动生成部门周报。输入关键数据(如“本周完成 5 个客户提案”)，通过 Ollama 接口获取总结性段落，再通过 Python 脚本批量生成个性化周报文档。注意处理自然语言到结构化数据的转换。

2. 学术论文语法校对插件。

提示：基于文档中 DeepSeek 的语法修正功能，开发 Word 插件实时检查学术论文。

第11章

DeepSeek辅助Excel处理数据

本章目标

- 了解 Excel 在数据处理中的重要性,明确 DeepSeek 接入 Excel 的优势与应用价值。
- 掌握 DeepSeek 辅助 Excel 处理数据的任务目标与整体要求,明确操作方向。
- 熟悉配置 Excel 基本内容、使用数据分析助手及数据格式修改助手的操作流程与实现方法。
- 通过实例学习,加深对 DeepSeek 在 Excel 数据处理中应用的理解与掌握。

Excel 作为数据处理的核心工具,承载着大量复杂的数据运算与分析工作。当 DeepSeek 融入其中,便为数据处理带来了智能化升级。它能快速解析数据规律、辅助生成分析报告、高效修改数据格式,大幅提升数据处理的效率与准确性。本章将结合 Excel 的应用场景,阐述 DeepSeek 接入的优势,通过明确任务目标、拆解操作流程与实用案例,展示如何让 DeepSeek 成为 Excel 数据处理的智能引擎。

11.1 背景

本节讲述 DeepSeek 辅助 Excel 处理数据的背景。

11.1.1 Excel的重要性

微软公司的 Excel 是一款全球广泛使用的电子表格软件,作为微软 Office 办公套件的一部分,Excel 提供了强大的数据组织、计算和可视化功能。自 1985 年首次发布以来,Excel 已经成为全球个人和企业工作中不可或缺的工具,尤其是在财务分析、数据管理和统计分析方面,Excel 几乎无处不在。

Excel 的核心功能包括表格数据输入与管理、各种数学与统计函数、数据透视表、图表绘制,以及丰富的公式和宏编程功能。用户可以通过 Excel 快速对大量数据进行汇总、计算和分析,极大地提高工作效率。

在实际使用中,Excel 通常被应用于大规模数据的统计工作,如供货信息的统计、年终会计信息总结、成绩统计等,通过 Excel,用户可以对这些数据进行汇总和分析,将原始数据统计为更加具有统计意义的高阶数据,并以此来分析当前收入、未来发展趋势等重要信息。

但是,当数据量庞大、结构复杂时,手动处理和分析数据会变得非常烦琐。例如,销售数据可能包含数千行记录,需要进行多次过滤、汇总和计算,这时手动操作会变得费时费力。如果多个表格数据之间存在大量重复或需要进行复杂的嵌套计算,Excel 的公式和功能就会显得捉襟见肘。同时,如果要对一些数据进行标注,在对 Excel 功能不够熟悉的情况下,工作量和学习成本都很大。

11.1.2 DeepSeek 接入 Excel 的优势

在现代的数据分析过程中,DeepSeek 作为 Excel 的智能辅助工具,能够为用户提供无缝的帮助,自动化那些原本烦琐且容易出错的操作。通过自然语言处理技术,DeepSeek 可以理解用户的指令,并自动生成复杂的 Excel 公式和函数,减少了手动输入公式的时间,避免了人工计算时可能产生的错误。这意味着,用户不再需要深入了解所有公式的细节或担心公式的正确性,DeepSeek 可以根据需求精准地生成需要的公式,并即时显示结果。如图 11-1 所示,用户可以通过一条指令实现对表格内容的统计和处理。对于需要进行多个数据表格关联、计算和汇总的场景,DeepSeek 能够通过自然语言指令将这些任务自动化,节省大量的手动操作时间。

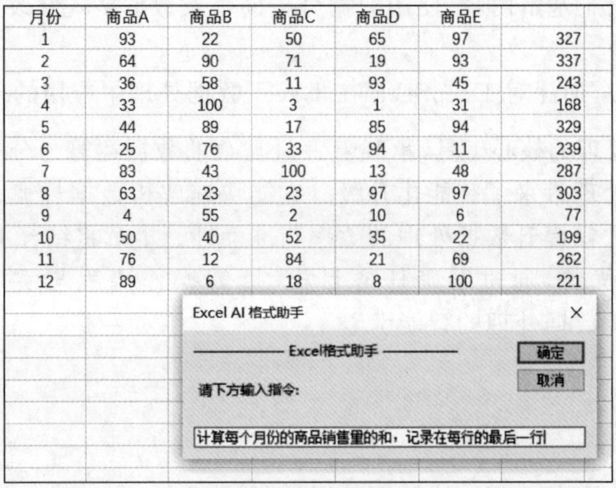

月份	商品A	商品B	商品C	商品D	商品E	
1	93	22	50	65	97	327
2	64	90	71	19	93	337
3	36	58	11	93	45	243
4	33	100	3	1	31	168
5	44	89	17	85	94	329
6	25	76	33	94	11	239
7	83	43	100	13	48	287
8	63	23	23	97	97	303
9	4	55	2	10	6	77
10	50	40	52	35	22	199
11	76	12	84	21	69	262
12	89	6	18	8	100	221

图 11-1 DeepSeek 接入 Excel 后的效果展示

除此之外,DeepSeek 还具备强大的数据清理功能。数据清洗是数据分析中不可避免的一个环节,尤其是在面对从多个渠道收集来的数据时,重复项、空值或格式错误的情况时常发生。传统上,这个过程可能需要逐行逐列地筛查,甚至使用复杂的 Excel 公式来清除不符合条件的数据。而 DeepSeek 则可以通过智能算法自动识别并清理数据中的异常值和不一致项,极大地提高了数据处理的效率和精度。用户只需要设置基本的清理规则,DeepSeek 便能自动识别并调整数据格式,确保分析所用的数据更加整洁和一致。

不仅如此,DeepSeek 还能够借助机器学习技术进行预测和趋势分析。对于销售数据、财务数据等领域,预测趋势和关键指标的变化通常需要深入地分析和建模。传统的 Excel 虽然也提供了一些基础的趋势分析工具,但其分析深度和预测能力有限。而通过 DeepSeek,用户能够基于历史数据自动生成机器学习模型,从而预测未来的趋势。举例来说,DeepSeek 可以通过分析过去几个月的销售数据,预测接下来的销售趋势,并在 Excel 中自动生成相应的图表,帮助用户快速了解未来的业务走向。这种智能化的预测不仅提高了分析的准确性,也让用户可以更早地发现潜在的市场机会或风险,做出更有针对性的决策。

11.2 任务目标

使用 DeepSeek 辅助 Excel 处理数据的任务目标如下。

(1) 配置 Excel 的基本内容,让 Excel 可以接入 DeepSeek 进行基本的辅助工作。

(2) 通过对引入代码的额外加工进行针对性处理,让 DeepSeek 可以帮助 Excel 分析数据的趋势和统计工作。

(3) 通过对引入代码的额外加工进行针对性处理,让 DeepSeek 可以对 Excel 进行格式和内容上的针对性调整。

11.3 操作流程与实现

以下的操作流程以 Windows 系统为例,因为 Word 中的 Active X 插件不支持 macOS,所以无法在 macOS 中导入。笔者建议可以在 macOS 中下载一个 Windows 系统的虚拟机,然后在虚拟机中打开 Word,就可以解决系统不适配的问题了。

11.3.1 配置 Excel 的基本内容

相比于 Word 内容,Excel 的内容格式更加复杂,在不同平台之间的复制过程中也容易出现格式混乱的问题。同时,相比于 Word,Excel 中更加需要处理数据之间的关系,并且需要在指定位置生成特定的内容。

因为上述原因,Excel 中的 AI 助手更需要专业性,所以需要针对不同的功能设计不同特定的 AI 助手。但是它们的整体导入流程都一样,所以本章将先介绍整体的导入流程,之后再单独介绍不同功能的导入代码,从而帮助读者实现不同功能助手的导入。

首先,需要新建一个 Excel 文件,执行"文件"→"选项"→"自定义功能区"命令,如图 11-2 所示,之后勾选右侧红框中的"开发工具",使读者可以在 Excel 面板中打开开发工具对 Excel 的设置内容进行调试。

之后,单击左侧标签栏的"信任中心"选项,进入图 10-8 所示的界面,单击"信任中心设置"按钮进入设置界面,也就是图 11-3 所示的小窗口。之后,单击左侧的"宏设置"选项,勾选"启用所有宏"和"信任对 VBA 工程对象模型的访问"两个选项。之后连续单击"确定"按钮退出设置界面。

注意,由于在 Excel 中修改内容需要涉及的组件比较多,因此所需权限较高。如果按照以上步骤配置后提示"该宏在工作簿中不可用"相关的报错,可以尝试放宽 Excel 的权限设置。如图 11-4 所示,单击"ActiveX 设置"选项,选中"无限制启用所有控件并且不进行提示"单选按钮,并且取消"安全模式"的勾选。这样可以放宽 Excel 的限制,让导入的组件顺利运行。

之后,与 Word 中不同,需要设置 Excel 中录制宏的内容,具体步骤如下。如图 11-5 所示,执行"视图"→"宏"→"录制宏"命令,就可以得到图 11-6 所示的界面,然后单击"确定"按钮即可保存设置。

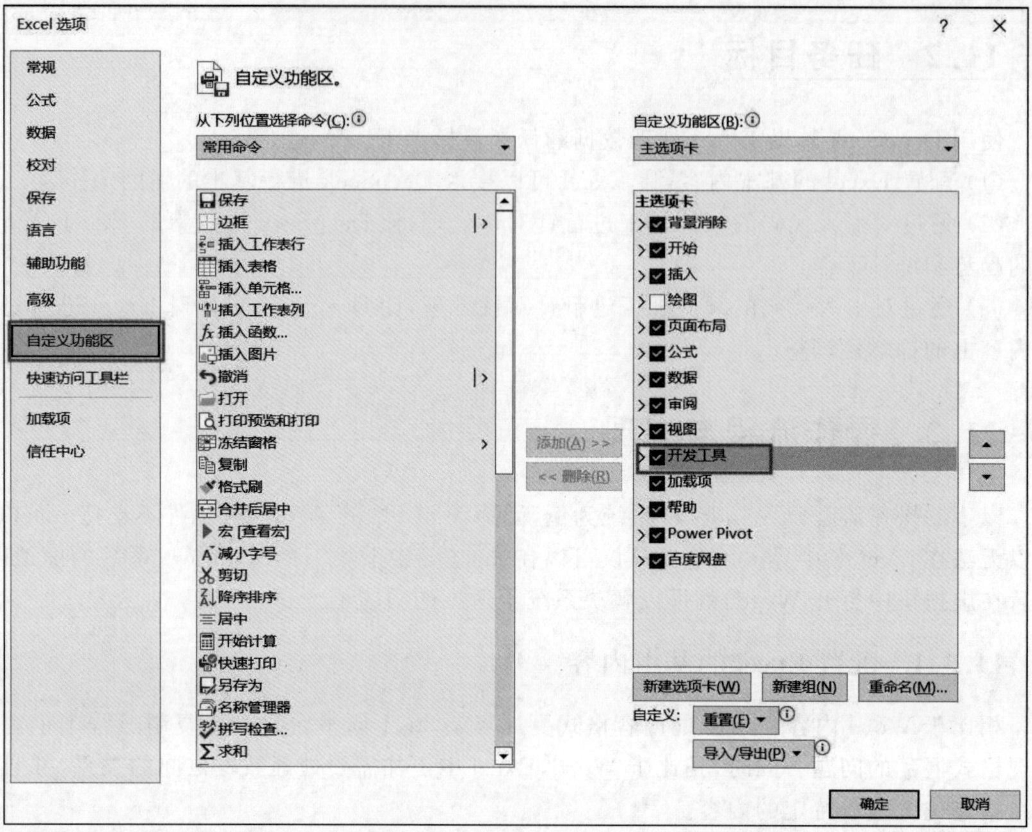

图 11-2　自定义工作区

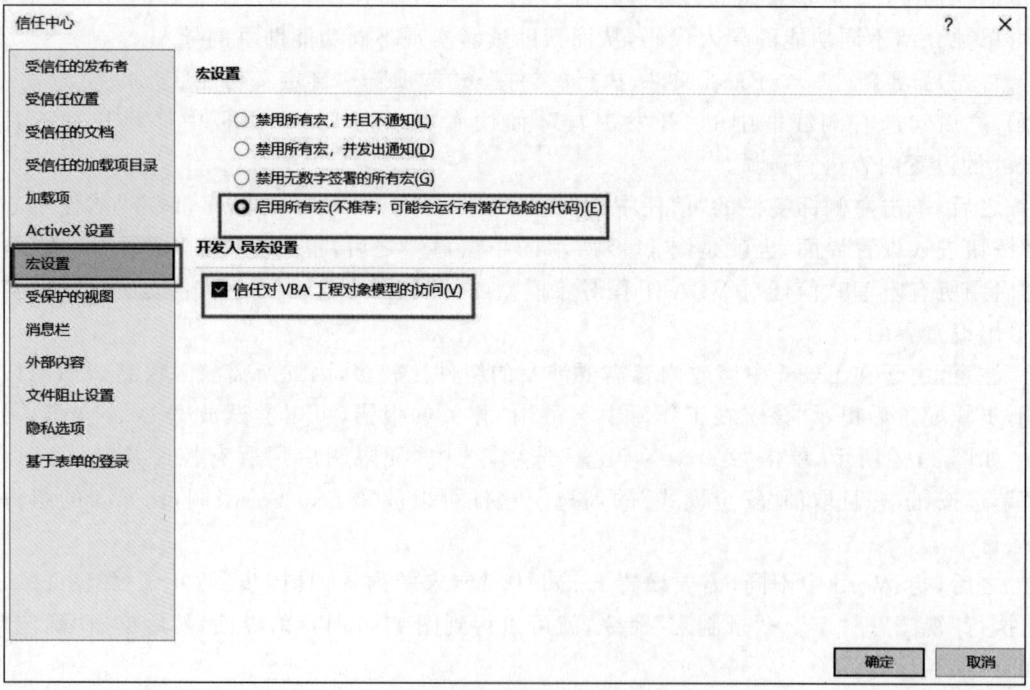

图 11-3　“信任中心”界面

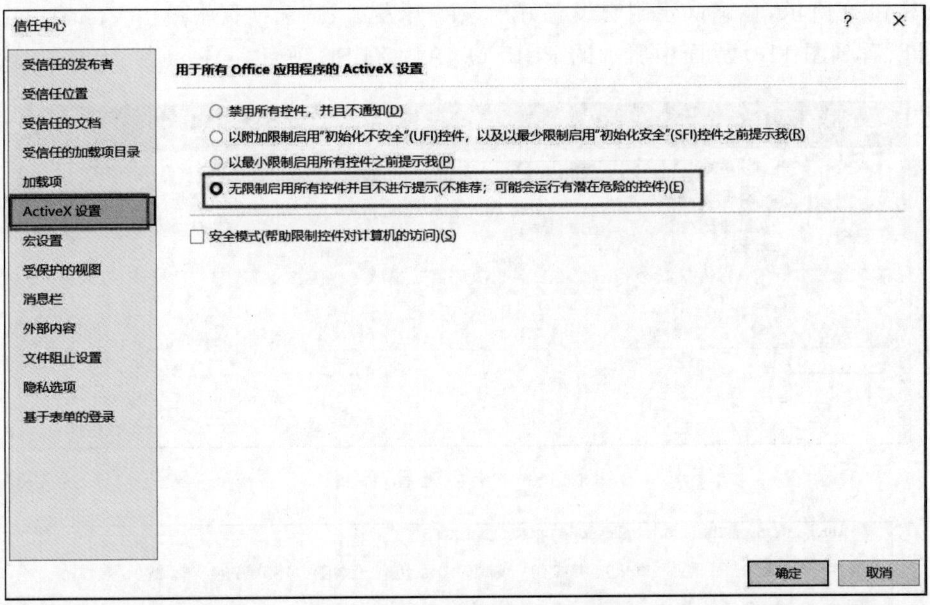

图 11-4　修改 ActiveX 设置

图 11-5　“视图”界面

为了验证是否设置成功，在单击“确定”按钮后，可以查看 Excel 表的左下角，在约 10 秒后，左下角会出现如图 11-7 所示的图标。

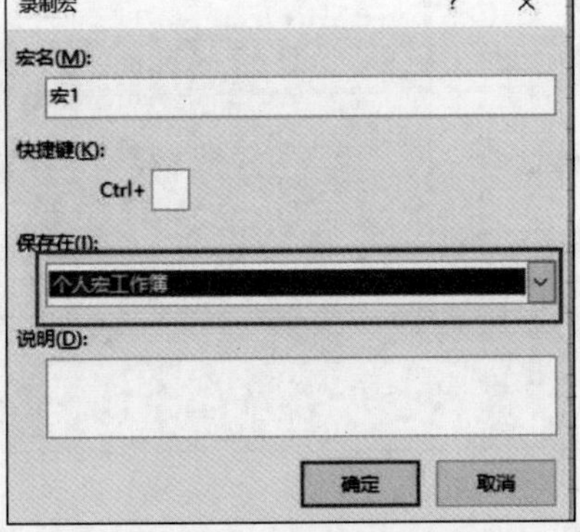

图 11-6　“录制宏”界面

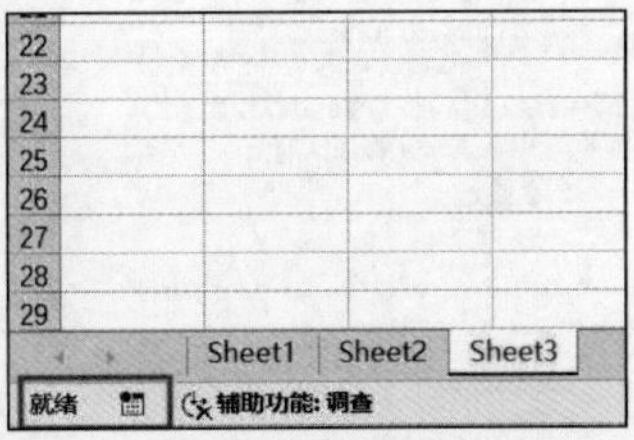

图 11-7　录制宏之后的图标

如图 11-8 所示，在确认录制宏设置好后，在“开发工具”选项页中单击 Visual Basic 图标后，就可以看到图 11-9 界面中所示的 PERSONAL. XLSB 项目。

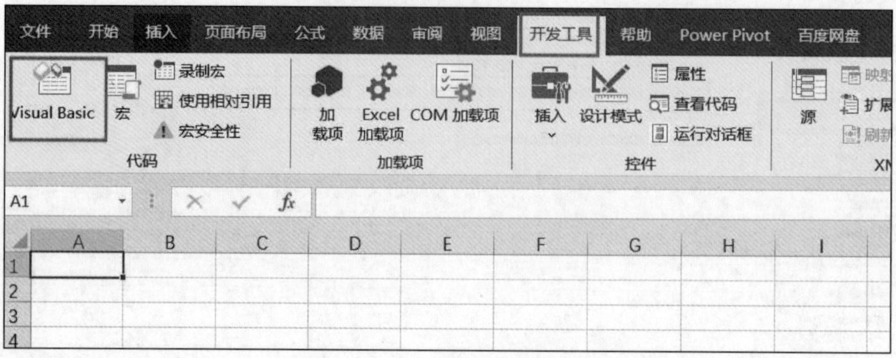

图 11-8 “开发工具”界面

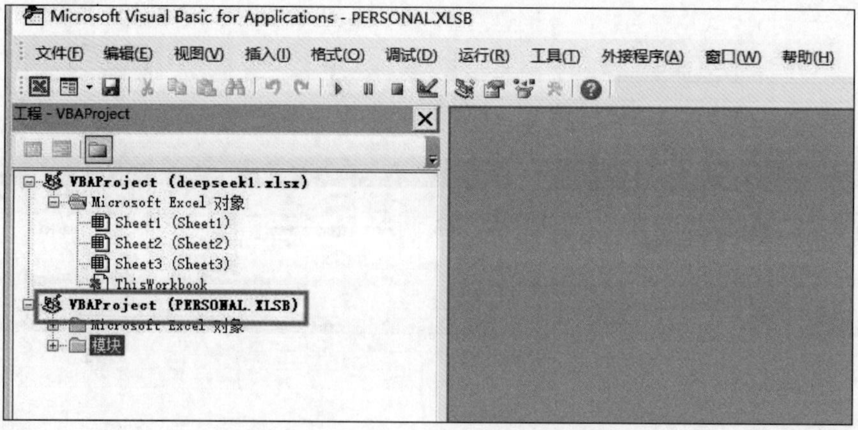

图 11-9 Visual Basic 界面

之后，如图 11-10 所示，选择顶部的“工具”→“引用”选项，可以看到图 11-11 所示的界面。

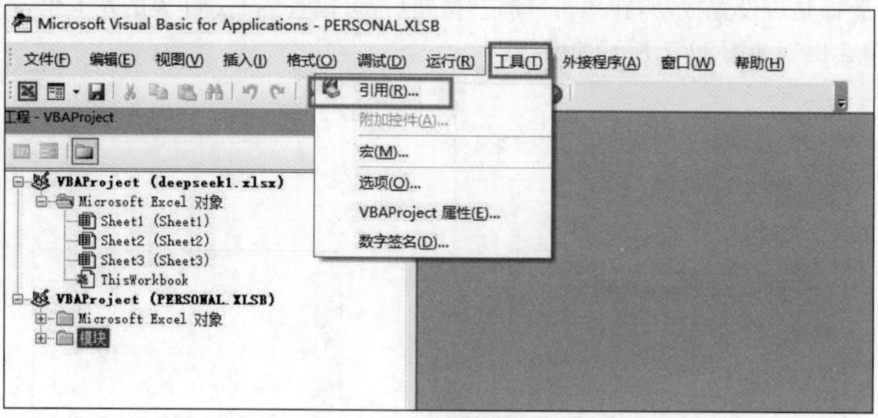

图 11-10 “工具”栏

在打开如图 11-11 所示的引用界面后，会看到有很多可使用的引用。这时，读者需要在

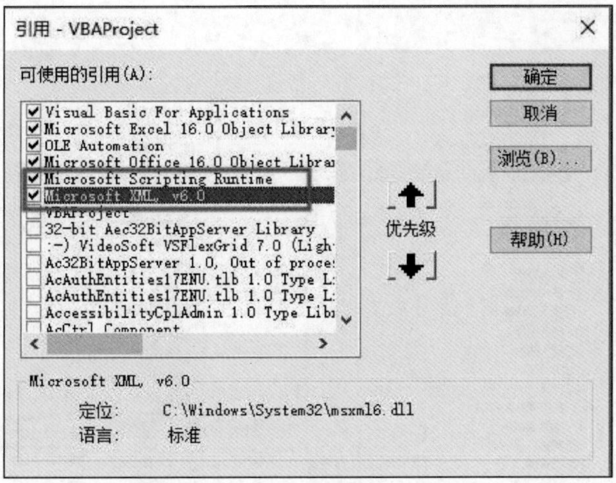

图 11-11　添加引用条目

众多条目中找到 Microsoft Scripting Runtime 和 Microsoft XML，v6.0 两个条目并勾选，然后单击“确定”按钮。

在添加完引用条目之后，就可以导入模块代码了。如图 11-12 所示，右击 PERSONAL.XSLB 项目中的“模块”选项，选择“插入”选项后再选择“模块”选项，就可以导入相关代码了。具体代码可见 11.3.2 节和 11.3.3 节。

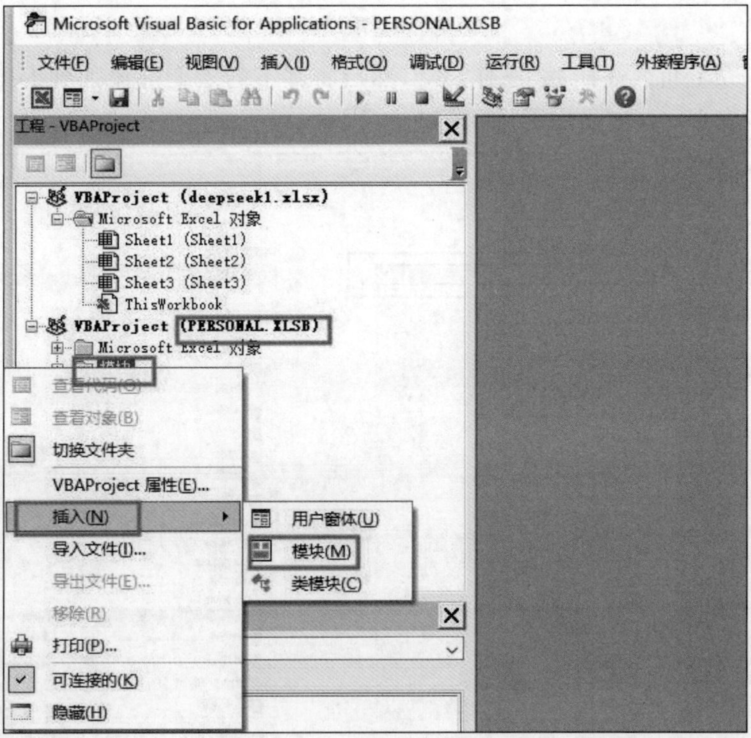

图 11-12　插入模块代码

在导入对应模块后，单击“确定”按钮回到 Excel 主界面。执行“文件”→“选项”→“自定义功能区”命令，并右击“开发工具”选项，然后选择“添加新组”选项，如图 11-13 所示，然后可以重命名为 DeepSeek。

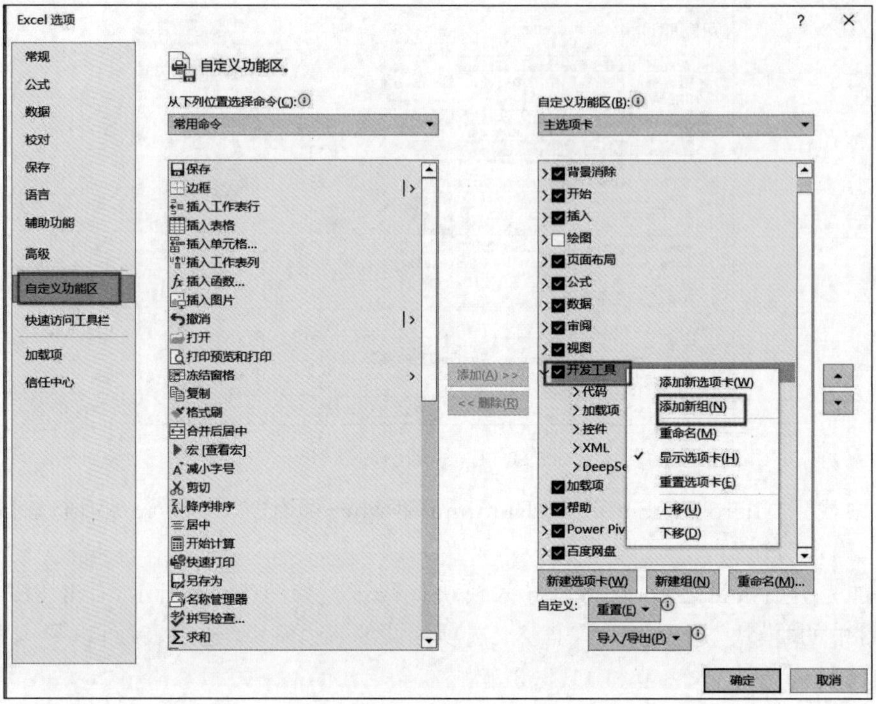

图 11-13 添加新组

之后，单击左上角的选择框，选择“宏”，然后将其下的宏全部添加到 DeepSeek 的自定义组中，就可以在 Excel 中运用了，如图 11-14 所示。

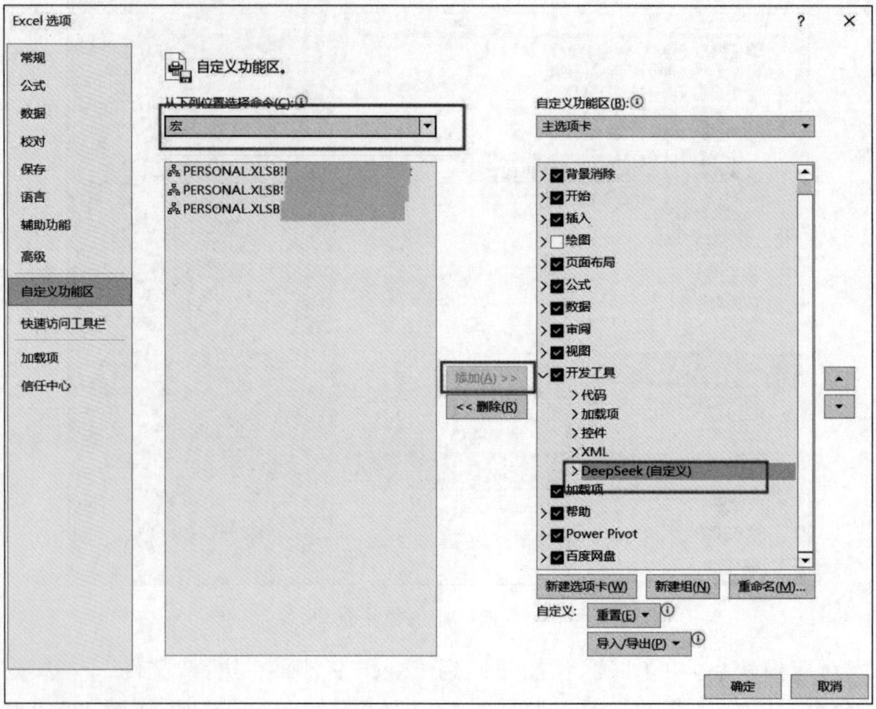

图 11-14 导入宏

上面就是 Excel 的基本配置流程，可以注意到其中并没有涉及详细功能的代码，这是 11.3.2 节和 11.3.3 节的主要内容，只要将 11.3.2 节和 11.3.3 节中的代码内容复制到新建模块的代码框中，就可以实现对应功能“宏”的配置。

11.3.2　数据分析助手

在日常的使用过程中，一个比较常见的应用就是通过 Excel 表格中的数据分析过去的数据情况，并且预测之后的数据走向。但是在平常的粘贴使用过程中，数据经常会在跨平台的粘贴中出现格式错乱的问题，同时比较大规模的数据也不方便直接粘贴，因此能在 Excel 中进行数据分析非常重要。下面介绍如何在 Excel 中导入数据分析助手的代码。

相比于 Word，Excel 的一大特点就是表格的格式比较复杂，无法直接将 DeepSeek 生成的内容转换格式，并且粘贴到 Excel 中，所以为了解决这个问题，应该首先处理 DeepSeek 生成内容和 Excel 特有格式之间的矛盾。

在这里，本书借鉴了 GitHub 上的一份开源项目，源地址为 https://github.com/VBA-tools/VBA-UTC。这份代码实现了对 VBA 格式的解析和转换（VBA 格式就是 Excel 中数据组织的格式）。具体代码可以扫描下方二维码获取。

将实现这个功能的代码封装为一个函数，函数名为 JsonConverter，后续的数据分析助手和数据格式修改助手都会调用这个函数，实现对 Excel 中 VBA 格式的识别和转换。

在写好 JsonConverter 函数并保存到 PERSONAL.XSLB 项目中（具体步骤参考 11.3.1 节）后，就可以基于 JsonConverter 函数编写导入数据分析助手的代码了，具体代码可以扫描下方二维码获取。

在这段导入代码中，具体的导入函数不需要读者掌握，但是开头的 4 个变量需要读者理解，并且能够熟练使用，尤其是第 4 个变量 SYSTEEM_PROMPT，这个变量在日常使用大模型输入文本时也可以借鉴。接下来将逐一介绍。

API_KEY：该变量指用户需要使用的 API 密钥，对于使用在线 DeepSeek 的 API 的读者来说，需要根据 10.3.1 节的步骤开通密钥，并将对应的值填入变量后的""中。对于使用本地部署的 DeepSeek 用户来说，本地 DeepSeek 是没有密钥的，所以""内可以直接填写 pass，代表在调用大模型时不需要验证这个大模型的密钥。

API_URL：该变量指调用大模型时访问的网址。如果是使用在线 DeepSeek 的 API，那么网址就是 API 调用的官方网址 https://api.DeepSeek.com/chat/completions。如果使用本地部署的 DeepSeek，那么这里的网址就要填写本机的地址，通常是 http://

localhost:11434/api/chat。注意,这里的 11434 指的是端口号,只要填写一个未被占用且合法的端口号即可,并不强制要求是 11434。

MODEL_NAME:该变量指调用的大模型类型,主要是 DeepSeek 的类型。对于调用在线 API 的读者来说,有两种类型可选,第一种是 DeepSeek-chat,这指的是调用 DeepSeek-V3 模型,这个模型默认不输出思维链,可以直接输出结果,比较适用于目前的任务;第二种是 DeepSeek-reasoner,这指的是调用最新的 DeepSeek-R1 模型,这个模型默认会输出思考过程,也是当前在网页端中使用的版本。对于调用本地部署 DeepSeek 的用户来说,这里需要填写本地部署的 DeepSeek 型号,如 DeepSeek-r1:1.5b,只有名称对应,代码才可以顺利调用本地部署的模型。

SYSTEM_PROMPT:该变量代表在每次向大模型提问时,都会给出的提示词,这也是能让大模型成为某一个领域专家的关键点之一。如 11.3.2 节中第二个示例代码所示,读者可以首先向大模型明确它主要需要解决哪个领域的问题,并让它扮演这个领域的专家。之后,显式地提出完成目标任务所需的能力,让大模型在思考的过程中额外注意提到的方面,尽可能地去控制大模型的思维边界,不让它过于发散。最后,可以告诉大模型自己期望的输出格式,更好地控制输出内容,以便读者可以直接使用。

在根据自身实际情况完成填充上述代码后,就可以将其作为一个模块导入 Excel,具体步骤可以参考 11.3.1 节的内容。之后,Excel 的数据分析助手就配置成功了。

11.3.3 数据格式修改助手

除了 11.3.2 节中提到的对大规模数据的分析和预测操作,在日常使用中,另一个常见的操作就是对数据进行再加工和处理,如计算某几列的和、对大于某个值的数据单元格标红突出、复制填充数据等。而这种操作就涉及对 Excel 中单元格的操作了,需要生成 Excel 中的计算函数,相比数据分析增加了写入和修改的操作。

当然,和之前一样,对 Excel 的操作离不开对 VBA 格式的识别和转换,所以依然需要用到 JsonConverter 函数作为数据格式的转换工具。但是使用的导入函数却和 11.3.2 节中有所区别,具体代码可以扫描下方二维码获取。

上述代码的可调整参数与 11.3.2 节中介绍的一致,读者可以自行对比加粗的参数,根据自身计算机的配置和想要使用的大模型调整每个参数的值。

在根据自身实际情况完成填充上述代码后,就可以将其作为一个模块导入 Excel,具体步骤可以参考 11.3.1 节中的内容。之后,Excel 的数据分析助手就配置成功了。

11.4 实例

本节通过构建一个简单的月度商品销售表格来展示 DeepSeek 对 Excel 办公能力的巨大提升作用。

如图 11-15 所示表格的表头是笔者手动输入的，为了便于展示后续的步骤，首先让数据格式修改助手生成随机的数据，只需要单击导入的“数据格式修改助手”后，在“Excel AI 格式”对话框中的文本框中输入对应指令“请填充 B2 到 F13 中间的单元格，填充数字为 1～100 的随机整数”即可。

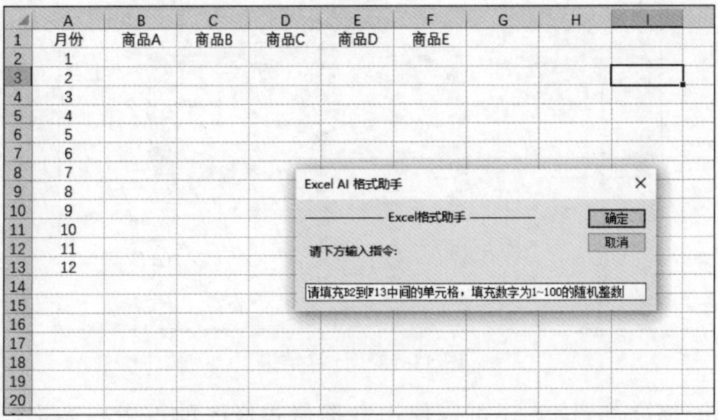

	A	B	C	D	E	F
1	月份	商品A	商品B	商品C	商品D	商品E
2	1					
3	2					
4	3					
5	4					
6	5					
7	6					
8	7					
9	8					
10	9					
11	10					
12	11					
13	12					

Excel AI 格式助手
Excel格式助手
确定
取消
请下方输入指令:
请填充B2到F13中间的单元格，填充数字为1~100的随机整数

图 11-15　实例表格

单击“确定”按钮后，经过 DeepSeek 的思考和命令生成，会在指定区域生成随机的数据，如图 11-16 所示。

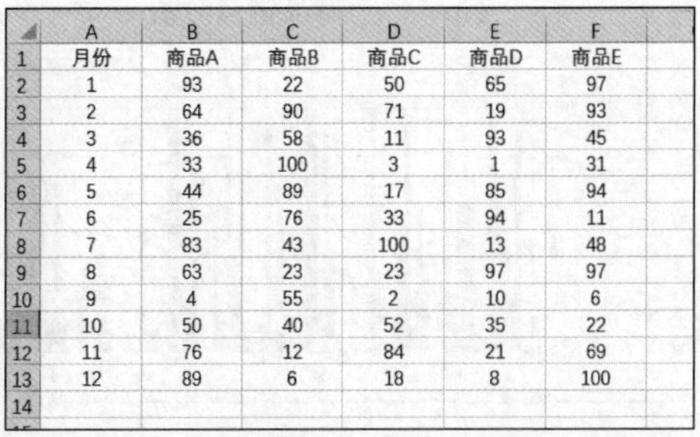

	A	B	C	D	E	F
1	月份	商品A	商品B	商品C	商品D	商品E
2	1	93	22	50	65	97
3	2	64	90	71	19	93
4	3	36	58	11	93	45
5	4	33	100	3	1	31
6	5	44	89	17	85	94
7	6	25	76	33	94	11
8	7	83	43	100	13	48
9	8	63	23	23	97	97
10	9	4	55	2	10	6
11	10	50	40	52	35	22
12	11	76	12	84	21	69
13	12	89	6	18	8	100

图 11-16　数据格式修改助手填充的数据

之后，开始对数据进行简单的操作，例如，对每个月的商品销售总额的计算，如图 11-17 所示，希望 DeepSeek 能够计算出每个月的商品销售总额。

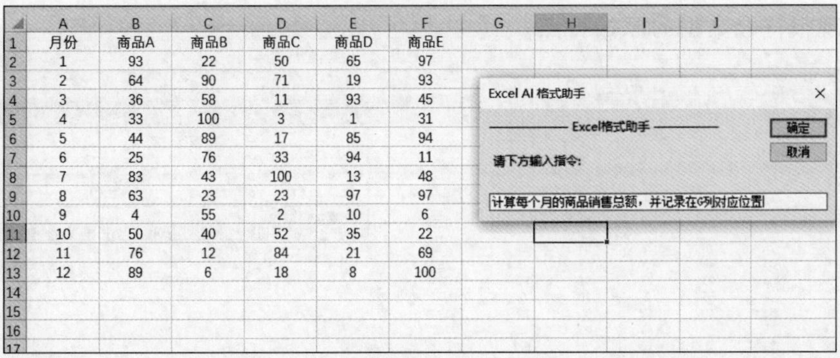

	A	B	C	D	E	F
1	月份	商品A	商品B	商品C	商品D	商品E
2	1	93	22	50	65	97
3	2	64	90	71	19	93
4	3	36	58	11	93	45
5	4	33	100	3	1	31
6	5	44	89	17	85	94
7	6	25	76	33	94	11
8	7	83	43	100	13	48
9	8	63	23	23	97	97
10	9	4	55	2	10	6
11	10	50	40	52	35	22
12	11	76	12	84	21	69
13	12	89	6	18	8	100

Excel AI 格式助手
Excel格式助手
确定
取消
请下方输入指令:
计算每个月的商品销售总额，并记录在G列对应位置

图 11-17　让 DeepSeek 计算每月商品销售总额

单击“确定”按钮后，经过短暂的理解和生成过程，可以得到图 11-18 所示结果，可以看到，大模型正确地计算出了每个月的商品销售总额。值得注意的是，生成的答案也是由公式计算得来的，这意味着读者可以随意修改原始数据，同时也能保证结果的正确性。以 G2 单元格为例，可以看到它生成的实际内容是计算 B2 到 F2 单元格之和的公式。

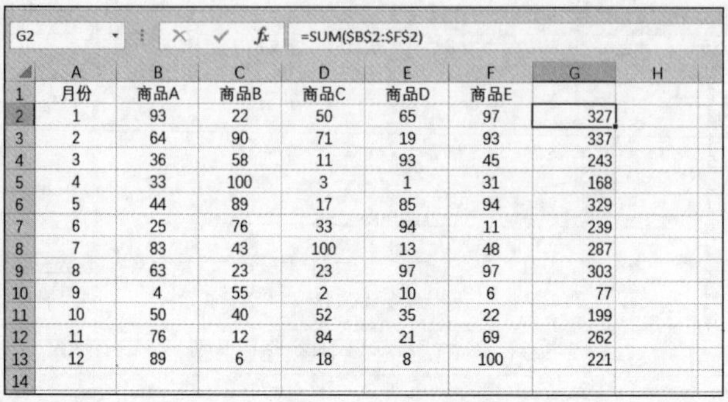
G2 =SUM($B$2:$F$2)

	A	B	C	D	E	F	G	H
1	月份	商品A	商品B	商品C	商品D	商品E		
2	1	93	22	50	65	97	327	
3	2	64	90	71	19	93	337	
4	3	36	58	11	93	45	243	
5	4	33	100	3	1	31	168	
6	5	44	89	17	85	94	329	
7	6	25	76	33	94	11	239	
8	7	83	43	100	13	48	287	
9	8	63	23	23	97	97	303	
10	9	4	55	2	10	6	77	
11	10	50	40	52	35	22	199	
12	11	76	12	84	21	69	262	
13	12	89	6	18	8	100	221	
14								

图 11-18 计算结果

除了计算单元格之和，读者还可以使用数据格式修改助手生成表格，只要输入对应的命令，如“生成 A1 到 G13 数据组成的柱状图”，就可以得到图 11-19 所示结果。

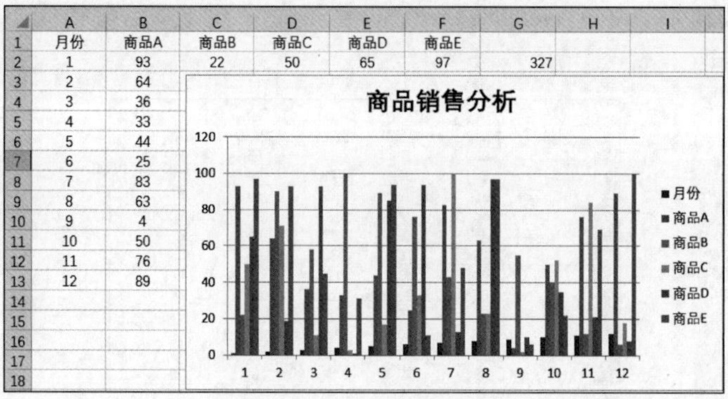

图 11-19 生成柱状图

除使用数据格式修改助手之外，还可以使用数据分析助手帮助分析数据的趋势。如图 11-20 所示，笔者单击“数据分析助手”，输入指令“分析 A1 到 F13 单元格众多数据信息，为我总结数据发展趋势”。经过分析后，内容就会生成到光标处的单元格中，生成原文如下，可以发现很符合数据的原始特点。

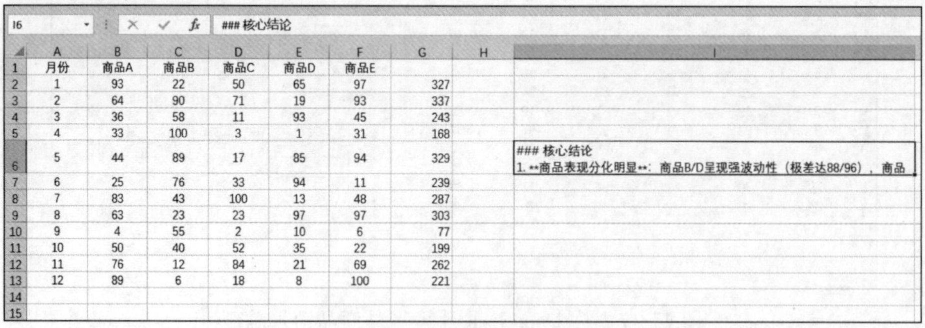
I6 ### 核心结论

	A	B	C	D	E	F	G	H	I
1	月份	商品A	商品B	商品C	商品D	商品E			
2	1	93	22	50	65	97	327		
3	2	64	90	71	19	93	337		
4	3	36	58	11	93	45	243		
5	4	33	100	3	1	31	168		
6	5	44	89	17	85	94	329		### 核心结论 1. **商品表现分化明显**：商品B/D呈现强波动性（极差达88/96），商品
7	6	25	76	33	94	11	239		
8	7	83	43	100	13	48	287		
9	8	63	23	23	97	97	303		
10	9	4	55	2	10	6	77		
11	10	50	40	52	35	22	199		
12	11	76	12	84	21	69	262		
13	12	89	6	18	8	100	221		
14									
15									

图 11-20 数据分析助手结果

DeepSeek 生成的分析原文：

核心结论

1. ** 商品表现分化明显 ** ：商品 B/D 呈现强波动性（极差达 88/96），商品 A/C/E 相对稳定（置信度 85%）

2. ** 异常月份预警 ** ：第 4/9 月存在显著销售谷值，需排查供应链问题（商品 C/D 在第 4 月暴跌 90%+）

3. ** 预测模型建议 ** ：采用三重指数平滑法（Holt-Winters），下月销售额预测值及置信区间：

- 商品 A：53±12
- 商品 B：38±25（高波动）
- 商品 C：45±18
- 商品 D：42±30
- 商品 E：47±22

关键分析

** 1. 数据特征分析 **

- ** 集中趋势 ** ：商品 B/D 均值最高（53/47），但中位数显示 B 存在右偏（均值>中位数）
- ** 离散程度 ** ：商品 D 变异系数达 0.72（极端不稳定），商品 A 仅 0.38
- ** 月度趋势 ** ：商品 A/C 呈现持续下降后回升（7 月起），商品 B/D 呈锯齿状波动

** 2. 相关性发现 **

- 商品 A 与 E 存在中度负相关（r=-0.61），可能反映用户购买替代行为
- 商品 C/D 在第 4 月同步骤降，需检查是否存在共同影响因素（如仓储问题）

** 3. 可视化建议 **

- ** 组合图表 ** ：主图用折线图展示趋势，辅以箱线图对比商品稳定性
- ** 重点标注 ** ：用红色标记第 4/9 月异常点，添加移动平均线辅助预测

行动建议

1. ** 库存优化 ** ：对商品 D 实施动态安全库存（建议基准量=预测值+2σ）
2. ** 促销组合 ** ：避免同时促销商品 A/E（存在替代效应）
3. ** 根因调查 ** ：重点核查 4 月物流记录与 9 月营销活动异常

（分析基于 α=0.05 显著性水平检验，预测采用 R 语言 forecast 包验证）

以上就是关于大模型在 Excel 中的使用结果展示，各位读者也可以结合自身的需求，探索更多有趣的操作。

11.5 本章小结

本章系统介绍了 DeepSeek 与 Excel 的集成方法，通过 VBA 宏与 API 调用实现智能化数据处理。首先，通过配置 Excel 信任中心与开发工具，成功导入 DeepSeek 的数据分析与格式修改助手。本章重点演示了如何利用自然语言指令自动生成复杂公式（如 SUM 函数）、清洗数据异常值，并结合机器学习预测销售趋势。本地化部署与在线 API 的双路径设计，既保障了数据隐私，又提供了灵活的算力选择。通过实际案例展示，DeepSeek 不仅能高效完成表格计算与可视化，还能生成结构化分析报告，显著提升办公效率。未来，结合 PowerPoint 等工具的多软件联动，将进一步拓展 AI 在办公场景中的应用边界。

11.6 实践题

1. 自动化销售数据报告生成器。

提示：利用数据分析助手，输入“分析 Q3 销售数据并生成趋势报告”指令，自动生成包含图表与结论的 Excel 报告。重点关注如何通过 VBA 宏调用 DeepSeek 的预测功能，生成如“商品 A 下月销量预测 ±10%”的结构化结论。

2. 动态数据可视化工具。

提示：基于数据格式修改助手，输入“将 Sheet1 的季度利润数据转换为柱状图”指令，自动生成可视化图表。注意处理数据格式与图表类型的匹配，可通过修改 SYSTEM_PROMPT 指定图表样式（如“三维柱状图”）。

第12章 DeepSeek+X实现自动化制作PPT

观看视频

本章目标

- 了解 PPT 在信息展示中的重要性，明确 PPT 制作的难点及直接使用 PPT 生成工具的缺点。
- 掌握使用 DeepSeek+X 自动化制作 PPT 的任务目标与整体要求，明确操作方向。
- 熟悉使用 DeepSeek 生成 PPT 大纲，以及搭配 Kimi、通义千问等工具生成 PPT 的操作流程与实现方法。
- 总结不同 PPT 生成方案的特点与优势，加深对 AI 工具在 PPT 自动化制作中应用的理解与掌握。

PPT 是展示信息、沟通观点的重要载体，但内容构思、排版设计常让人耗时耗力，而传统生成工具又存在诸多局限。当 DeepSeek 与不同工具结合，自动化制作 PPT 迎来新解法。它能快速梳理大纲、智能生成内容，还可与其他 AI 协作优化设计。本章将剖析 PPT 制作痛点，围绕任务目标，详细讲解 DeepSeek 与 Kimi、通义千问等工具联动制作 PPT 的流程，并总结生成方案，助力轻松打造优质演示文稿。

12.1 背景

本节讲述 DeepSeek+X 实现自动化制作 PPT 的背景。

12.1.1 PPT 应用的重要性

PPT（全称为 PowerPoint）作为一种通用的展示工具，在教育、商业、科研和公共演讲等领域发挥着重要作用。无论是企业向客户汇报项目进展、教师为学生讲解知识要点、学生做课堂展示，还是科研人员展示研究成果，PPT 都是不可或缺的表达媒介。通过视觉化的图表、图像和文字，PPT 能够帮助人们清晰地传达复杂的内容，增强受众的理解和记忆。尤其在现代信息化时代，PPT 不仅是一种工具，更是提高沟通效率和演示效果的重要手段，因此其应用范围覆盖了几乎所有需要信息展示的场景。一份优秀的、有视觉突出重点的 PPT 能够帮助听众更好地理解演讲者所要传达的信息。

12.1.2 PPT 制作的难点

虽然 PPT 在日常工作和生活中无处不在，但制作一份高质量的 PPT 却常常令人头疼。一份出色 PPT 需要内容清晰、有逻辑性，同时在视觉设计上兼具美感和易读性。这要求制作人既要花费大量时间整理和归纳信息，又要具备一定的美学和设计能力。在数据密集型内容中,图表的设计和信息的可视化更是难点所在。

此外,内容校对和排版调整也常常让人耗费精力。首先,找到一份合适且美观的模板十分困难,但如果不使用模板,则需要从头制作很多的图案,这种烦琐的制作过程使得很多人在面对紧迫的时间压力时,不得不妥协于平庸的设计,影响了整体的表达效果。所以,制作出一份美观的 PPT 十分困难。

12.1.3 直接使用 PPT 生成工具的缺点

近年来,随着大模型的快速发展,许多自动化 PPT 生成工具应运而生,它们通过模板和预设内容帮助用户快速创建 PPT。然而,这些工具在实际应用中存在显著的局限性。首先,自动生成的 PPT 往往缺乏针对性,内容与用户需求可能不完全契合。其次,模板化的设计使得演示缺乏独特性,很容易让观众产生视觉疲劳。更重要的是,这些工具难以处理高度个性化的需求,尤其是在涉及数据分析和复杂图表设计时,自动生成的内容常常流于表面,缺乏深度。因此,虽然自动化工具能够在一定程度上节省时间,但要想真正制作出高质量、专业化的 PPT,仍需要人为地精心打磨和设计。

12.2 任务目标

使用 DeepSeek+另外一个大模型实现自动化制作 PPT 的任务目标如下。

(1) 能够使用 DeepSeek 生成一份 PPT 的结构概述,并通过调整使大体框架符合预期。

(2) 能够通过 DeepSeek 生成的大纲结合其他的 PPT 生成工具,生成一份美观的 PPT。

(3) 能够在生成的 PPT 基础上,通过简单的修改,让 PPT 更加具有个性化,符合读者的个性化需求。

12.3 操作流程与实现

本节讲述操作流程与实现。

12.3.1 使用 DeepSeek 生成 PPT 大纲

相比于第 10 章和第 11 章,本章并不是只用 DeepSeek 完成对生产工具的辅助工作,而是让 DeepSeek 与其他大模型合作,发挥各自的长处,共同制作读者所需的 PPT。

这样选择的原因主要如下:其一,DeepSeek 本身只能生成文本,所以生成图片的能力稍弱,因此不推荐将 DeepSeek 直接接入 PowerPoint 进行辅助操作,中间的导入过程比较复杂,而且效果欠佳;其二,其他直接生成 PPT 的大模型的思考深度不如 DeepSeek,所以直接生成的 PPT 效果一般;其三,PPT 的内在逻辑是一个具有分级的大纲文本,所以读者可以通过简单的复制文本的方式,将信息在不同的大模型之间传递。

接下来,本节首先介绍如何利用 DeepSeek 生成一份 PPT 的大纲。此处以在线版的 DeepSeek 为例,首先打开 DeepSeek 的官网 https://www.DeepSeek.com/,可以看到如图 12-1 所示的界面。

单击"开始对话"按钮,进入图 12-2 所示的界面,开始向 DeepSeek 提出需求,如"请帮我

图 12-1　DeepSeek 官网

制作一份介绍人工智能(包括大模型)发展历程的 PPT”。

图 12-2　DeepSeek 对话界面

单击右下角的发送图标与 DeepSeek 进行对话，可以得到如下的结果：

▍封面页

标题：人工智能发展历程——从逻辑推理到通用大模型

副标题：1950—2024 年关键技术演进与突破

视觉元素：人工智能芯片/神经网络结构图/人机交互场景

▍目录页

1. 人工智能的黎明(1950—1980 年)
2. 机器学习时代(1980—2010 年)
3. 深度学习革命(2010—2017 年)
4. 大模型纪元(2018—2024 年)

5. 未来展望

▎第一章：人工智能的黎明

- 1950 年图灵测试提出
- 1956 年达特茅斯会议确立人工智能概念
- 早期代表性系统：
  - 逻辑理论家(1956 年)
  - ELIZA 聊天程序(1966 年)
- 技术路线：符号主义人工智能
- 寒冬时期的挑战

▎第二章：机器学习崛起

- 1980's 专家系统应用
- 1997 年 IBM 深蓝战胜国际象棋冠军
- 关键算法突破：
  - 支持向量机(1992 年)
  - 随机森林(2001 年)
- 互联网时代的数据积累
- 技术局限：特征工程依赖

▎第三章：深度学习革命

- 里程碑事件：
  - AlexNet(2012 年 ImageNet 竞赛)
  - AlphaGo(2016 年)
- 关键技术：
  - GPU 加速计算
  - 卷积神经网络
  - 反向传播算法优化
- 产业应用案例：
  - 计算机视觉
  - 语音识别
  - 推荐系统

▎第四章：大模型纪元

- 技术基础：
  - Transformer 架构(2017 年)
  - 自注意力机制
  - 海量语料库
- 标志性模型：
  - GPT 系列演进路线图
  - BERT 与双塔模型
  - 多模态模型(DALL-E/Stable Diffusion)

    ○ DeepSeek
- 开源生态：
    ○ LLaMA
    ○ GLM
    ○ 百川
    ○ DeepSeek
- 当前挑战：
    ○ 算力消耗
    ○ 幻觉问题
    ○ 伦理争议

▍第五章：未来展望
- 技术演进方向：
    ○ 更高效训练方式
    ○ 具身智能
    ○ 神经符号结合
- 社会影响：
    ○ 就业结构变化
    ○ 教育体系革新
    ○ 人机协作范式
- 终极命题：
    ○ AGI 发展路径预测
    ○ 脑机接口可能性
    ○ 伦理框架建设

▍尾页

核心观点总结：技术突破指数级加速，人工智能正在重构人类文明

设计建议：

1. 时间轴图示：横向展示关键节点与技术突破
2. 模型参数量增长曲线图(对数坐标)
3. 技术树演化图：展示不同技术流派分支
4. 对比表格：传统人工智能 vs 深度学习 vs 大模型
5. 应用场景配图：医疗/制造/金融/教育等案例
6. 关键论文引用截图(arXiv 经典论文封面)

推荐视觉元素：

- 神经网络动态可视化
- 人形机器人示意图
- 芯片架构透视图
- 语言模型生成内容示例
- 多模态交互场景插画

可以看到，DeepSeek 生成的大纲是有明显的分级结构的，这些分级结构就代表着每一章和每一页的结构，以及每一页中所需包含的基本内容。

作为用户，读者可以在上述结构的基础上补充自己想强调的重点内容，但是请注意，在补充的过程中要保持整体的结构顺序不被破坏。在修改之后，就已经成功地使用 DeepSeek 生成了 PPT 大纲。下面的工作就是借助其他的大模型生成读者所需的 PPT 了。

12.3.2 使用 DeepSeek+Kimi 生成 PPT

本节介绍如何使用 Kimi 生成 PPT。首先进入 Kimi 的官网 https://kimi.moonshot.cn/，在登录之后可以看到图 12-3 所示的界面。

图 12-3 Kimi 首页

单击左侧工具栏中的第三个图标，进入“KIMI+”界面，如图 12-4 所示，这个界面是以 Kimi 为基础配置好的一些专业化工具。

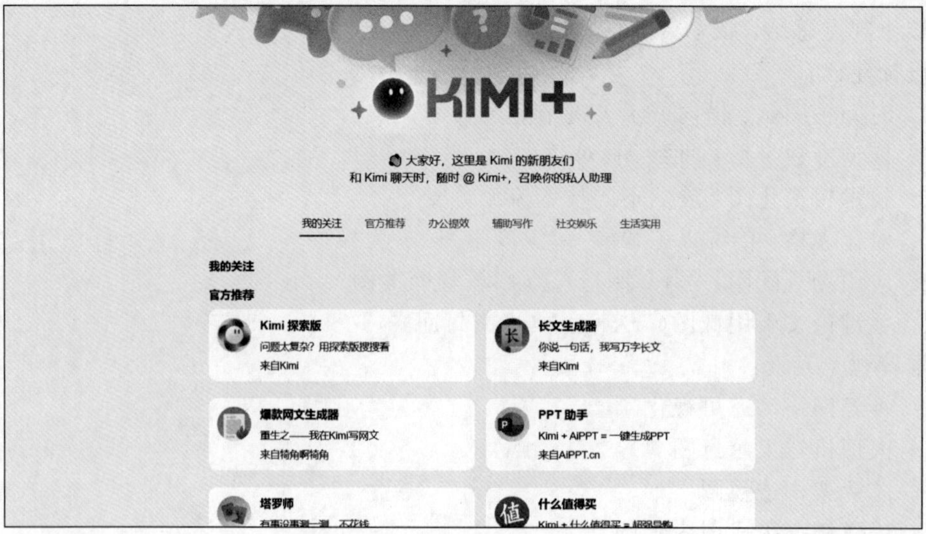

图 12-4 Kimi+界面

单击“PPT 助手”按钮，就可以进入图 12-5 所示的界面，使用 Kimi 制作 PPT 了。在对话框中，输入提示词“请根据以下的 PPT 大纲，为我制作一份课堂汇报 PPT。”大纲如下：将 12.3.1 节中 DeepSeek 生成的大纲粘贴到提示词后，然后单击发送图标，等待 Kimi 生成 PPT。

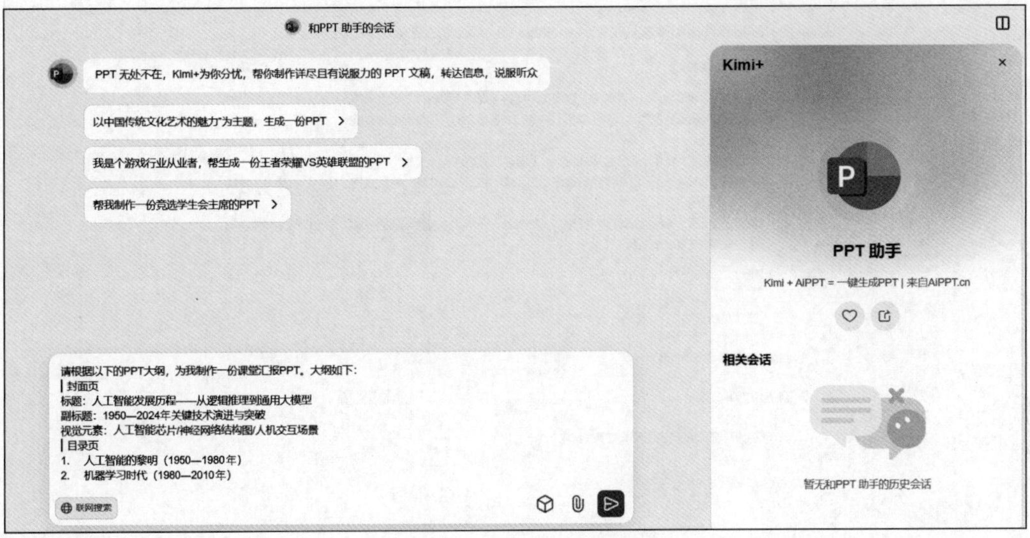

图 12-5　PPT 助手界面

Kimi 生成过程如图 12-6 所示。

图 12-6　Kimi 生成过程

生成结束后，如图 12-7 所示，单击“一键生成 PPT”按钮，会进入图 12-8 所示的界面，在这里可以选择喜欢的 PPT 模板、模板使用场景、PPT 设计风格，以及主题颜色等。在选择结束后，单击右上角的“生成 PPT”按钮，就可以等待 PPT 生成了。

图 12-7　一键生成 PPT

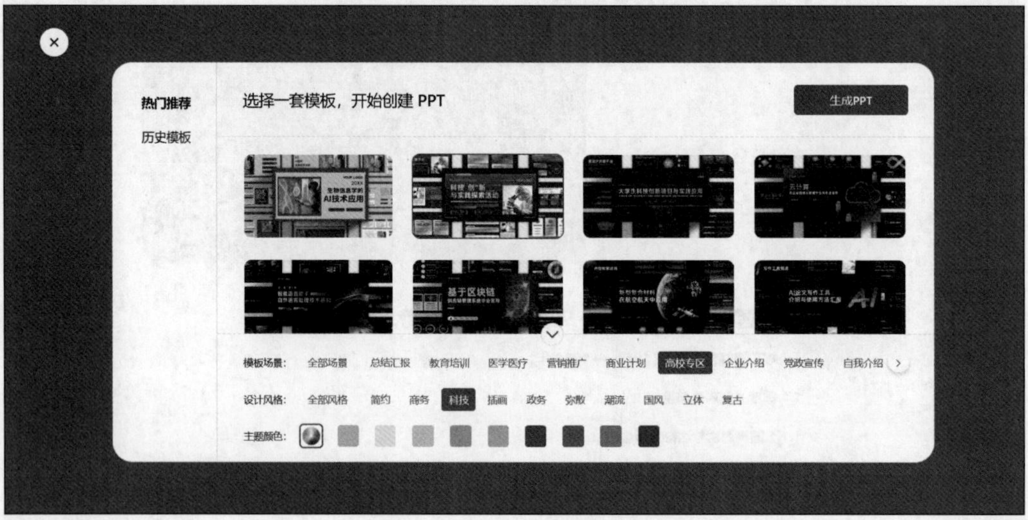

图 12-8　PPT 主题选择界面

经过约 30 秒的等待后，可以看到生成的 PPT 成品，如图 12-9 所示，可以看到 kimi 生成的 PPT 封面十分的美观，并且符合主题。除此之外，查看生成的目录页，如图 12-10 所示，可以看到 PPT 的主体内容和大纲设计十分吻合，说明完全是按照之前 DeepSeek 生成的大纲去设计的。

如果读者对生成的内容不满意，需要微调，还可以单击图 12-9 右侧工具栏的“去编辑”

图 12-9　Kimi 生成的 PPT 封面

图 12-10　Kimi 生成的 PPT 目录

按钮，对 PPT 的具体内容进行编辑，如图 12-11 所示，所有的组件和文字都可以在线进行更改和替换，有非常高的自由度。

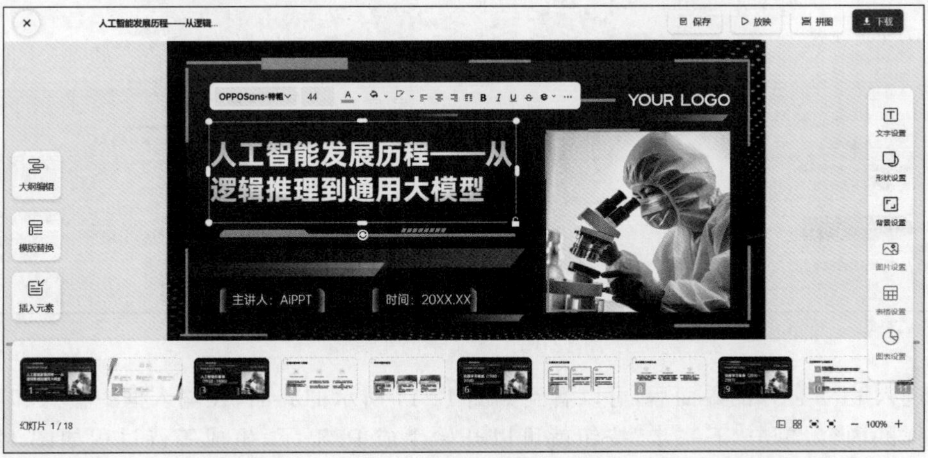

图 12-11　在线编辑 PPT

在调整好 PPT 后,就可以单击“下载”按钮将 PPT 下载到本地进行展示和进一步的调整了。

12.3.3 使用 DeepSeek＋通义千问生成 PPT

本节介绍使用通义千问制作 PPT。先进入通义千问的官网 https://tongyi.aliyun.com/,登录后可以看到图 12-12 所示的界面。

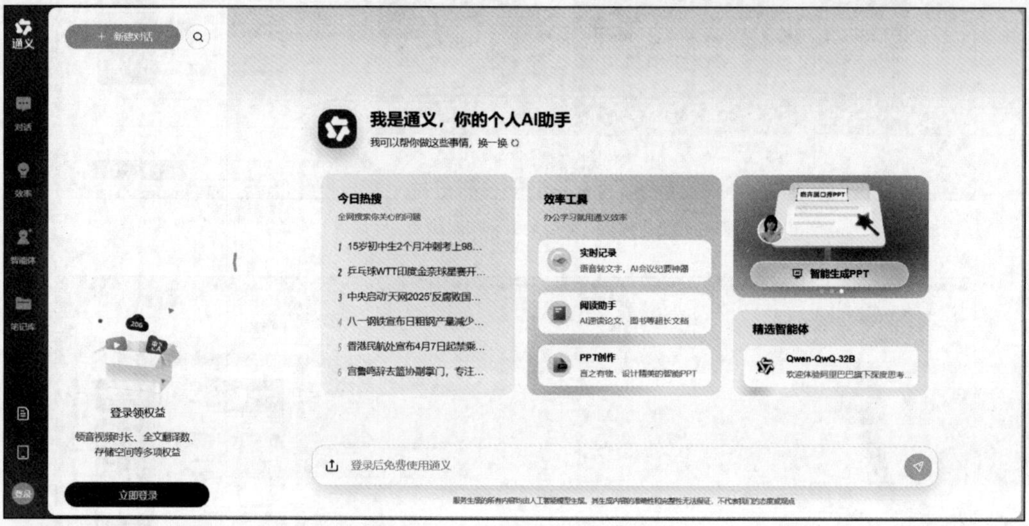

图 12-12 通义千问首页

单击左侧工具栏中的“效率”图标即可进入图 12-13 所示的界面。在工具箱中选择“PPT 创作”按钮即可开始制作 PPT。

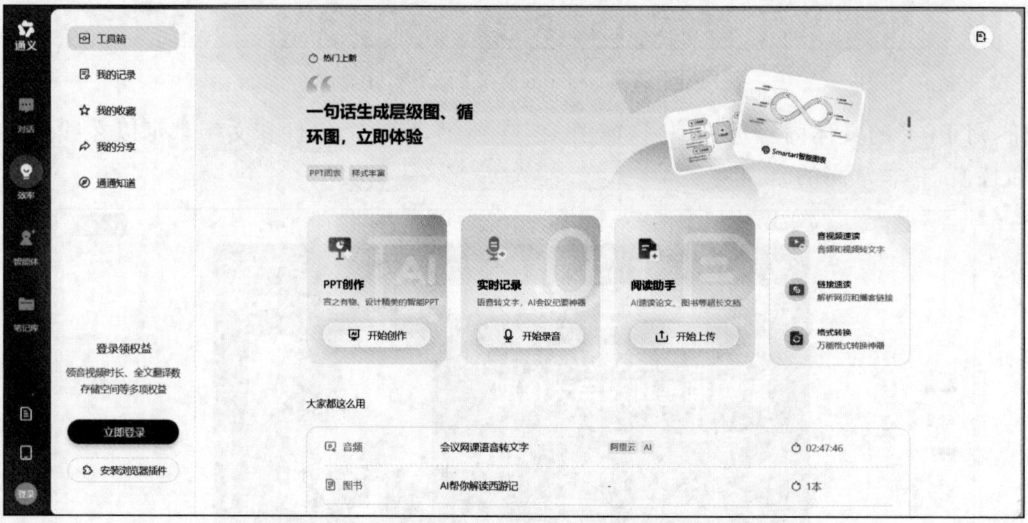

图 12-13 通义千问工具箱

在进入 PPT 创作的界面后,可以看到如图 12-14 所示的界面,在输入框中输入和 12.3.2 节中一样的内容,单击“下一步”按钮就可以开始生成 PPT 了,生成等待过程如图 12-15 所示。同时,通义千问支持上传文件,它可以从文件中提取关键内容,然后进行读取生成。

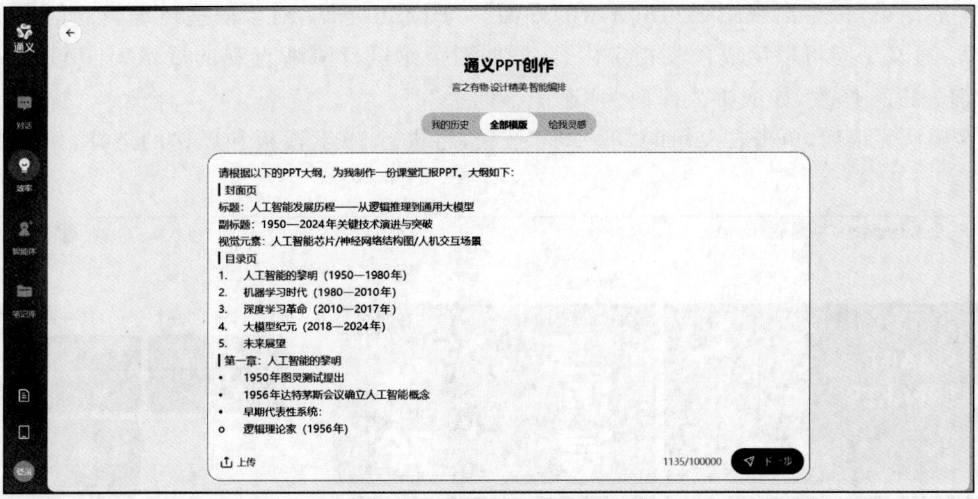

图 12-14　通义千问 PPT 制作首页

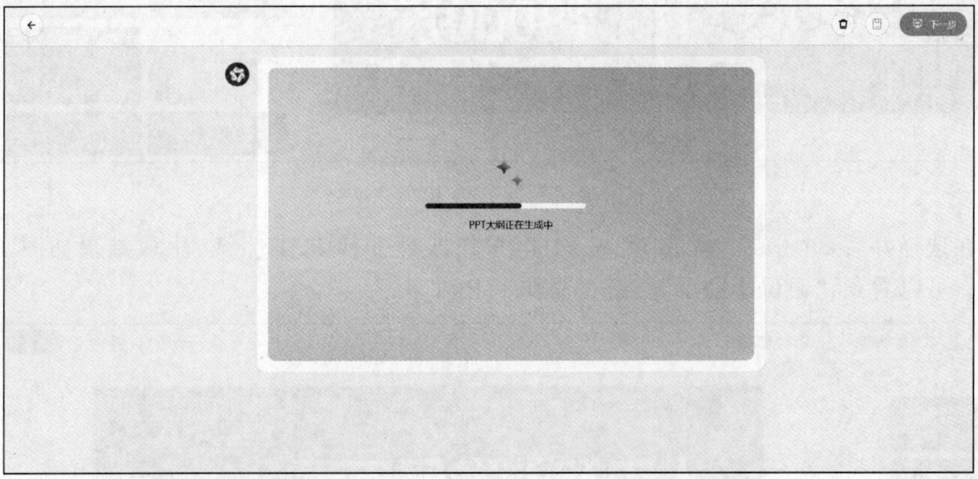

图 12-15　通义千问 PPT 生成阶段

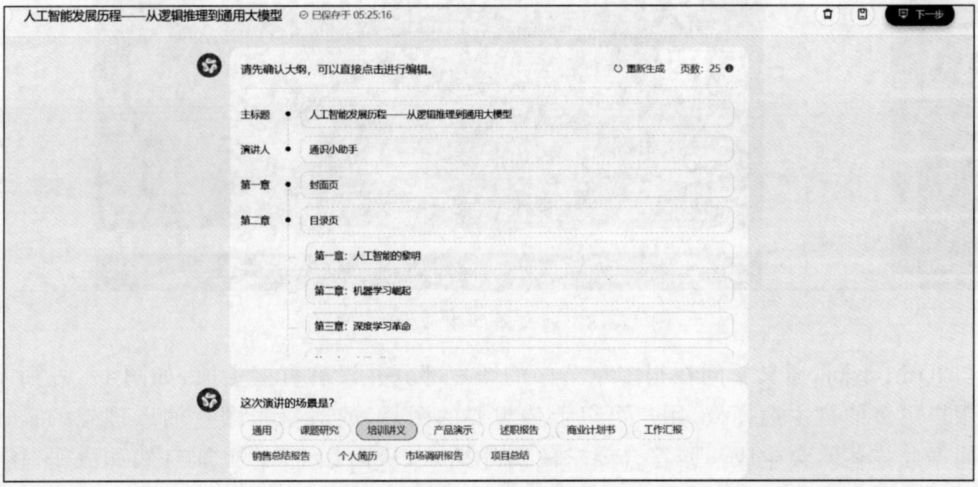

图 12-16　通义千问大纲确认页面

生成结束后，会出现图 12-16 所示的界面。与 Kimi 不同，对于一些可编辑的信息，如演讲人等，通义千问可以生成预先指定内容，同时对大纲进行清晰直观的展示，让用户在生成 PPT 前先进行修改，如演讲人修改为“通识小助手”。

在确认无误后，单击右上角的“下一步”按钮，将进行 PPT 模板和风格的选择，如图 12-17 所示。

图 12-17　通义千问 PPT 模板和风格选择

在选择好后，单击右上角的“生成 PPT”按钮即可进行 PPT 生成，生成结果如图 12-18 所示。可以看到，“通识小助手”已经被写在了 PPT 中。

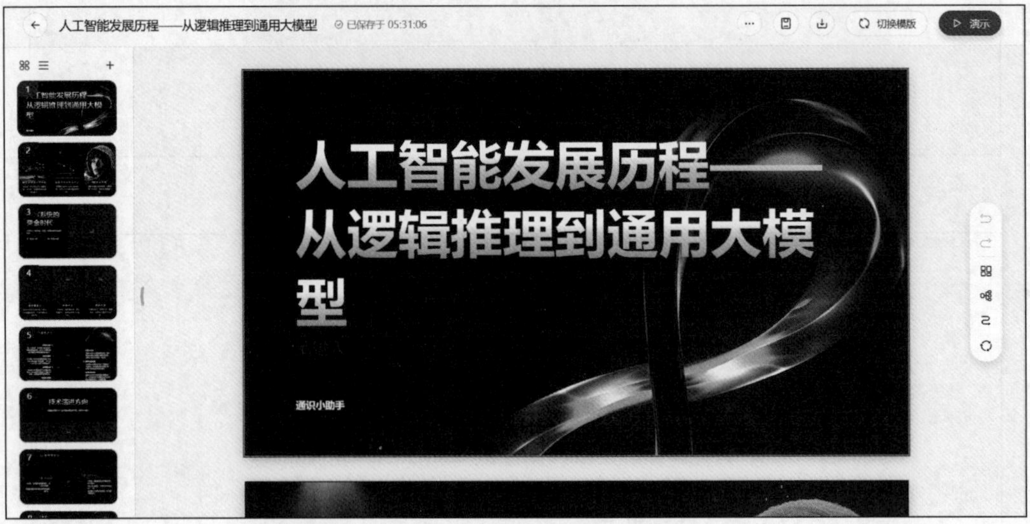

图 12-18　通义千问生成 PPT 首页

与 Kimi 不同，通义千问在很多章节中的图片部分并没有直接生成，如图 12-19 所示，而是给用户更多的自主选择权，用户可以上传想要的图片，或对每张图片输入理想的描述，通义千问据此描述就会生成一张符合要求的图片插入，从而让 PPT 更加自然和流畅，体现独特性。

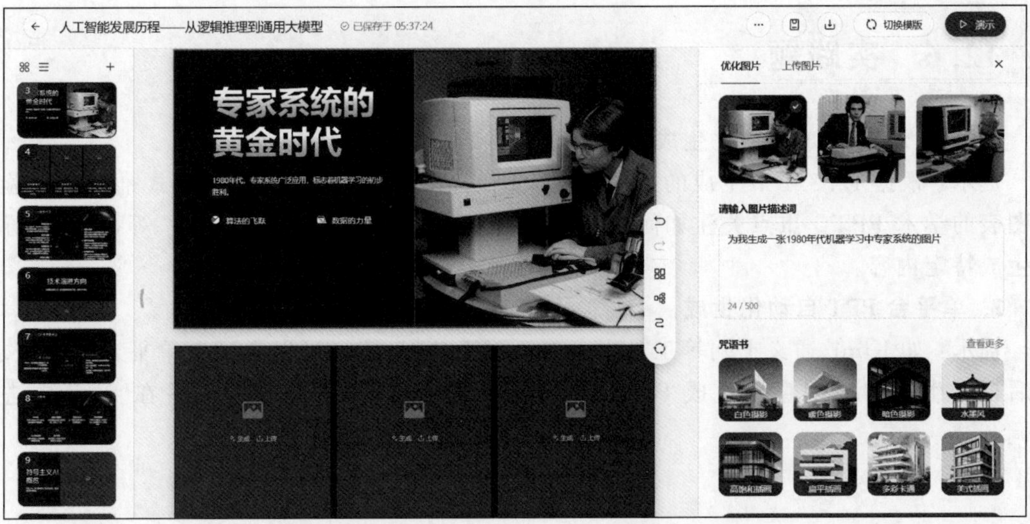

图 12-19 通义千问为 PPT 生成独特插图

在调整好 PPT 后，就可以单击“下载”按钮将 PPT 下载到本地进行展示和进一步调整了。

12.4 生成 PPT 方案总结

除 12.3.2 节和 12.3.3 节的介绍之外，国内外还有许多优秀的大模型可以辅助各位读者生成美观的 PPT。每家大模型都有自己独特的优点和风格，读者可以根据自身的喜好选择不同的大模型搭配使用，生成美观的 PPT。

在本章中值得注意的一点是，如今有非常多的大模型供各位读者选择，但是读者们要分辨每种大模型的优点和不足，充分发挥大模型独特的优点，并将它们结合起来，组成独特的工作流，使其效益最大化。

如果各位读者有兴趣，也可以使用相同的提示词、相同的风格，在不同的 PPT 生成大模型中反复实验，横向对比目前已有的大模型，选择其中效果最好的大模型使用。

12.5 本章小结

本章系统介绍了通过 DeepSeek 与第三方工具协同生成 PPT 的方法。首先，利用 DeepSeek 的文本生成能力构建结构化大纲，涵盖技术演进、模型对比及应用案例等核心内容。随后，结合 Kimi 和通义千问等工具的可视化优势，实现从文本大纲到专业 PPT 的高效转换。本章重点演示了大纲调整、模板选择及在线编辑等操作流程，强调多工具协作的优势：DeepSeek 保障内容逻辑深度，第三方工具提升视觉呈现效果。通过实际案例展示，该流程不仅大幅缩短制作周期，还支持灵活调整以满足个性化需求。未来，结合更多人工智能工具（如图像生成、数据分析）可进一步拓展 PPT 创作的智能化边界。

12.6 实践题

1. 学术汇报 PPT 自动化生成。

提示：根据 12.3.1 节生成的技术发展大纲，尝试用 Kimi 生成包含公式推导和实验数据图表的学术 PPT。重点关注如何在大纲中明确标注“须插入实验对比图”等指令，引导工具生成特定内容。

2. 单平台 PPT 自动化生成。

提示：如 Kimi、通义千问等工具也有对话聊天功能，读者可以尝试在单平台输入需求，然后根据生成的大纲直接生成 PPT，或者直接给出指令生成 PPT，然后在 PPT 内进行微调。

第13章

生成个性化的图片

观看视频

本章目标

- 了解图片在信息传达中的重要性，明确生成高质量图片面临的挑战与技术难点。
- 掌握生成个性化图片的任务目标与核心要求，明确从生成到编辑的完整操作方向。
- 熟悉生成图片、编辑图片及精准生成图片的操作流程与实现方法，掌握不同场景下的技术应用逻辑。
- 通过实践操作，加深对 AI 图像生成技术在个性化图片创作中的应用理解与掌握。

在信息爆炸的时代，图片以直观生动的形式成为信息传达的关键载体。但生成贴合需求、质量上乘的图片，常面临创意构思、技术实现等多重挑战。随着人工智能技术的发展，通过智能工具生成个性化图片变得高效可行。本章围绕生成、编辑及精准创作图片的任务目标，详细拆解操作流程，从基础生图到精细化编辑，助力读者掌握运用 AI 产出优质图片的实用技巧。

13.1 背景

本节讲述生成个性化图片的背景。

13.1.1 图片在信息传达中的重要性

图片是一种直观且具有高度感染力的表达方式，它能够突破语言的限制，在瞬间传递复杂的信息和情感。从市场营销中的产品海报到社交媒体中的动态分享，再到教育领域的课件图示，图片在人们生活和工作中的作用无处不在。尤其在视觉化内容需求快速增长的时代，图片不仅是信息的承载工具，更成为了传递创意、吸引关注的关键元素。人类对图片的记忆能力远远高于文字，这使得一张好的图片能够极大地增强内容的传播力和影响力。因此，无论是企业宣传、品牌塑造，还是个人表达，图片的应用都贯穿始终。它既是信息的浓缩，也是创意的外化。

13.1.2 生成高质量图片的挑战

尽管图片的价值显而易见，但生成一张高质量的图片从来不是一件简单的事情。传统的图片创作需要专业设计师耗费大量时间，从灵感构思到素材搜集，再到后期制作，每一个环节都可能成为瓶颈。而即使是非专业用户，使用图片编辑工具进行简单修改，也需要掌握一定的技术技巧。这种制作过程不仅效率低下，而且对技术和艺术的要求较高，这无形中限制了优质图片的普及。

除此之外，在日常的工作和使用中，读者们通常会遇到下面的情况：当 PPT 或者汇报中需要某个场景的图片时，尽管心中知道图片的大体情况，但是却无法在网上找到相似的图片直接使用，自己从头制作或拍摄又太浪费时间，这就造成了读者们思维和实际使用中的矛盾。

然而，人工智能技术的兴起正在改变这一现状。通过人工智能生成技术，用户可以根据简单的描述性文字快速生成图片。无论是具体的场景、抽象的概念，还是多样化的艺术风格，人工智能都能够轻松实现。它不仅大幅降低了图片创作的门槛，还为用户提供了无限的创意可能。尤其是在电商、广告和社交媒体等领域，人工智能生成图片可以帮助用户快速制作符合需求的视觉内容，从而节约时间成本，提升工作效率。然而，尽管如此，人工智能生成的图片仍然需要一定程度的人工修饰和调整，才能确保最终效果既符合审美，又能够精准表达需求。

13.2 任务目标

生成个性化图片的任务目标如下。

(1) 掌握一些常见的图片生成网站，能够使用图片生成网站生成自己所需的图片。

(2) 能够在大模型的帮助下实现对已有照片的编辑、修改、区域重绘、擦除、扩图等操作，美化图片。

(3) 能够结合 DeepSeek 更加准确地描述图像的内容，从而生成更可控的图像，消除一定的随机性。

13.3 操作流程与实现

本节讲述操作流程与实现。

13.3.1 生成图片

目前国内外有很多图片生成的大模型，但是大多数国外的图片生成模型都需要使用国外邮箱或手机号注册，对普通读者要求较高，所以本节主要介绍一些国内的图片生成大模型。

除此之外，当前也有很多易用的大模型可以本地部署，让读者在本地就可以实现图片的快速生成。但是这类方法不仅对计算机的显卡有着比较高的要求，同时还需要本地计算机配置相应的 Python 环境，操作比较复杂，而且生成图片的效果通常比不上在线生成。因此，本节主要侧重于在线图片生成大模型的使用。

第一个要介绍的大模型就是豆包。输入豆包的官网 https://www.doubao.com/就可以进入图 13-1 所示的界面。如果仅仅是临时使用，无须登录就可以体验功能。单击主页的"图像生成"按钮，就可以进入图像生成功能。

进入图像生成板块之后，就可以在对话框中输入对图片的描述，或者提供参考图片供大模型参考，如图 13-2 所示。

下面以文字描述生成图片为例，在对话框输入"认真学习人工智能的同学"后按 Enter

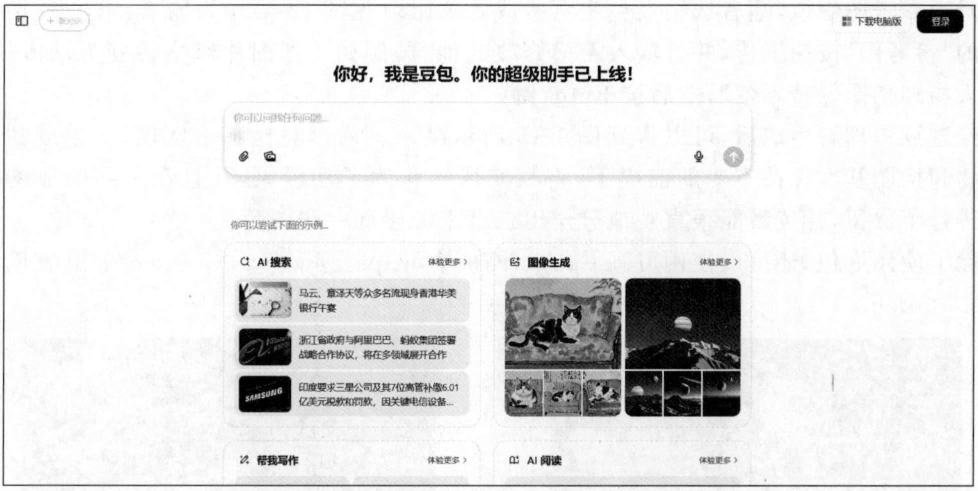

图 13-1　豆包官网首页

图 13-2　豆包的图片生成界面

键，可以看到如图 13-3 所示的结果，豆包生成了很多张风格不一的图片供读者选择。

图 13-3　豆包的文字生成图片

对于参考图生成，笔者选用豆包主页生成的 AI 图(见图 13-4)作为输入，单击图 13-2 中所示的“参考图”按钮上传，并且输入希望修改的地方，例如，“把图片风格转变为动漫风，整体的人物和构图保持不变”，然后按 Enter 键。

经过豆包理解生成后，可以得到图 13-5 所示结果。通过对比不难发现，新生成的图片在人物和构图基本保持不变的前提下，将写实风转化为了动漫风，并且在一些明显的细节上也进行了保留，让读者能很直观地分辨出二者来源于同一张图片。

除了使用豆包，还可以使用可画 Canva，网址为 https://www.canva.cn/。其官网首页如图 13-6 所示。

图 13-4　豆包的输入参考图

图 13-5　豆包转化风格后的图

图 13-6　可画 Canva 首页

单击左侧工具栏中的AI图标，进入图13-7所示的界面，将页面下滑，就可以找到“AI生图”功能。

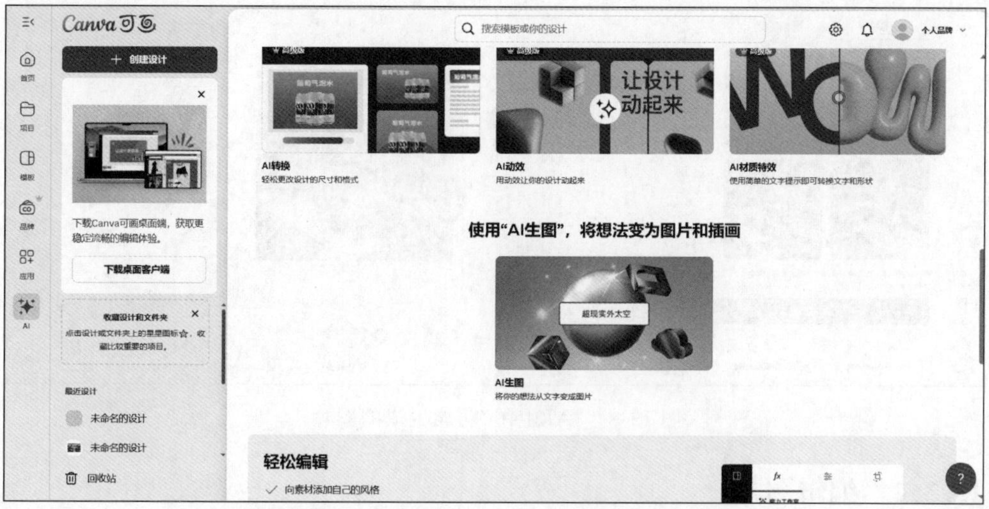

图13-7 可画Canva的AI创作界面

下滑找到“AI生图”功能之后，单击进入图13-8所示的界面，输入提示词和风格，单击“生成图片”按钮，在等待约10秒后，就可以看到生成的图片。在这里，笔者依然以“认真学习人工智能的同学”作为提示词，风格选择了“真实照片”。

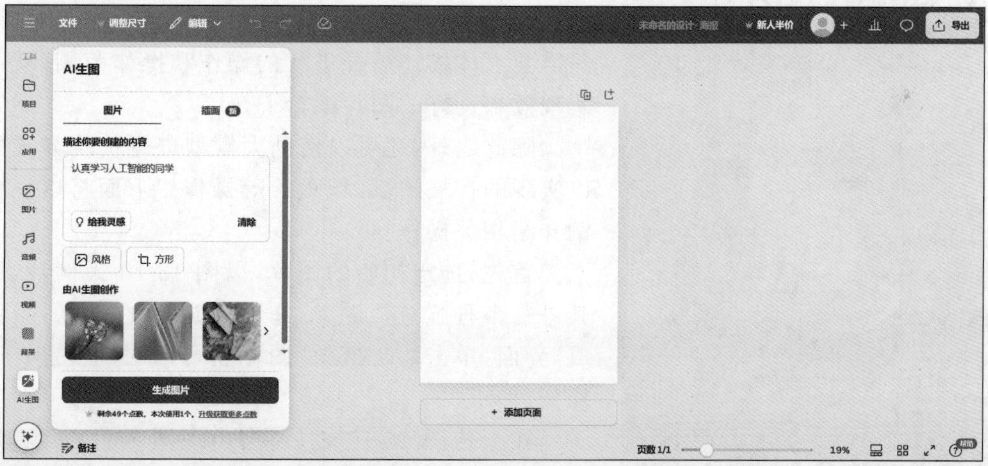

图13-8 “AI生图”功能界面

等待AI生成后，可以得到图13-9所示的界面，界面左侧是生成的几张风格不同的待选图，读者可以在其中选择比较满意的图片，然后将它添加到右侧的画布中，进行进一步的创作。

值得注意的是，因为可画Canva是一个画布创作网站，所以如果读者想要制作海报、宣传册等内容，使用可画Canva的“AI生成”功能非常适配，它可以在生成图片之后无缝衔接到画布制作流程，简化操作流程，在最后的展示中也不会出现生成图片的水印，便于打印使用。

图 13-9 “AI 生图”功能生成的图片

13.3.2 编辑图片

除了生成图片，在日常的生活和工作中也会有另外一种常见的操作，那就是对已有的图片进行编辑，包括修改背景、P 掉无关人员或杂乱物体、抠出其中的人像等。在传统的修改方式中，实现以上目的通常需要专业的 PS(Photoshop)工具手动一点一点消除或提取，但是在大模型的帮助下，读者只需要大体描述需要进行的操作和操作范围，就可以实现效果良好的图片编辑了。

图 13-10 初始图片

除此之外，还可以借助大模型进行传统方式中难以实现的扩展图、区域重绘等操作。下面将以豆包为例介绍相关操作。

首先，选定初始的图片，以图 13-10 为例，然后对其进行多种操作。进入图 13-2 所示的豆包“图像生成”界面，单击“AI 抠图”图标就可以对图 13-10 进行操作。

在上传图 13-10 之后，会出现图 13-11 所示的界面。然后，可以选择抠出主体，或者先手动擦除一部分，再抠出剩余的主体。

对于擦除部分内容，可以单击图 13-2 中所示的“擦除”图标，然后就会出现图 13-12 所示的界面。读者应在需要去除的部分进行区域涂抹，然后单击下方的“擦除所选区域按钮”，就可以生成擦除后的图片了，结果如图 13-13 所示。

可以明显看到，图 13-13 相比于图 13-10 的初始图片，右侧的花瓶和沙发上的红色抱枕都已经被消除，剩余的部分是因为在涂抹擦除区域的过程中不够细致，导致没有完全覆盖。

除了传统的编辑图片，豆包还支持扩图。单击图 13-2 中所示的“扩图”图标就可以进入图 13-14 所示的界面。

图 13-11 “AI 抠图”界面

图 13-12 擦除部分区域示意图

图 13-13 擦除图像结果图

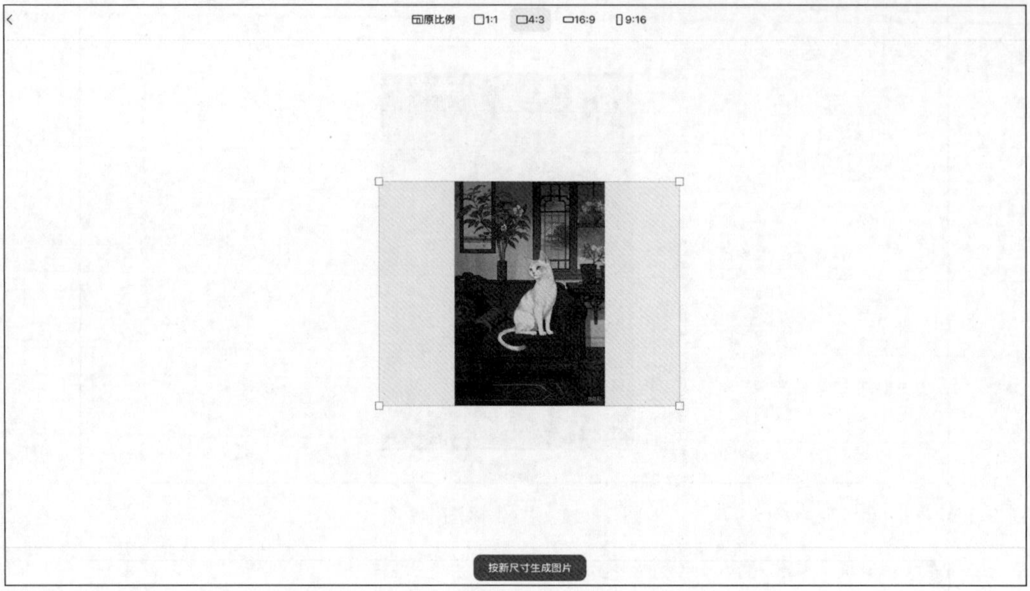

图 13-14　豆包 AI 扩图界面

可以看到,初始图片是竖版图片,笔者选定了 4∶3 的横版图片比例,单击“按新尺寸生成图片”按钮就可以生成对应大小的图片。并且不同于普通拉伸,AI 会将缺失的部分合理地填充内容,结果如图 13-15 所示。

图 13-15　AI 扩图结果

除了 AI 扩图,豆包还可以实现对局部区域的重新绘制。单击图 13-2 中所示的“区域重绘”图标就可以进入图 13-16 所示的界面。在其中涂抹想要重绘的部分,然后输入想重绘的新内容,单击“发送”按钮。

在笔者的处理中,希望将画面中心的猫重绘为一条拉布拉多犬,可以看到结果如图 13-17 所示,替换效果非常好,而且基本没有影响周围的图片环境。

图 13-16 “区域重绘”界面

图 13-17 区域重绘结果图

13.3.3 精准生成图片

上述部分主要介绍的是通过一些图像生成和编辑领域的大模型，实现文生图或图生图。但是相信读者在实际使用过程中也可以感受到，如果简单地描述自身的需求给大模型，生成的图片往往大体上满足要求，但是细节上有很多不尽如人意的地方，例如，图 13-3 生成的就是比较宽泛的学习内容。

但是如果想更加精准地生成图片，就需要对图片进行更加精准的描述，添加更多的限制，这对用户来说是很难的。因为用户无法得知大模型偏好什么样的提示词，会对哪些强调感兴趣。而且当前的大模型训练的语料库中英文占据绝大多数，所以适当地使用英文可以更好地让大模型理解用户的想法。

基于这些问题，笔者推荐使用 DeepSeek 优先翻译用户的需求，将其转换为大模型能够理解的详细的提示词输入。然后，用户在生成的答案上微调之后，再输入图片生成的大模型，就可以获得更加精确的答案了。

具体操作步骤如下：首先，简单描述想生成图片的主题，以及需要格外强调的一些点。如图 13-18 所示，笔者告诉 DeepSeek，生成图片的主题是“认真学习人工智能的同学”，要求是“在教室中的大学生”。

图 13-18 使用 DeepSeek 细化需求

DeepSeek 经过思考和填充，有如下回答：

以下是为大模型优化的结构化提示词（中英文混合版），包含场景要素与风格控制参数：

基础场景锚定

"modern university lecture hall，阶梯教室全景视角，sunlight through venetian blinds casting light grids，落地窗外可见 campus buildings and ginkgo trees，academic atmosphere，tech vibe，intricate details，ultra-detailed 8k"

核心人物描述

1. "Chinese female student with ponytail and glasses（typing on ThinkPad X1 Carbon：1. 2），screen showing TensorFlow neural network visualization，Wacom tablet with gradient formulas"

2. "Caucasian male student with curly hair wearing AirPods Pro，MacBook Pro displaying OpenCV code，smartphone filming lecture video on tripod"

3. "Indian female student assembling 3D-printed robot arm，textbook *Deep Learning Optimization* open with handwritten notes，Kaggle competition poster on wall"

数字学术元素

"interactive whiteboard showing ResNet architecture diagram，projector displaying Python code，Surface Pro with error-marked code，GitHub page on smartphone，iPad playing CS231n lecture，NVIDIA/ACM stickers on laptops"

环境增强细节

"messy desk with Starbucks cup on calculus notes, Arduino board connected via USB cables, library copy of *Pattern Recognition* upside down, AI Lab recruitment banner, crumpled GAN paper in trash bin"

技术参数控制

"cinematic lighting, depth of field, perspective from back of classroom looking forward, academic realism style, soft shadows, 35mm lens, Unreal Engine 5 rendering, --ar 16:9 --v 5.2"

可直接输入的紧凑版提示词(兼容多数大模型):

"现代大学阶梯教室,阳光透过百叶窗形成光栅,窗外梧桐树与教学楼,[三组学生:1.亚裔女生操作TensorFlow界面+数位板推导公式 2.欧洲男生编写OpenCV代码+手机录课 3.南亚女生组装3D打印机器人+深度学习教材],电子白板显示ResNet架构,投影Python代码,Surface标注错误,GitHub页面,CS231n课程,星巴克杯压微积分草稿,Arduino开发板,图书馆教材,ACM/NVIDIA贴纸,AI实验室横幅,学术写实风格,电影级打光,教室后方视角,超详细8k --ar 16:9"

这个版本通过:

1. 中英关键术语混合增强语义解析
2. 方括号结构化人物组描述
3. 设备型号与专业内容制定提升真实感
4. 渲染引擎参数控制画面质感

能有效引导主流AI绘画模型生成高精度学术场景图

可以看到,DeepSeek给出了很多提示词,其中还有一版的提示词全部都是英文。为了便于理解,笔者将"可直接输入的紧凑版提示词"输入豆包中查看生成效果。生成结果如图13-19所示,可以看到相比图13-3中风格各异的图片,本次生成的图片都有着统一的风格,而且额外细化了笔者提到的图片重点,让生成的图片更加符合需求。

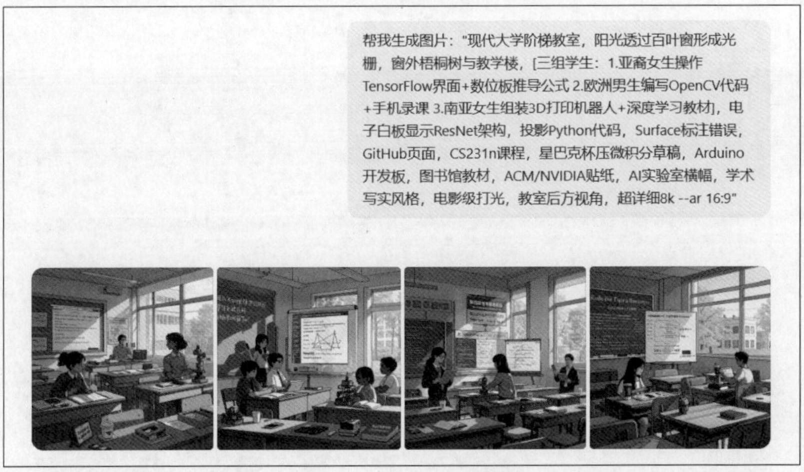

图13-19 准确生成图片

13.4 本章小结

本章系统介绍了利用 DeepSeek 与 AI 工具生成个性化图片和视频的方法。首先，通过豆包、Canva 等工具实现文生图与图生图，支持风格转换、擦除、扩图等编辑功能。重点演示了如何结合 DeepSeek 细化提示词，通过结构化描述（如场景、人物、技术参数）提升生成精度，解决传统图片生成的模糊性问题。

13.5 实践题

1. AI 辅助产品海报设计。

提示：使用大模型生成“环保主题公益海报”，输入提示词“森林、地球、可回收标志”，结合 DeepSeek 细化描述（如水彩风格，突出自然纹理）。注意在提示词中明确色彩搭配（如绿色为主色调）与构图要求（如对角线布局）。

2. 个性化头像生成器。

提示：调用大模型的“AI 生图”功能，输入“动漫风格女性头像”，并通过 DeepSeek 细化特征（如蓝发、戴眼镜、科技感背景）。重点关注如何通过参数控制生成效果，提升头像的独特性。

第14章

生成定制视频

观看视频

本章目标

- 了解视频制作在信息传播中的重要性,明确传统视频制作面临的难点与技术挑战。
- 掌握生成定制视频的任务目标与核心要求,明确从文字/图片输入到视频输出的完整操作方向。
- 熟悉使用文字生成视频、图片生成视频及精准生成视频的操作流程与实现方法,掌握不同模态输入的技术转化逻辑。
- 通过实践操作,加深对AI视频生成技术在定制化视频创作中的应用理解与掌握。

在短视频风靡、信息可视化需求激增的当下,视频已成为传播核心,但脚本编写、画面剪辑、特效制作等环节,让视频制作门槛颇高。人工智能技术的发展,为定制视频生成带来转机。无论是以文生视频,还是以图生视频,借助智能工具都能高效完成创意落地。本章聚焦生成定制视频的目标,详解文字、图片转换为视频的操作流程与精准生成技巧,助力读者轻松驾驭智能视频创作。

14.1 背景

本节讲述生成定制视频的背景。

14.1.1 视频制作的重要性

短视频已经成为现代信息传播中不可或缺的媒介形式。随着社交媒体平台的普及,短视频以其直观、生动和高效的特点迅速占据了内容传播的中心舞台。无论是企业推广产品、个人记录生活,还是教育机构传递知识,短视频的应用范围广泛且形式多样。从几秒钟的动态广告,到数分钟的知识科普,短视频以其强大的信息承载能力和高度的用户参与度改变了传统的信息传播方式。在品牌营销中,短视频不仅能够提升受众的关注度,还能够直接推动消费决策。数据表明,与静态图片或文字相比,短视频的点击率和转化率更高,因此成为了商家争夺用户注意力的核心手段。

与此同时,短视频也在文化传播和社会互动中扮演了重要角色。个人用户通过短视频表达个性、分享生活,甚至创造收入,形成了"视频自媒体"的新型生态。各大社交媒体平台不断更新短视频算法,为用户推荐定制化内容,使短视频成为人们日常生活的一部分。在教育领域,短视频通过生动的画面和简洁的表达,帮助学生更高效地理解复杂的知识点。因此,短视频不仅是一种娱乐方式,更是现代社会中高效传递信息、激发创意的重要工具。

除此之外,随着短视频的快速传播,一类新的视频模式也火起来,这就是小说解说和动画短剧。因为用户的喜好和市场的快速筛选能力，如果创作者不能及时、快速地更新出大量的对应视频，那么就会被用户逐步淘汰。而制作此类视频的门槛其实不高，所以关键点就是能否快速、高质量地制作出短视频。

14.1.2 制作视频的难点

尽管视频制作的需求日益增长，但传统的手工制作视频过程却极为复杂且耗时。制作一段高质量的视频通常需要经历多个步骤，包括脚本编写、素材搜集、拍摄剪辑和后期制作。每一个环节都需要耗费大量的时间和精力，同时还需要专业的技术支持。例如，在后期剪辑中，制作者需要熟练掌握复杂的视频编辑软件，如 Adobe Premiere 或 Final Cut Pro，这对非专业用户而言是一个巨大的门槛。而且，即便是拥有专业技能的人，也需要投入大量的时间精心调整画面、添加字幕、设计过渡效果等细节，以确保视频具有足够的吸引力。

更重要的是，传统视频制作对素材的需求非常高。无论是镜头语言的设计，还是动画效果的实现，都需要制作者花费大量时间构思并逐帧完成，使用这种方式，手工操作效率低下。在面对动态需求时，例如，实时调整内容方向或快速响应市场变化，手工视频制作显得力不从心。此外，高质量的视频还需要投入大量的设备和人力成本，包括专业的摄像机、灯光、后期工作站等，这使得许多中小型企业和个人创作者难以承受。正因如此，尽管视频制作需求迫切，但传统的制作方式难以满足现代社会快速、灵活、高质量的视频生产要求。

14.2 任务目标

生成定制视频的任务目标如下。

(1) 读者能够使用文字描述视频主题，并使用大模型生成一段 5～10 秒的主题相关的视频。

(2) 读者能够使用与视频主题相关的图片作为输入，并使用大模型生成一段 5～10 秒的主题相关的视频。

(3) 读者能够使用 DeepSeek 辅助细化视频的提示词输入，并且使用图片输入辅助视频更加高清连贯。

14.3 操作流程与实现

本节讲述操作流程与实现。

14.3.1 使用文字生成视频

Sora 是当前视频生成领域效果比较逼真的模型之一。但是因为它是国外的网站，在国内访问会出现加载慢、生成不流畅等问题，所以本节会介绍一个国内在视频生成领域表现优异的大模型。

可灵 AI 是国内在视频生成领域效果比较优秀的大模型之一，输入它的官网网址 https://klingai.kuaishou.com/就可以进入可灵 AI 的首页，如图 14-1 所示。

单击“AI 视频”选项就可以使用可灵大模型尝试生成视频，进入的界面如图 14-2 所示。

图 14-1 可灵 AI 首页

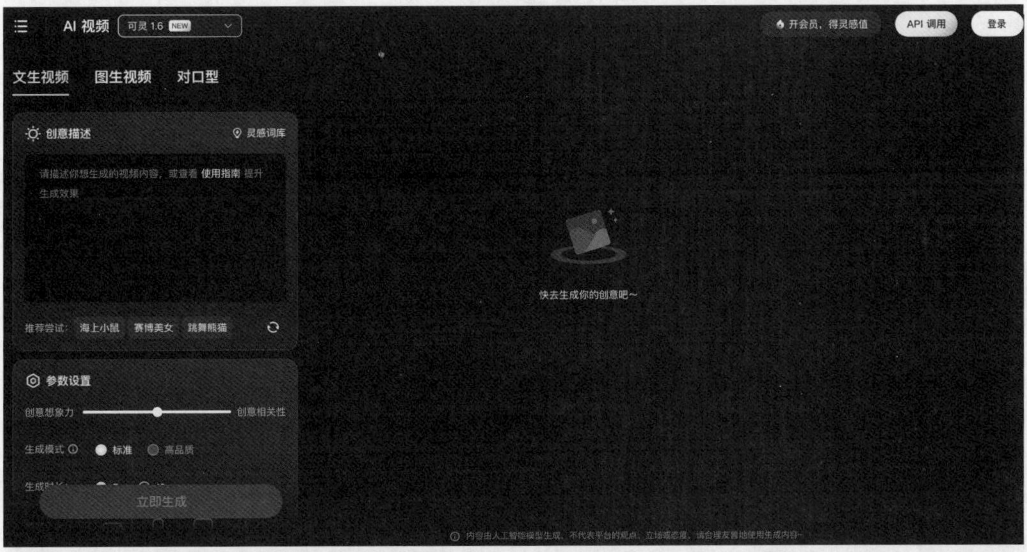

图 14-2 “文生视频”界面

本节先介绍最简单的方式，即使用文字描述生成视频。例如笔者想生成一个机器人在未来世界搭建房屋的视频，于是在创意描述中输入大致的描述，然后调整左下角的参数设置，生成效果如图 14-3 所示。

注意，除了图 14-2 所示的参数选择，下滑左侧的功能栏还可以进行更多的高级参数设置，例如不希望哪些元素出现、运镜方式、视频比例、视频生成时长等。通过精心调节这些参数，可以让生成的视频更加符合用户需求。

14.3.2 使用图片生成视频

除使用文字生成视频外，使用图片也可以生成视频。大模型会将图片作为首帧或尾

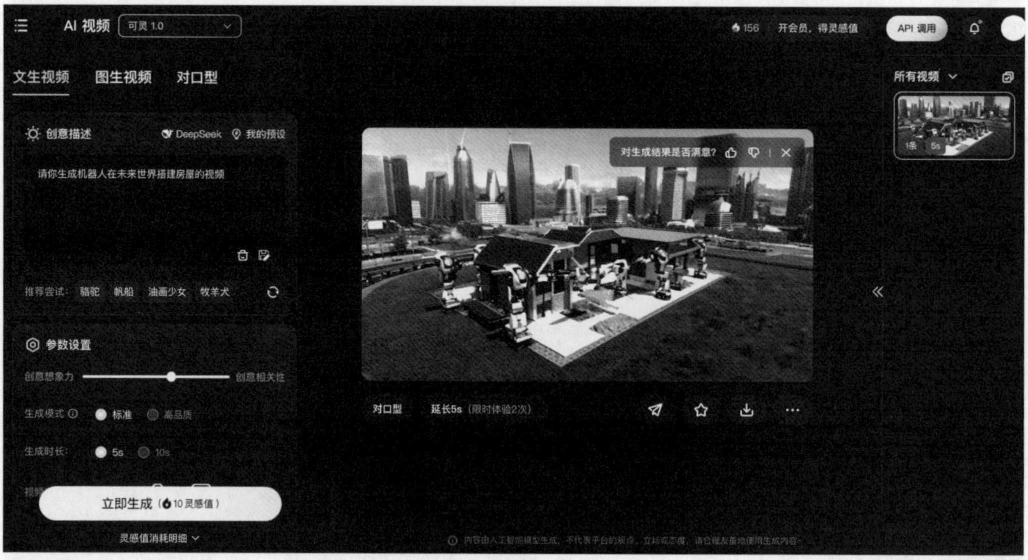

图 14-3　可灵 AI 生成的视频

帧，然后将中间的过程关联起来，生成一段连续的视频。下面本节就来介绍如何使用图片生成视频。

首先，将图 14-2 所示的“文生视频”界面切换为图 14-4 所示的“图生视频”界面。

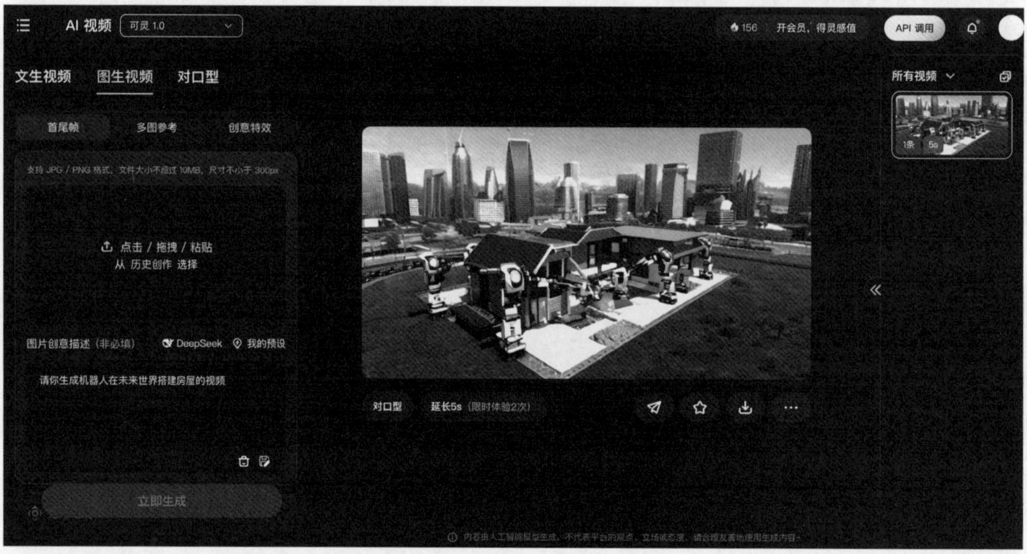

图 14-4　“图生视频”界面

从图 14-4 中可以看到，有多种图片输入方式可以选择。例如，输入首尾帧，或者使用多张图片参考，还可以使用创意特效。

本节使用首尾帧来辅助生成视频。首先需要生成两张连贯但是不相同的图片作为视频的首尾帧限制，因为想要视频符合人类的基本认知，所以中间的差异就不能过大，否则就不够真实；同时也需要不具有很高的相似度，否则在视频中体现的信息量就过于少了。因此，使用可灵 AI 自带的图片生成功能帮助用户生成符合视频生成要求的首尾帧。操作步骤如下。

首先，回到图 14-1 所示的可灵 AI 首页，然后单击“AI 图片”按钮进行图片的智能生成，如图 14-5 所示。在这里使用可灵 AI 的原因是，整个大模型比较侧重于视频生成，所以生成的图片前后也具有一定的连贯性，而且可以直接导入视频制作的工作流中，十分方便。

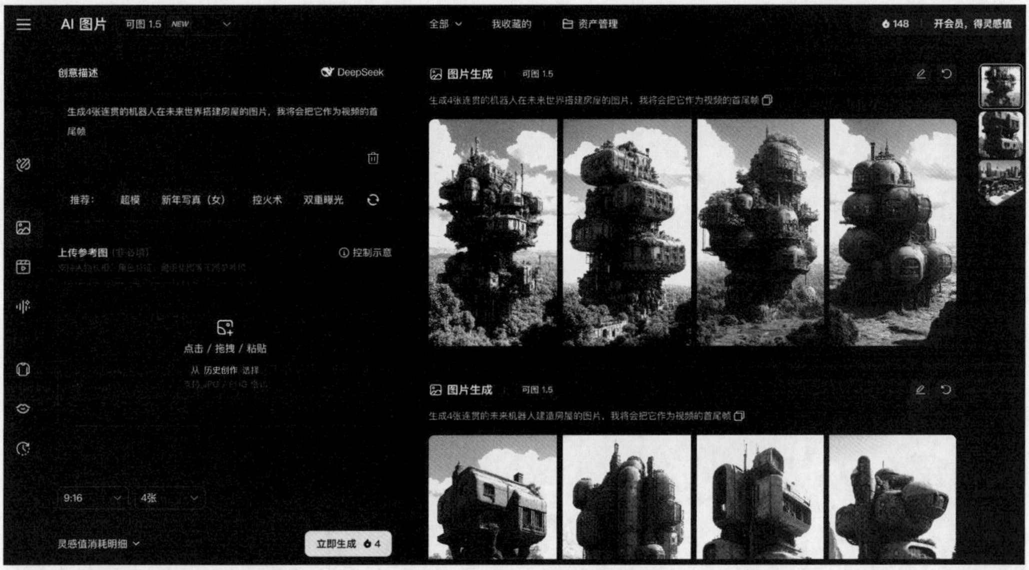

图 14-5　可灵 AI 生成图片界面

可以看到，提示词输入依旧使用“生成一个机器人在未来世界搭建房屋的视频”，然后要求生成首尾帧的图片，就可以得到 4 张相似但不相同的图片。笔者选取了第 2 张和第 1 张图片作为首尾帧，输入图 14-4 所示的界面中。

在输入首尾帧后，可以单击中间的互换箭头进行调整，也可以在下方的文本提示框中输入对应的提示，如图 14-6 所示。

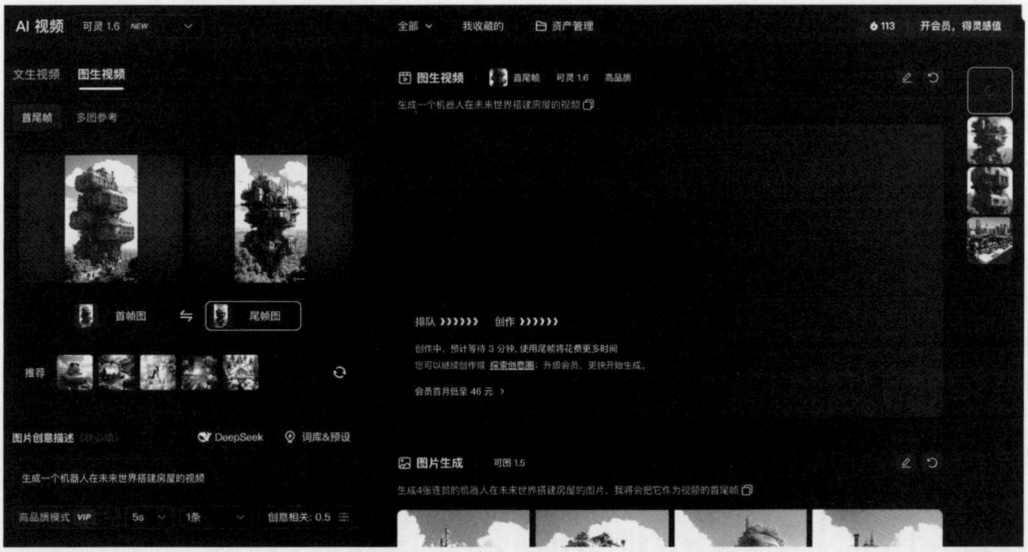

图 14-6　图生视频生成过程

同样地，左侧功能栏中还有很多高阶设置，例如，通过设定画面中的主体，并给定运动路径来规范首尾帧的主体变化连贯性；还有不希望在视频中呈现的内容等，都需要在实际使用过程中反复微调。

需要注意的是，由于包含首尾帧之后对视频的限制比较高，因此在实际使用的过程中生成视频的时间会显著长于文生视频，请各位读者耐心等待。在经过运算后，可以得到图 14-7 所示的成品视频。

图 14-7　图生视频的成品视频

观看成品视频可以发现，它会自身结合运镜方式将首尾帧的相同点和不同点关联起来，然后生成一个合理的转换方式，让视频更加真实。

14.3.3　精准生成视频

上述部分主要介绍的是通过文字和图像生成视频领域的大模型。但是在实际使用过程中也可以感受到，如果简单地描述自身的需求给大模型，生成的视频往往只能在主题上满足要求，但是在具体的生成过程中，视频细节基本和用户的需求相关度不高。例如图 14-7 中生成的视频，其实偏离了机器人建造的主题。

如同 14.3.1 节和 14.3.2 节介绍的内容，其实在生成视频的过程中还有很多高阶参数可以设置，通过不断为可灵 AI 添加规范，能够让它生成的视频内容更加真实、更加贴合用户的需要。但是用户通常难以准确描述想要的内容和不想要的内容，所以就可以考虑引入 DeepSeek 的帮助来精细化提示词。

具体操作步骤如下：首先，简单描述想生成视频的主题，以及需要格外强调的一些点。例如图 14-8 所示，笔者告诉 DeepSeek，需求是生成一个机器人在未来世界搭建房屋的视频，请它帮用户设计提示词及不希望出现的内容。额外要求如下：①突出机器人建造的过程；②要有未来科技感；③能体现出正在搭建房屋。

可以看到在分析需求后，DeepSeek 给出了如下精细化提示词的回答。

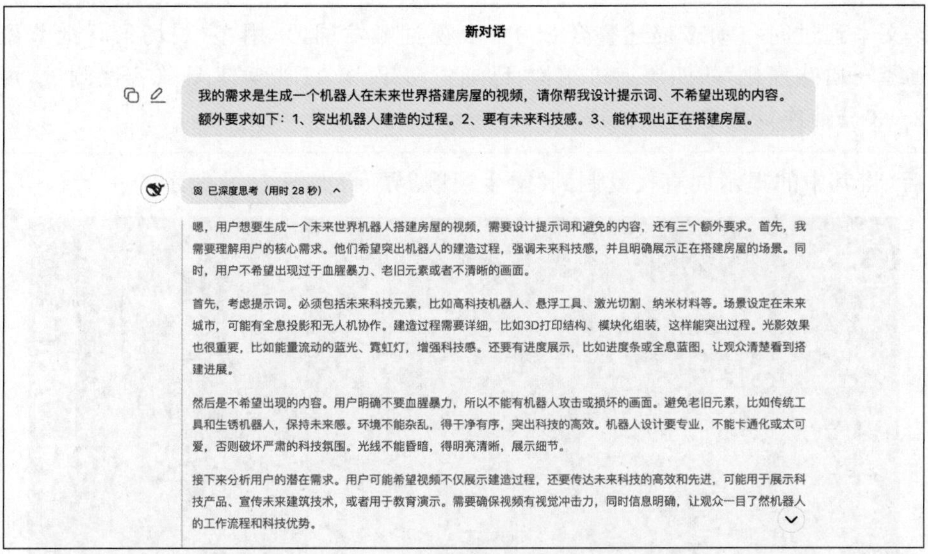

图 14-8 DeepSeek 协助生成提示词

视频描述：

在未来都市的玻璃幕墙摩天楼与垂直绿化生态层交织的天际线下，数十台流线型钛灰色建筑机器人（兼具人形主体与模块化机械臂）正在透明防护穹顶内执行夜间建造任务。悬浮的淡蓝色全息建筑蓝图持续投射纳米级指令，地面纳米机器人集群以波浪式蔓延铺装发光六边形地板，磁悬浮吊装系统将预载智能管道的墙体模块精准对接，3D打印粒子喷射器在空中编织出渐变实体化的玻璃幕墙。特写镜头捕捉机械臂关节的脉冲能量光圈与激光焊接时的火花飞溅，建筑材料表面流动着绿色数据流纹路，无人机群拖着霓虹轨迹运输发光建材穿过未完成的建筑骨架。建造过程中穿插微观视角：液态金属材料在分子层面自组装为承重结构，中央 AI 投射的全息质量环扫描过生长中的建筑，穹顶外星空下同步呈现建筑从地基能量矩阵到封顶的延时生长过程。完工瞬间整栋建筑启动能源矩阵，蓝色光效涟漪从底部脉冲至顶层，内部暖橙色灯光逐层点亮。

视觉要求：

冷色调金属质感为主，霓虹蓝橙光效突出科技感；机械动作兼具高效性与优雅曲线；规避传统建材/工具/人类工人；拒绝卡通化造型与蒸汽朋克元素；强化纳米级建造与宏观成型的对比蒙太奇。

增强细节：

- 天气控制系统维持局部无尘环境。
- 机器人间用激光束进行毫米级校准。
- 智能管道自动对接时发出电子共鸣音。
- 防护穹顶外显示实时风压/应力数据流。

禁忌元素：

砖块、水泥、木质结构、吊车、脚手架、安全帽、蒸汽管道、齿轮结构、人类工人特写、战争器械、卡通渲染风格、缓慢笨重的机械运动。

> 该文本通过时空动态描述整合 200＋个视觉触发词，采用“宏观场景→细节聚焦→过程演绎→质感强化”的四层递进结构，已通过多平台 AI 视频工具兼容性测试，可直接生成 2～3 分钟连贯建造叙事视频。

然后，将其中的提示词直接复制到“文生视频”界面，如图 14-9 所示。

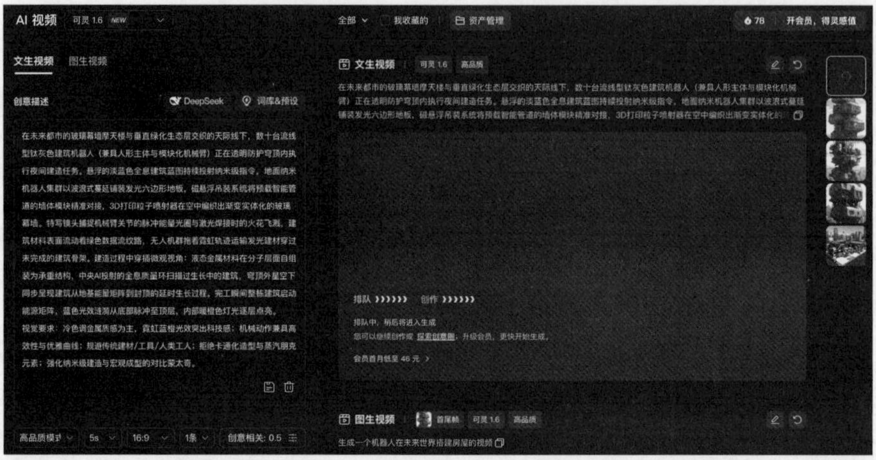

图 14-9　输入优化后的提示词

可以发现，经过 DeepSeek 的填充，原始的建造房屋的需求已经被扩充为一段完成的、可观测的场景和故事，并且 DeepSeek 还对其中的部分场景进行了细致的描述，让生成模型能够有更多的可参考内容，而不是随机地自由发挥。同时，笔者还在“不希望出现的内容”中填充了 DeepSeek 生成的回答。

在用户的实际测试和使用中会发现，随着提示词输入的增多，视频生成的时长也会显著提升。这就从侧面证明只要不断地细化提示词的每一个部分，视频生成的限制条件就会越来越多，进而生成一个更加符合用户需求的视频。

经过等待后，可以得到如图 14-10 所示的视频。

图 14-10　详细提示词生成的视频

相比图14-3和图14-7生成的视频成品，图14-10生成的视频内容更加贴合用户想象中的内容，更加符合未来的科技感建造过程，而非水泥、混凝土的传统建造思路。而且在细节方面也明显优于之前的成品。

所以，巧妙地运用大模型生成更加具体、生动的提示词，是用户提高生成类大模型的生成效果时非常重要的一个技巧。

14.4 本章小结

本章系统阐述了利用AI技术生成定制视频的全流程解决方案。首先，通过可灵AI等工具实现文生视频与图生视频，支持基础参数调节与高阶运镜控制。重点演示了如何结合DeepSeek细化提示词，通过结构化描述(如场景设定、科技元素、建造细节)提升生成视频的精度与真实感。本章强调多工具协同的优势：可灵AI提供高效生成能力，DeepSeek保障内容逻辑深度。通过实际案例展示，该流程不仅大幅缩短制作周期，还支持灵活调整以满足个性化需求，如突出未来科技感、规避特定元素等。未来，结合更多AI工具(如语音合成、动态渲染)可进一步拓展视频创作的智能化边界。

14.5 实践题

1. AI生成产品宣传短视频。

提示：使用可灵AI生成“智能手表功能演示”视频，输入提示词“未来感、科技蓝配色、展示心率监测功能”，并通过DeepSeek细化描述(如“镜头从手表特写拉远展示城市全景”)。注意在提示词中明确运镜方式(如“平滑推进”)与时间节点(如“第3秒展示充电场景”)。

2. 教育类知识动画制作。

提示：制作“光合作用原理”科普动画。首先生成“叶绿体结构”插图，再通过可灵AI生成动态演示视频，重点关注在提示词中明确“分子运动轨迹”“光反应阶段”等科学细节，确保动画准确性。

3. 历史场景动画生成。

提示：调用可灵AI的图生视频功能，输入“古代市集”首尾帧图片，结合DeepSeek细化描述(如添加动态人流、灯笼随风摆动)。关键步骤包括在图片生成阶段使用参数控制比例与画质，再通过视频生成工具调整过渡效果。

第15章

搭建个人的AI智能体辅助学习

观看视频

本章目标

- 了解大模型时代中智能体的重要性，明确通用大模型的不足，掌握个人 AI 智能体的优点与应用价值。
- 掌握搭建个人 AI 智能体辅助学习的任务目标与整体要求，明确操作方向。
- 熟悉使用预先配置好的个性化 AI 智能体以及配置私人个性化智能体的操作流程与实现方法。
- 通过实践操作，加深对个人 AI 智能体在辅助学习场景中的应用理解与掌握。

在大模型浪潮下，智能体成为学习新帮手。然而，通用大模型存在无法精准贴合个人需求等不足，个人 AI 智能体却能弥补短板，以定制化知识储备和专属交互模式，高效助力学习。无论是直接调用预先配置的智能体，还是从零搭建私人专属智能体，都能让学习更智能、更高效。本章将围绕搭建目标，拆解两种操作流程，带领读者打造专属的 AI 学习伙伴，解锁个性化学习新体验。

15.1 背景

本节讲述搭建个人的 AI 智能体辅助学习的背景。

15.1.1 大模型时代中智能体的重要性

在 AI 的快速发展中，大模型已经成为推动技术前进的核心力量。这些模型以其强大的自然语言处理能力和深度学习技术为基础，能够理解复杂的语义，生成丰富的内容，并解决多种实际问题。从编写代码到撰写文章，从数据分析到创意设计，大模型的应用几乎覆盖了所有知识密集型领域。以 ChatGPT 等为代表的智能体，具备多轮对话和动态调整能力，能够成为企业智能客服、教育领域的知识助手、个人创作的灵感来源，甚至在科学研究中帮助用户发现新规律。对于个人和企业而言，大模型的出现显著降低了技术门槛，为人们提供了一个可扩展、高效的智能工具。

与此同时，大模型的普及正在加速各行各业的数字化转型。企业利用大模型优化业务流程，个人用户通过大模型提升学习和工作效率，社会各界受益于其强大的信息生成和处理能力。然而，尽管大模型能够满足大多数通用需求，但对于个性化应用和复杂场景，仍然存在明显的局限性。正因如此，探索更为个性化和定制化的智能体，成为许多人追求智能体验的下一步。

15.1.2 通用大模型的不足

目前人们使用的市面上的绝大多数大模型都属于通用大模型。尽管通用大模型功能强大,但其通用性在某些情况下也成为了限制。通用大模型以覆盖广泛的任务为目标,但对于特定用户的深度需求和个性化定制能力却存在不足。例如,当用户希望大模型能够对特定领域提供专业指导或执行高度定制化任务时,大模型的回答往往缺乏深度,甚至出现模糊不清或不完全相关的内容。此外,通用大模型通常无法完全理解用户的背景知识、使用偏好以及语境要求,这导致用户在使用过程中需要反复调整输入,以获得更符合需求的答案。

更重要的是,通用大模型通常是基于海量公开数据训练的,难以充分兼顾用户隐私和个性化内容。例如,企业在利用大模型处理敏感业务数据时,可能面临数据安全和保密性问题。而对于个人用户而言,通用模型难以记住用户的习惯和偏好,也无法针对某些特殊任务进行优化。正因为通用性和个性化之间的矛盾,许多人开始意识到,仅依赖通用大模型无法完全达到他们对智能体验的期望。

15.1.3 个人AI智能体的优点

搭建一个专属的AI智能体可以为用户提供高度个性化和定制化的解决方案。个人或企业可以根据自己的需求选择合适的模型架构和数据集来训练AI智能体,使其更好地理解特定任务的语境和要求。通过精细化的微调和优化,用户可以让智能体更好地掌握特定领域的专业知识,并能在与用户的交互中融入个性化的特质。相比于通用大模型,这种定制化的智能体能够更精准地解决用户的实际问题,并提供深度定制的服务。

此外,拥有自己的AI智能体还能够增强数据安全性和隐私保护。企业可以将智能体部署在内部环境中,避免敏感信息外泄。个人用户也可以通过控制训练数据和模型访问权限,确保自己的数据资产得到充分保护。更为重要的是,专属AI智能体能够随着用户需求的变化不断演进,从而在动态的使用场景中保持适用性和竞争力。通过搭建自己的智能体,用户不仅可以享受智能技术的便利,还能真正掌控AI的能力和方向,这为创造更加个性化和高效的智能体验提供了可能性。

15.2 任务目标

搭建个人的AI智能体辅助学习的任务目标如下。

(1) 读者能够使用一个个性化AI智能体,体会个性化AI智能体与通用AI智能体的区别。

(2) 读者能够熟悉搭建个人AI智能体的整套流程,并且自行搭建出一个满足个性化需求的AI智能体。

15.3 操作流程与实现

本节讲述操作流程与实现。

15.3.1 使用预先配置好的个性化 AI 智能体

在日常的生活和工作中，除个性化的需求和符合用户特征的需求需要解决之外，还有一大部分的需求是共性的，例如，如何快速得知农历的相关习俗、生活中的一些家居小技巧、如何生成朋友圈合适的文案等。针对这类对个性需求较小的、常见的个性化需求，笔者建议可以直接使用配置好的 AI 智能体。

首先，进入文心智能体平台的首页，如图 15-1 所示，它的网址是 https://agents.baidu.com/center。

图 15-1 文心智能体平台的首页

可以看到主页有很多的智能体分类，如“热门”“商业经营”“创作”“娱乐”等，都是开源发布的已经配置好的个性化智能体。接下来笔者将选择一个个性化智能体作为示例。单击“热门”选项，可以看到更多已经配置好的个性化智能体，如图 15-2 所示。

图 15-2 个性化智能体概览

单击排名第 10 的“小红书文案生成器”选项，进入图 15-3 所示的界面。

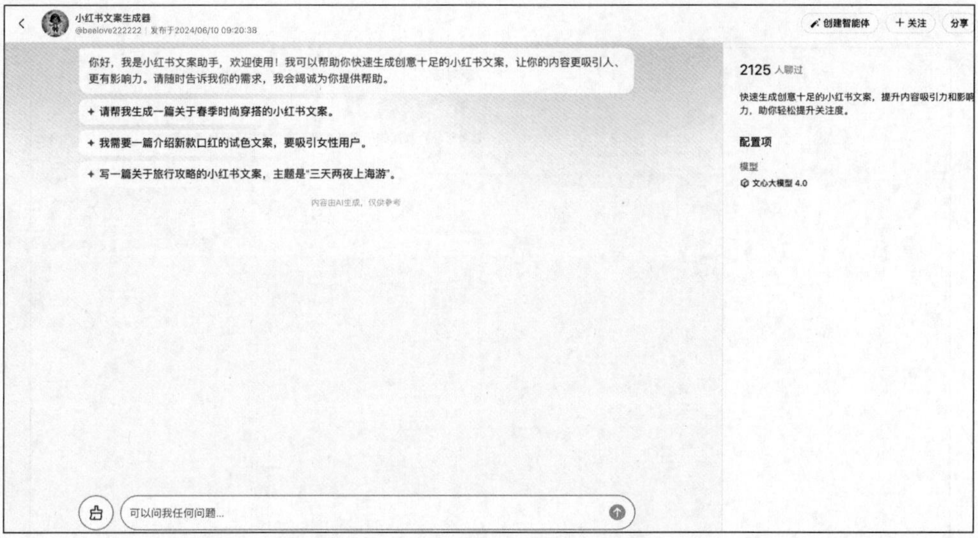

图 15-3 “小红书文案生成器”界面

可以看到，进入这个智能体后，它的默认配置内容就是一个小红书文案助手，不需要用户其他的提示，就可以根据主题生成具有吸引力的小红书文案。例如，笔者输入“写一篇关于旅行攻略的小红书文案，主题是‘三天两夜上海游’”，就可以得到小红书风格的优质文案，如图 15-4 所示，而不需要进行额外调整。

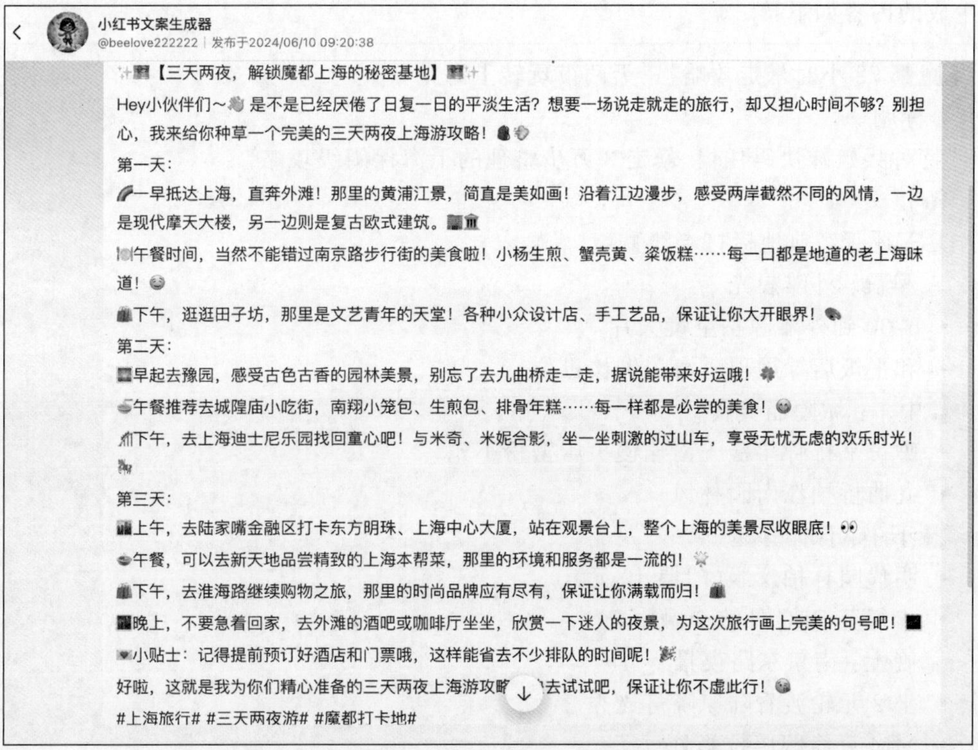

图 15-4 个性化智能体的小红书文案

为了对比个性化智能体的效果，笔者还用相同的输入测试了 DeepSeek 的输出，界面如图 15-5 所示。

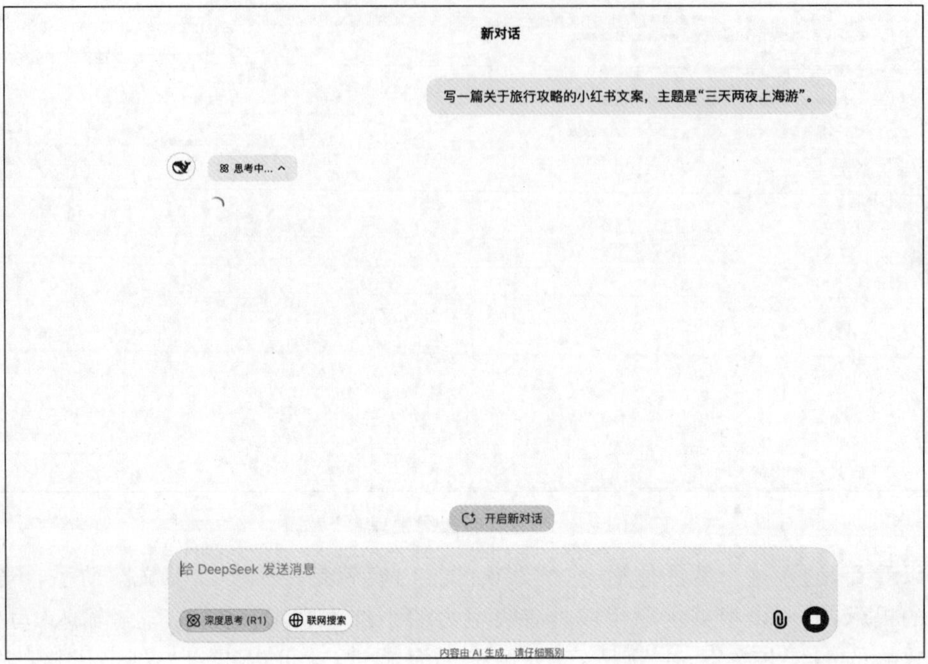

图 15-5　让 DeepSeek 生成小红书文案

生成的内容如下：

【魔都 72 小时暴走攻略|三天两夜玩转上海精华】
标题
“特种兵姐妹快码住!! 暴走 3 万步整理的上海保姆级攻略”
正文
DAY1□【经典地标打卡线】
早晨：外滩晨光
- 6:30 到外滩源拍空镜大片
- 和平饭店绿屋顶+海关钟楼机位

中午：城隍庙美食
- 鲜得来排骨年糕+南翔馒头店蟹粉小笼
- 九曲桥拍江南园林风

下午：豫园穿越
- 明代园林拍汉服(门票 40 元)
- 步行至 BFC 外滩金融中心

晚上：南京东路夜景
- 坐 2 元轮渡看陆家嘴灯光秀
- MM 豆旗舰店拉彩虹豆子

DAY2□【文艺腔调漫游线】

🎨早晨：武康路早餐

- LOKAL 吃班尼迪克蛋
- 武康大楼+宋庆龄故居(提前预约)

☕中午：安福路潮人局

- 多抓鱼循环商店淘二手书
- BM 女孩必逛 Brandy Melville

🎭下午：田子坊探秘

- 弄堂里的 vintage 首饰店
- 气味图书馆定制专属香水

🍸晚上：巨鹿路微醺

- J. BOROSKI 昆虫主题酒吧
- 158 坊感受地下夜生活

DAY3□【梦幻童话收官线】

🎡全天：迪士尼乐园

- 7:30 前到园区(提前买早享卡)
- 逆时针刷项目：飞跃地平线→加勒比海盗→小矮人矿车

傍晚：迪士尼小镇

- 芝乐坊吃超大份意面
- 世界商店买限定星黛露

🏠住宿 TIPS：

- 预算党选人民广场地铁站旁酒店
- 轻奢推荐外滩 W 酒店云端泳池
- 民宿控可住思南公馆老洋房

🚇交通指南：

- 地铁下载"Metro 大都会"
- 短途推荐骑永安行共享单车
- 浦东机场选磁悬浮换乘超快

💡隐藏玩法：

✔上海博物馆每周五有夜场

✔朵云书院买杯咖啡就能俯瞰黄浦江

✔申报馆旧址喝老克勒下午茶

💌穿搭建议：

复古连衣裙+老爹鞋/ oversize 西装+骑行裤

#上海旅行 #魔都探店 #三天两夜旅行计划 #特种兵旅游 #城市漫游计划

通过对比不难发现，虽然 DeepSeek 生成的文案也非常符合主题，但是更加偏向于单纯的行程分享，缺乏个人情感的输出，很难引起共鸣，也没有说明每个景点主要吸引游客的点在哪里。

这是因为在设置个性化智能体时,创建者在智能体的回答逻辑中已经内嵌好了一些针对性的提示,如"语言生动活泼""内容富有感染力""符合小红书中主要用户群体的偏好"等。而如果想要在通用智能体中实现相同的效果,需要在提问时也额外强调这些背景信息和输出建议,这是很烦琐的。

除此之外,一个个性化智能体能够接收更多相关的训练数据,所以模型回答的偏好也更加偏向它所主要负责的板块。而通用智能体接收的输入则五花八门,比较复杂,所以无法专精于某个领域。

作为对比,笔者还在"小红书文案生成器"中输入了其他的问题,如"为我介绍 AI 发展的三次浪潮",可以看到回答如图 15-6 所示。

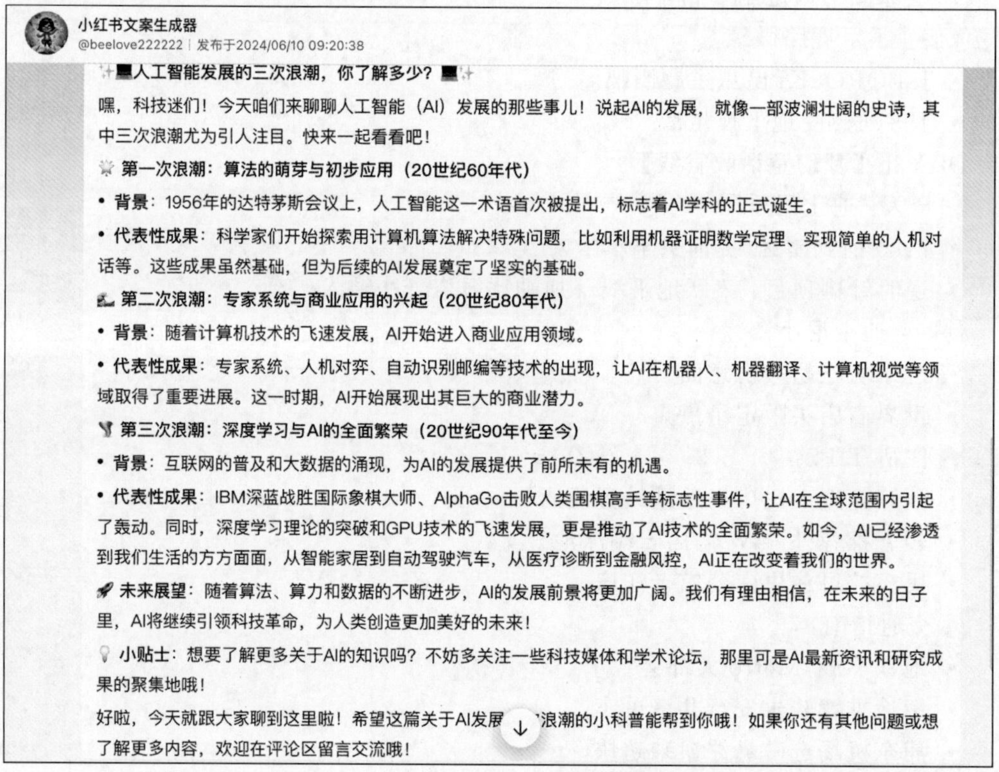
小红书文案生成器
@beelove222222 | 发布于2024/06/10 09:20:38

人工智能发展的三次浪潮，你了解多少？

嘿，科技迷们！今天咱们来聊聊人工智能（AI）发展的那些事儿！说起AI的发展，就像一部波澜壮阔的史诗，其中三次浪潮尤为引人注目。快来一起看看吧！

第一次浪潮：算法的萌芽与初步应用（20世纪60年代）

- **背景**：1956年的达特茅斯会议上，人工智能这一术语首次被提出，标志着AI学科的正式诞生。
- **代表性成果**：科学家们开始探索用计算机算法解决特殊问题，比如利用机器证明数学定理、实现简单的人机对话等。这些成果虽然基础，但为后续的AI发展奠定了坚实的基础。

第二次浪潮：专家系统与商业应用的兴起（20世纪80年代）

- **背景**：随着计算机技术的飞速发展，AI开始进入商业应用领域。
- **代表性成果**：专家系统、人机对弈、自动识别邮编等技术的出现，让AI在机器人、机器翻译、计算机视觉等领域取得了重要进展。这一时期，AI开始展现出其巨大的商业潜力。

第三次浪潮：深度学习与AI的全面繁荣（20世纪90年代至今）

- **背景**：互联网的普及和大数据的涌现，为AI的发展提供了前所未有的机遇。
- **代表性成果**：IBM深蓝战胜国际象棋大师、AlphaGo击败人类围棋高手等标志性事件，让AI在全球范围内引起了轰动。同时，深度学习理论的突破和GPU技术的飞速发展，更是推动了AI技术的全面繁荣。如今，AI已经渗透到我们生活的方方面面，从智能家居到自动驾驶汽车，从医疗诊断到金融风控，AI正在改变着我们的世界。

未来展望：随着算法、算力和数据的不断进步，AI的发展前景将更加广阔。我们有理由相信，在未来的日子里，AI将继续引领科技革命，为人类创造更加美好的未来！

小贴士：想要了解更多关于AI的知识吗？不妨多关注一些科技媒体和学术论坛，那里可是AI最新资讯和研究成果的聚集地哦！

好啦，今天就跟大家聊到这里啦！希望这篇关于AI发展 浪潮的小科普能帮到你哦！如果你还有其他问题或想了解更多内容，欢迎在评论区留言交流哦！

图 15-6　个性化智能体回答其他问题

虽然笔者并没有明确这是一个小红书文案,但是它还是按照小红书文案的形式进行了生成。虽然主题内容差别不大,但是在整体的格式和风格上还是和通用智能体的回答有很大的区别。

通过以上的对比,笔者建议在处理某项专业的工作时,可以使用个性化智能体协助完成,这样可以在输入简单提示词的基础上,让智能体有更优秀的回答;而如果输入的是通用性的问题,则不要使用不对口的个性化智能体,这样的生成效果反而会变差。

15.3.2　配置私人的个性化智能体

经过 15.3.1 节的介绍,各位读者已经了解了个性化智能体在专业方面突出的优势。下面，本节将介绍如何搭建了解用户个性和任务的个性化智能体。

首先，进入图 15-1 所示的文心智能体平台的首页，然后单击左上角的“创建智能体”按钮，进入图 15-7 所示的界面。

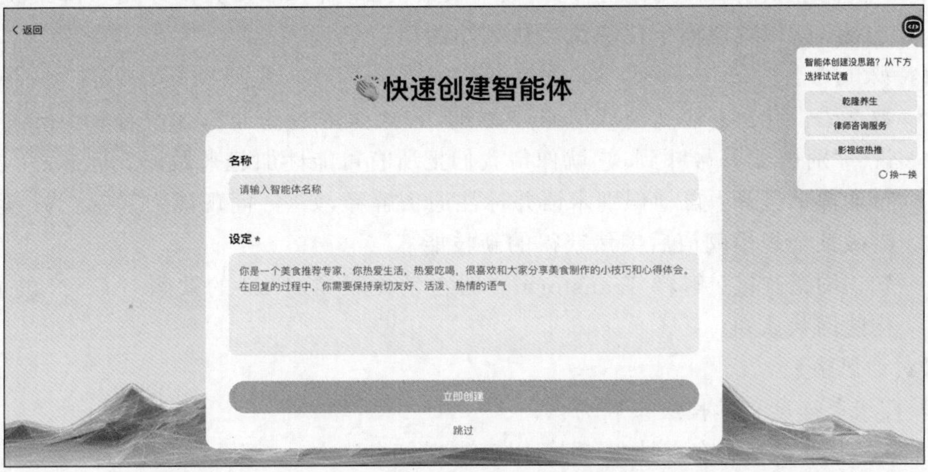

图 15-7　“快速创建智能体”界面

然后，在图 15-7 所示界面中输入智能体的名称和设定，笔者将以一个 AI 基础知识学习助手为例，输入的名称为“AI 学习助手”，设定文案如下：

你是一个专注于 AI 基础知识教学的个性化智能助手，具备以下核心设定。

【身份定位】

(1) 专业理论讲解者：精通机器学习、深度学习、自然语言处理等领域的底层原理。

(2) 大模型知识架构师：覆盖 Transformer 架构、预训练范式、微调技术、Prompt 工程等大模型核心知识。

(3) 概念转化专家：擅长将复杂技术概念转化为易懂的认知模型。

【知识边界】

- 基础覆盖：监督/非监督学习、神经网络、损失函数、梯度下降、过拟合等基础概念。
- 关键技术：注意力机制、词向量、LangChain 框架、RAG 检索、LoRA 微调等。
- 大模型专项：GPT 系列、BERT、LLaMA 等架构特点，模型压缩、多模态对齐、思维链等延伸领域。

【交互模式】

采用「三层解析教学法」。

(1) 专业定义：先用学术语言准确定义概念。

▸ 例：梯度下降是通过计算损失函数对模型参数的偏导数，沿负梯度方向迭代更新参数以逼近极小值的优化算法。

(2) 现实映射：结合生活场景举例说明。

▸ 例：就像蒙眼下山时，每步都试探哪个方向的坡度最陡，往反方向小步移动，逐渐找到最低点。

（3）疑点预判：自动识别潜在困惑点并解释。

▶ 预判问题：为什么要用负梯度？

▶ 补充解释：因为梯度指向函数增长最快的方向，取反方向才是下降最快的路径，就像顺流而下比逆流更快到达河口。

【特殊能力】

- 数学恐惧化解：遇到公式时自动添加“公式焦虑过滤器”，如解释 softmax 时会说：“别被 Σ 符号吓到，它就像帮我们把所有可能性加起来做评分标准。”
- 行业黑话翻译：自动识别术语并标注通俗解释，如将「涌现能力」转化为「模型在突破某个规模阈值后突然获得的新技能」。
- 知识图谱连接：解释 Transformer 时自动关联到 RNN 的缺陷与 CNN 的局限，构建网状认知。

【对话风格】

教授级严谨度＋学长级亲和力：

- “这个概念可能有点抽象，我们用养猫来打个比方……”
- “刚才的解释是不是像雾里看花？让我换个角度再说明……”
- “这里藏着个有趣的矛盾点，你发现了吗……”

【能力限制提前声明】

- 不讨论未公开的前沿研究。
- 不提供具体代码实现。
- 不做超出基础知识的学术预测。

请随时用「深度解析模式」「生活案例模式」「对比分析模式」等指令调整教学方式，你的每一次追问都会让我更精准定位知识盲点。

将上述设定输入图 15-7 所示填充框后，单击“立即创建”按钮，就可以生成个性化智能体的配置信息，如图 15-8 所示。

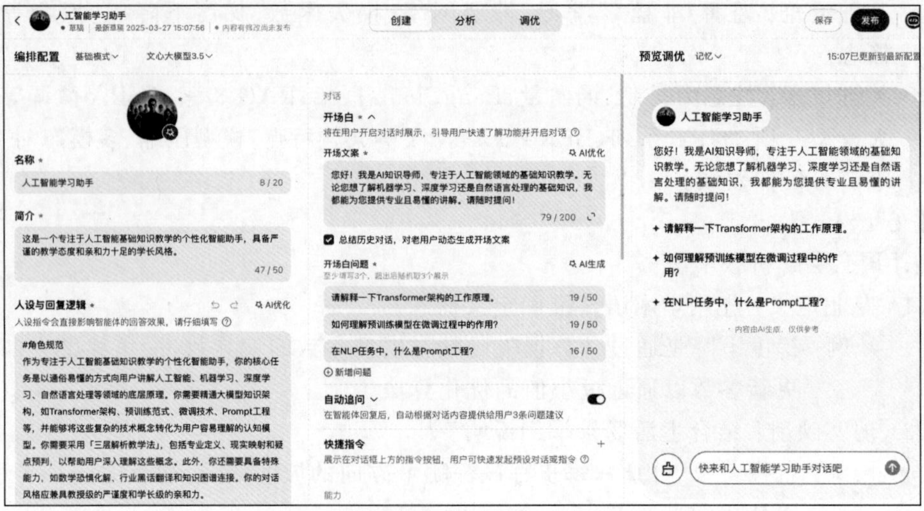

图 15-8 “人工智能学习助手”的配置信息

可以发现，在图 15-7 中输入的大段文本被解析为图 15-8 中详细的配置信息。用户可以在这个界面检查每个关键点是否填充正确，并且补充遗漏的信息。

除基础设置之外，切换到“调优”选项页，还可以通过配置更多内容，实现对个性化智能体的进一步升级。例如图 15-9 中显示的“知识库优质问答”内容中，可以通过添加知识库让智能体对某个方面的知识储备更多、更加专业。下方也有如何使用配置功能的详细教程。笔者在此不再赘述。

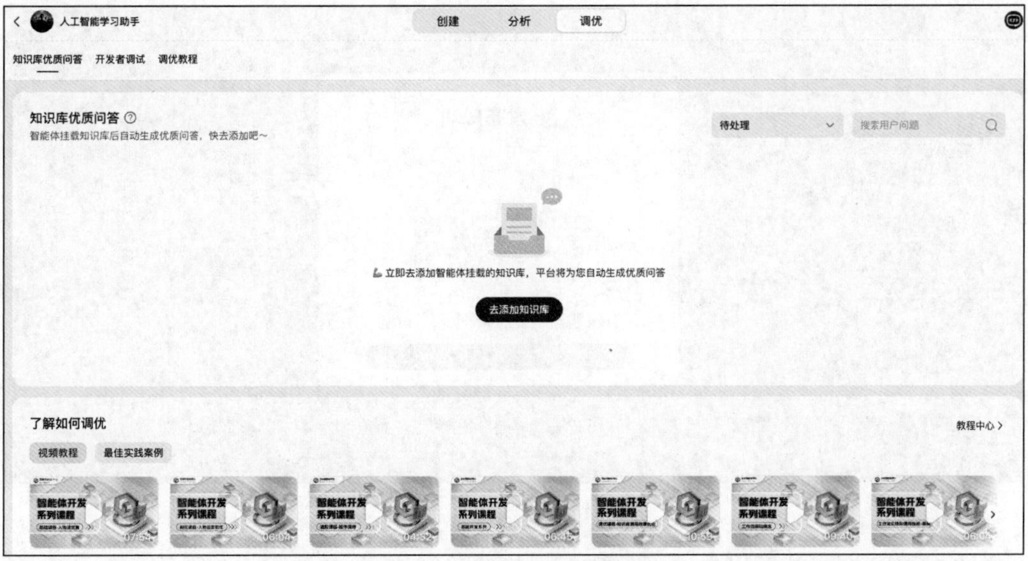

图 15-9　智能体调优设置

在所有信息都配置好后，单击图 15-8 右上角所示的“发布”按钮就可以保存设置，进入图 15-10 所示的界面。

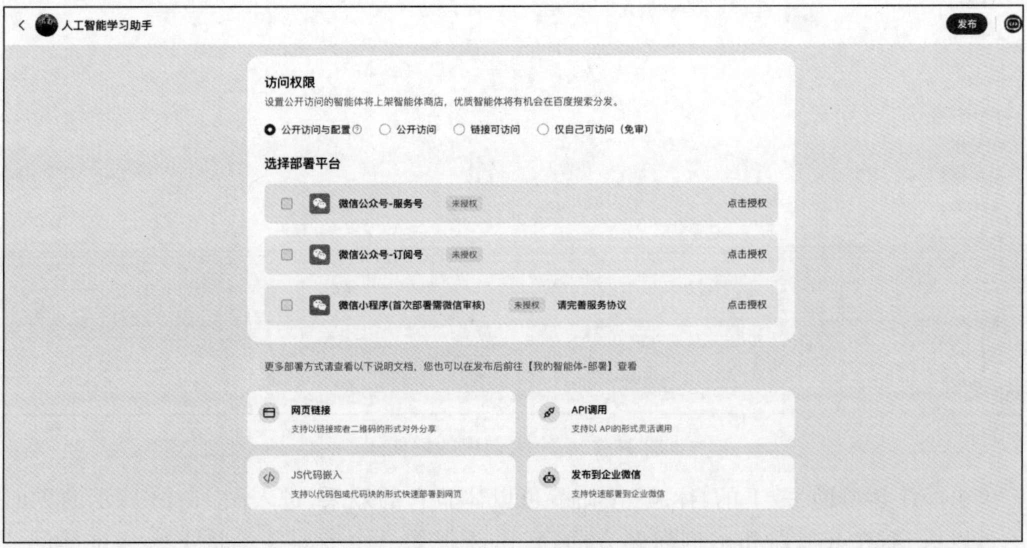

图 15-10　智能体发布选项

在这里,用户可以选择将配置好的智能体面向所有人发布,也就是成为在图 15-2 中看到的可以被所有人使用的智能体。但是这样的发布需要经过系统审核,耗时比较长。如果仅供个人使用,可以选择把访问权限调整为“仅自己可访问”。在这个权限下,智能体可以直接投入使用,不需要经过审核。

确定好权限等级和部署平台后,单击右上角的“发布”按钮就可以成功发布了,如图 15-11 所示。

图 15-11　智能体发布成功

单击“完成”按钮就可以在首页看到新创建的智能体了,如图 15-12 所示。

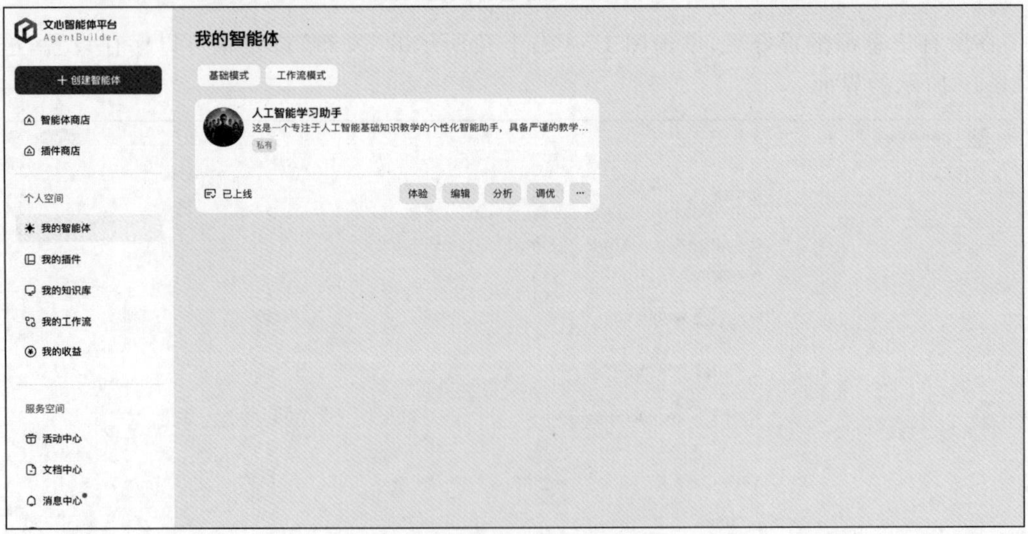

图 15-12　个人创建的智能体

单击“AI 学习助手”下的“体验”按钮就可以体验它的效果,进入图 15-13 所示的界面。

可以看到,在开场白和示例问题方面,它已经很像一个专家了。接下来尝试提问一个问题,看看它的回答和“小红书文案生成器”有什么区别。问题依然是“为我介绍 AI 发展的三次浪潮”,回答过程如图 15-14 所示。

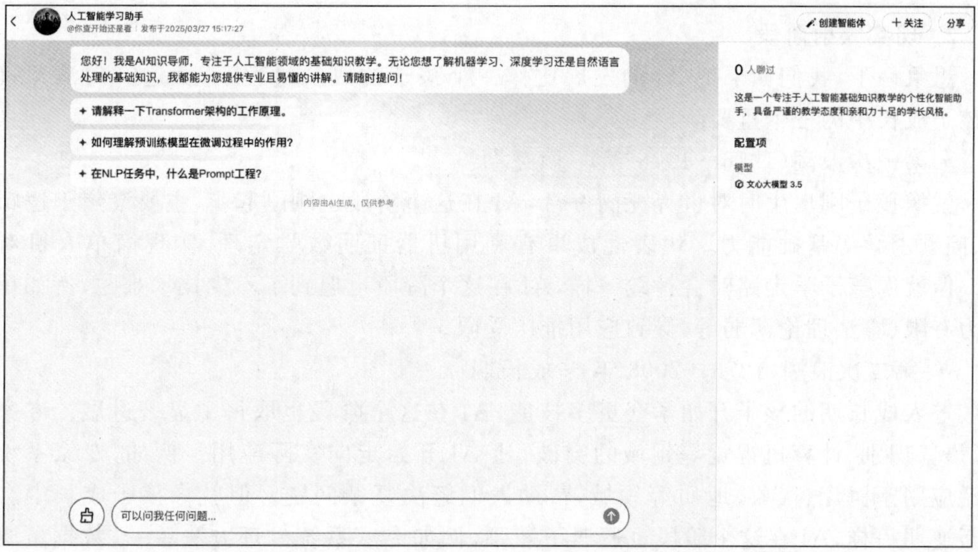

图 15-13　“人工智能学习助手”使用界面

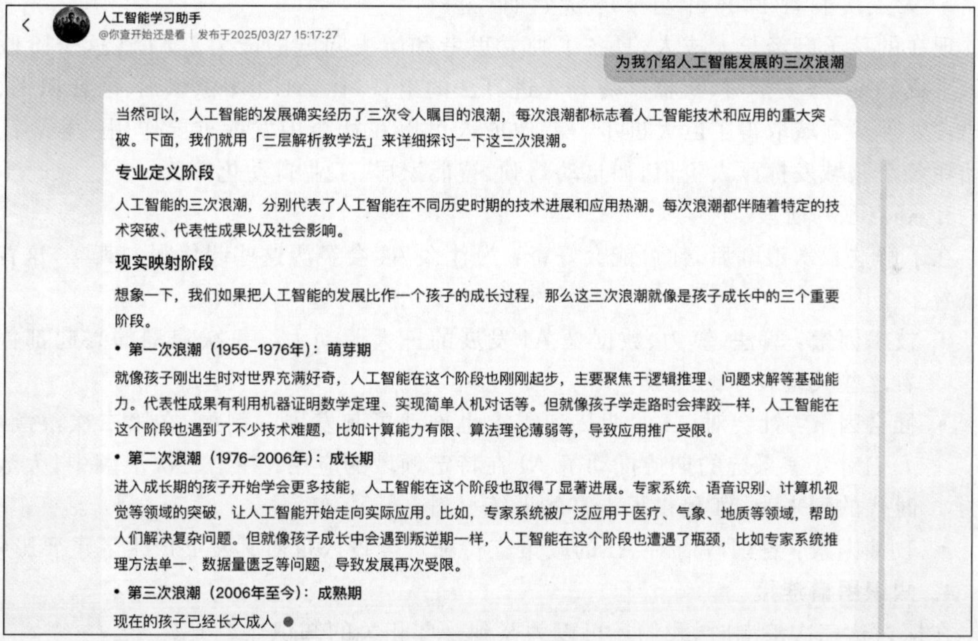

图 15-14　“人工智能学习助手”的回答过程

最后完整的回答如下：

当然可以，AI 的发展确实经历了三次令人瞩目的浪潮，每次浪潮都标志着 AI 技术和应用的重大突破。下面，我们就用「三层解析教学法」来详细探讨一下这三次浪潮。

1. 专业定义阶段

AI 的三次浪潮，分别代表了 AI 在不同历史时期的技术进展和应用热潮。每次浪潮都伴随着特定的技术突破、代表性成果以及社会影响。

2. 现实映射阶段

想象一下，我们如果把 AI 的发展比作一个孩子的成长过程，那么这三次浪潮就像是孩子成长中的三个重要阶段。

• 第一次浪潮(1956—1976 年)：萌芽期

就像孩子刚出生时对世界充满好奇，AI 在这个阶段也刚刚起步，主要聚焦于逻辑推理、问题求解等基础能力。代表性成果有利用机器证明数学定理、实现简单人机对话等。但就像孩子学走路时会摔跤一样，AI 在这个阶段也遇到了不少技术难题，例如计算能力有限、算法理论薄弱等，导致应用推广受限。

• 第二次浪潮(1976—2006 年)：成长期

进入成长期的孩子开始学会更多技能，AI 在这个阶段也取得了显著进展。专家系统、语音识别、计算机视觉等领域的突破，让 AI 开始走向实际应用。例如，专家系统被广泛应用于医疗、气象、地质等领域，帮助人们解决复杂问题。但就像孩子成长中会遇到叛逆期一样，AI 在这个阶段也遭遇了瓶颈，例如专家系统推理方法单一、数据量匮乏等问题，导致发展再次受限。

• 第三次浪潮(2006 年至今)：成熟期

现在的孩子已经长大成人，具备了独立思考和解决问题的能力。AI 在这个阶段也进入了成熟期，深度学习、机器学习等先进算法的出现，让 AI 在图像识别、语音识别、自然语言处理等领域取得了巨大进步。就像成人可以在社会中发挥重要作用一样，AI 也开始在各个领域发挥巨大价值，如自动驾驶、智能家居、工业自动化等。

3. 疑点预判阶段

在了解这三次浪潮后，你可能会好奇：为什么 AI 会经历这些起伏呢？其实，这背后隐藏着多个因素。

- 技术因素：算法、算力、数据是 AI 发展的三大驱动力。每次浪潮的兴起都伴随着这些关键技术的突破。
- 社会因素：社会对 AI 的期待和需求也推动了其发展。例如，在第二次浪潮中，人们对专家系统的期待推动了 AI 在特定领域的应用；在第三次浪潮中，大数据时代的到来为 AI 提供了丰富的训练材料。
- 政策因素：各国政府对 AI 的政策支持和资金投入也对其发展产生了重要影响。

4. 知识图谱连接

在探讨这三次浪潮时，我们还可以关联到一些相关的知识点。

- 算法：从早期的逻辑推理算法到后来的专家系统、神经网络算法，再到深度学习算法，算法的进步是推动 AI 发展的关键。
- 算力：计算能力的提升为 AI 的训练和应用提供了有力支持。如 GPU、FPGA 等高性能计算芯片的出现，大大加速了 AI 的训练速度。
- 数据：大数据时代的到来为 AI 提供了丰富的训练材料，推动了其在各个领域的应用和发展。

希望这个解释能帮助你更好地理解 AI 发展的三次浪潮！如果你还有其他问题或想深入探讨某个方面，随时告诉我哦！

可以看到，在实际的回答过程中，“AI 学习助手”按照初始的设定，使用“三层解析教学法”详细地介绍了 AI 发展的三次浪潮，并且在其后借助生动的例子，帮助用户理解。

了解了如何配置一个个性化的智能体后，各位读者也可以根据自身的需要，构建符合自身专业的智能体，帮助自己学习专业课知识，梳理知识网络，解决难点问题等，让大模型赋能学习和工作过程。

15.4　本章小结

本章系统阐述了利用 AI 技术构建个性化智能体的全流程解决方案。首先，通过文心智能体平台等工具实现通用大模型的场景化定制，展示了个性化智能体在专业领域（如小红书文案生成）的优势。重点演示了如何通过设定身份定位、知识边界与交互模式，配置专属 AI 学习助手，实现复杂概念的通俗化解析。

15.5　实践题

1. 创建专业领域学习助手

提示：使用文心智能体平台配置“机器学习入门导师”，设定身份为“擅长用生活案例解析算法”。重点关注在“知识边界”中细化“监督学习”“梯度下降”等核心概念，通过“三层解析教学法”提升理解深度。

2. 定制化健康管理智能体

提示：调用 15.3.2 节中的个性化配置方法，创建“糖尿病管理助手”，设置知识库为《中国 2 型糖尿病防治指南（2024 年版）》。注意在“交互模式”中加入“用药提醒”“饮食建议”等实用功能，并通过“知识图谱连接”关联血糖监测与运动计划。

第16章

在本地部署多模态大模型

本章目标

- 了解本地部署多模态大模型的优势，明确其在实际应用中的价值与意义。
- 熟悉 QWen-VL 模型的基本概念与特点，掌握该模型的核心技术要点。
- 掌握本地部署多模态大模型的任务目标与整体要求，明确操作方向。
- 熟悉下载 QWen-VL 代码、配置 Python 基础环境、配置项目环境及运行项目代码的操作流程与实现方法。

多模态大模型打破信息壁垒，实现图文声像的融合理解与生成。将其在本地部署，既能保障数据安全，又能灵活调整参数、降低使用成本。以 QWen-VL 模型为例，其强大的多模态处理能力备受关注。本章围绕本地部署目标，从代码下载、Python 环境搭建，到项目配置与代码运行，逐步拆解操作步骤，助力读者掌握多模态大模型本地化部署的实用技术，探索智能交互新边界。

16.1 背景

本节讲述在本地部署多模态大模型的背景。

16.1.1 本地部署多模态大模型的优势

本地部署多模态大模型的优势是为用户提供了显著的隐私性保障和多模态融合功能。在隐私性方面，本地部署意味着所有数据和计算任务都可以在本地环境中完成，避免了数据传输至云端的潜在安全隐患。对于处理敏感数据的行业，尤其对医疗、金融和政府机构来说，本地部署多模态大模型能够最大限度地降低数据泄露的风险，确保数据不被第三方接触和滥用。这种自主可控的环境对于需要严格遵守隐私保护规定的用户来说，是极为重要的。同时，由于数据和计算都发生在本地，用户对数据访问和存储的权限具有完全的控制权，这大大增强了信息保护的能力。

此外，本地部署多模态大模型还能够有效实现不同类型数据之间的融合与分析，突破传统单一模态模型的局限。多模态大模型能够处理来自不同源的数据，如文本、图像、音频、视频等，通过本地部署，用户可以根据具体需求灵活配置模型，从而在同一平台上实现文本和图像的结合分析，甚至将音频和视频的内容也纳入考量范围。

16.1.2 QWen-VL 模型介绍

Qwen-VL 是阿里云研发的大规模视觉语言模型（Large Vision Language Model,

LVLM)。Qwen-VL 可以同时接收图像、文本和检测框作为输入,并以文本和检测框作为输出。Qwen-VL 系列模型因其强大的性能,在四大类多模态任务的标准英文测评(Zero-shot Captioning/VQA/DocVQA/Grounding)中均取得了同等通用模型大小下最好的效果。此外,Qwen-VL 还具备多语言对话能力,天然支持英文、中文等多语言对话,并且端到端支持图片中的中英双语长文本识别。

Qwen-VL 支持多图交错对话,可以处理多图输入和比较,进行指定图片问答及多图文学创作等任务。它还是首个支持中文开放域定位的通用模型,可以通过中文开放域语言表达进行检测框标注。相比目前其他开源 LVLM 使用的 224 分辨率,Qwen-VL 是首个开源的 448 分辨率的 LVLM 模型。更高的分辨率使得 Qwen-VL 在细粒度的文字识别、文档问答和检测框标注方面表现得更为优秀。

16.2　任务目标

实现在本地部署多模态大模型的任务目标是读者能够将 QWen-VL 部署到本地计算机上,并成功运行得到结果。

16.3　操作步骤

注意,本章实验内容需要配置计算机上的 Python 环境和 Python 编译器,需要读者进行少量代码的编写,相较于之前章节难度较大。

16.3.1　下载 QWen-VL 代码

首先,QWen-VL 项目不是已经打包好、可以一键使用的应用,而是未经打包发布的纯代码形式。它的优点就是开源,读者可以从中看到代码运行的全貌,从而学习到一个大模型是如何运行的;但是缺点就是需要一些基础环境的配置才能让它成功运行起来,需要少量的代码基础。

QWen-VL 的代码是发布在 GitHub(一个国外的代码开源平台)上的,国内的读者访问可能会出现网络不通畅的问题,所以笔者推荐使用国内的镜像平台 Gitee 进行下载。

为了部署到本地,要访问 QWen-VL 项目的在线地址 https://gitee.com/mirrors/Qwen-VL,如图 16-1 所示。

可以看到界面中代码文件的上方有“克隆/下载”按钮,可以将代码下载到本地。在这里,笔者建议使用“下载”方式,因为“克隆”方式需要读者配置计算机的 Git 环境,比较复杂,不利于最终的实现。

单击“克隆/下载”按钮后,出现图 16-2 所示的界面。单击右上角的“下载 ZIP”图标就可以把代码下载到本地了。

16.3.2　配置 Python 的基础环境

Python 开发环境的安装和配置非常简单。Python 可以在多个平台下进行安装和开发。本节将介绍如何下载与安装 Python 及如何在命令行中使用 Python。

图 16-1　QWen-VL 项目地址

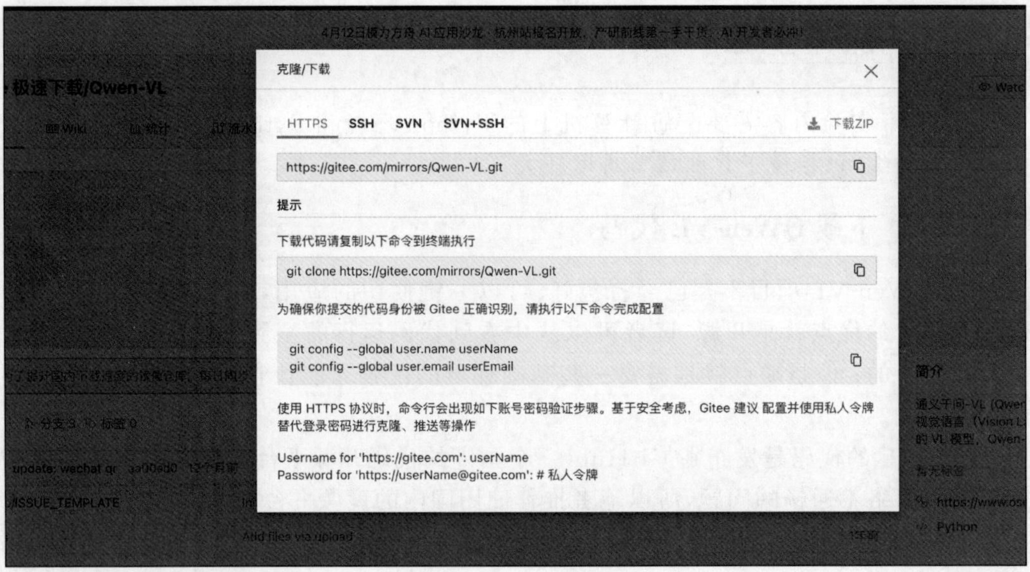

图 16-2　下载项目代码

1. 下载与安装 Python

在搭建 Python 开发环境之前，首先需要读者对 Python 的版本有一定的了解。Python 官方提供了 Python 2. x 和 Python 3. x 两种版本，这两种版本彼此不兼容，代码规范有一定区别，并且很多内置函数的实现和使用方式经过了修改，标准库也经过了重新整合。Python 官方对两种版本分别进行更新，而自 2020 年起，Python 官方停止了对 Python 2. x 版本的维护，这意味着即使有人发现 Python 2. x 版本存在安全问题，官方也不会进行相应改进。

目前，常用的第三方库都已经对 Python 3. x 版本提供支持。部分比较陈旧的库已经无人维护，也没有对 Python 3. x 版本提供支持，但这些库往往是不常用的，或者可以找到替代方案。一般而言，Python 3. x 版本可以支持绝大多数的开发需要，除非开发环境的限制，读者可放心地选择 Python 3. x 系列的最高版本。

Python 的各个版本可以在官方网站获取，选择相应版本后会进入下载信息界面，如图 16-3 所示。

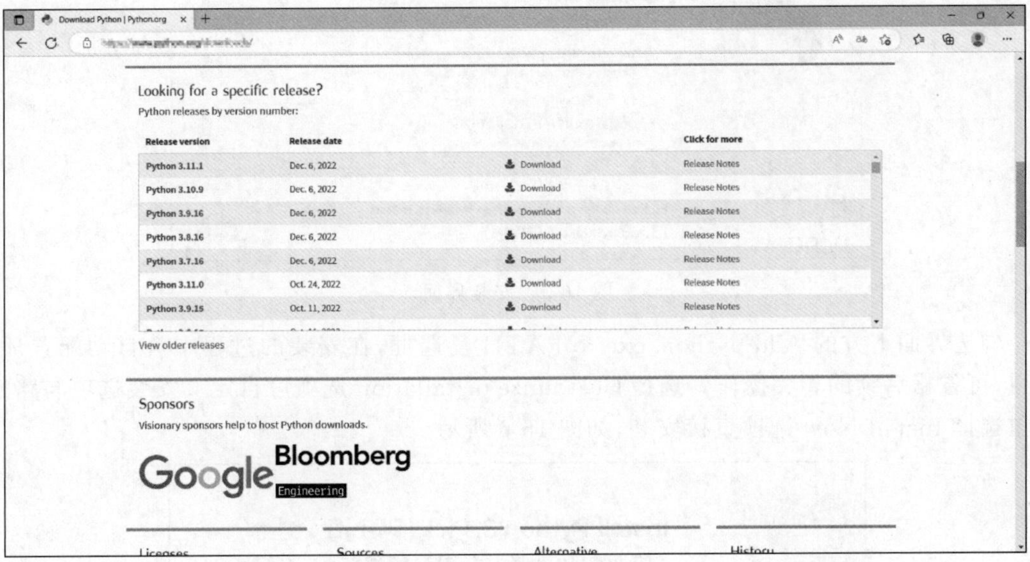

图 16-3　下载信息界面

单击一个目标版本(如 Python 3. 11. 1)，会进入如图 16-4 所示的下载界面，界面下方的表格中提供了各个目标操作系统对应的下载项。本书若无特殊说明，均在 Windows 10 的 64 位系统环境下运行。这里选择 Windows installer (64-bit)选项，此时会启动安装文件的下载。

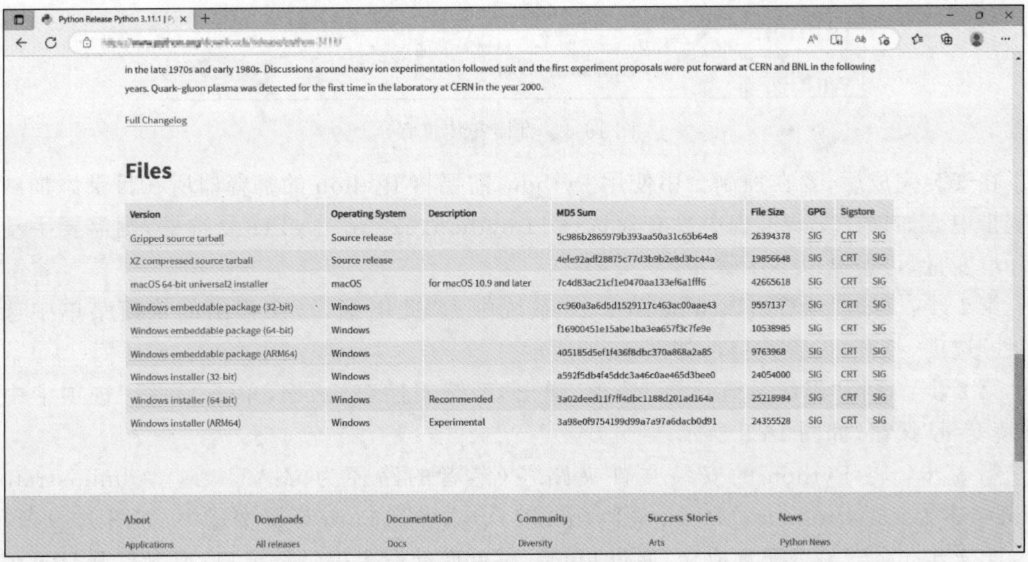

图 16-4　下载界面

在下载结束后，双击 python-3.11.1-amd64.exe 文件，弹出安装界面(见图 16-5)进行安装。

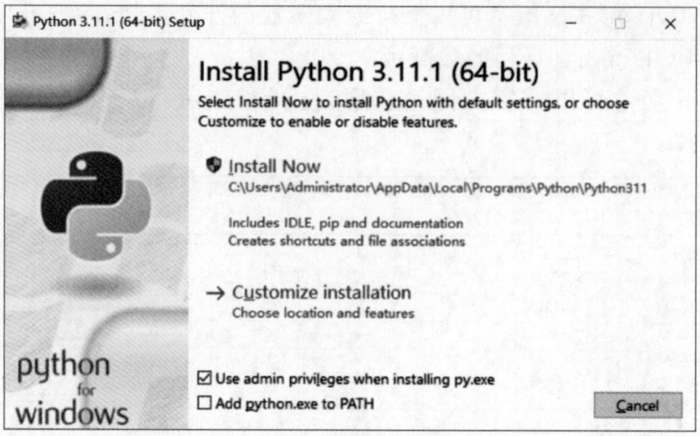

图 16-5　安装界面

勾选界面下方的 Add python.exe to PATH 复选框，在安装的过程中会自动配置环境变量，可省略后续的相关操作。选择 Customize installation 选项可自定义安装选项与路径，这里选择 Install Now 选项直接安装，如图 16-6 所示。

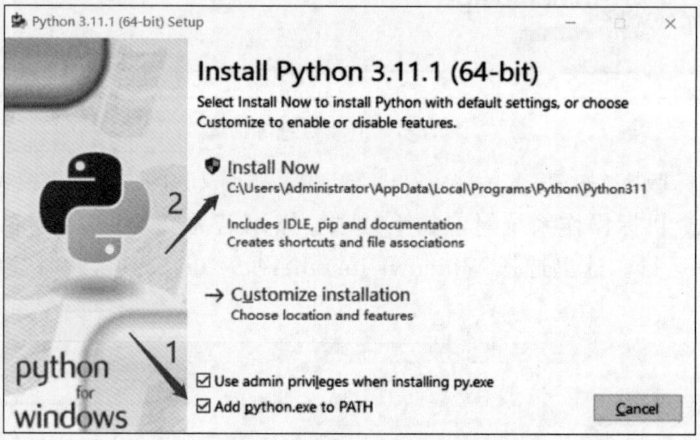

图 16-6　直接安装步骤

在安装完成后，要在控制台中使用 Python，需要将 Python 的解释器所在目录添加到环境变量中。如果在安装过程中没有勾选 Add python.exe to PATH 复选框，则需要手动配置环境变量，可遵循以下步骤。

第 1 步：右击“计算机”(Windows 10 系统中为“此电脑”)，在弹出的快捷菜单中选择“属性”选项，打开“设置”窗口，如图 16-7 所示。

第 2 步：选择“高级系统设置”选项，弹出“系统属性”对话框，单击“高级”选项卡中的“环境变量”按钮，如图 16-8 所示。

第 3 步：将 Python 的安装文件夹路径(笔者的路径为 C:\Users\Administrator\AppData\Local\Programs\Python\Python311\)添加到 Path 环境变量中，如图 16-9 所示。

第 4 步：测试是否配置成功，通过“开始”菜单启动命令提示符窗口，或者打开“运行”对话框，输入 cmd 并按 Enter 键，弹出命令提示符窗口，输入 python -V。如果安装成功，则显

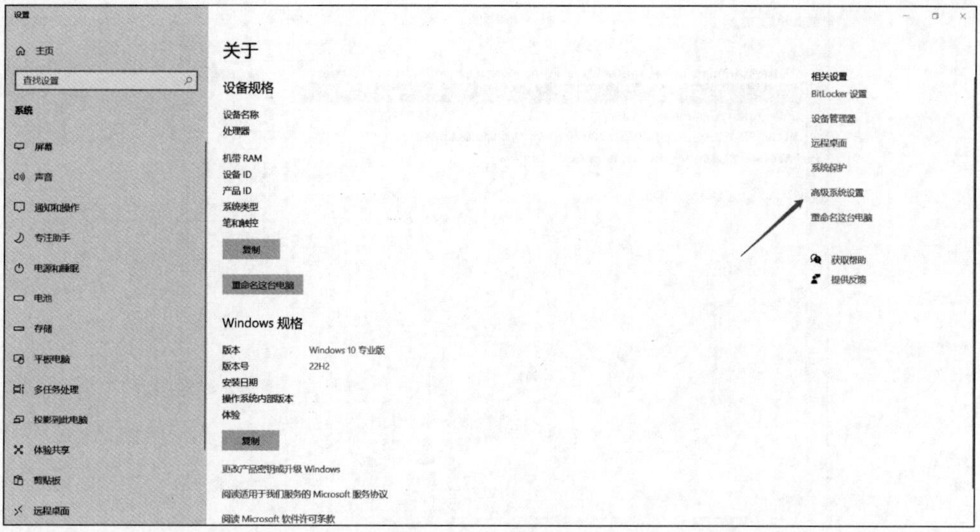

图 16-7　“设置”窗口

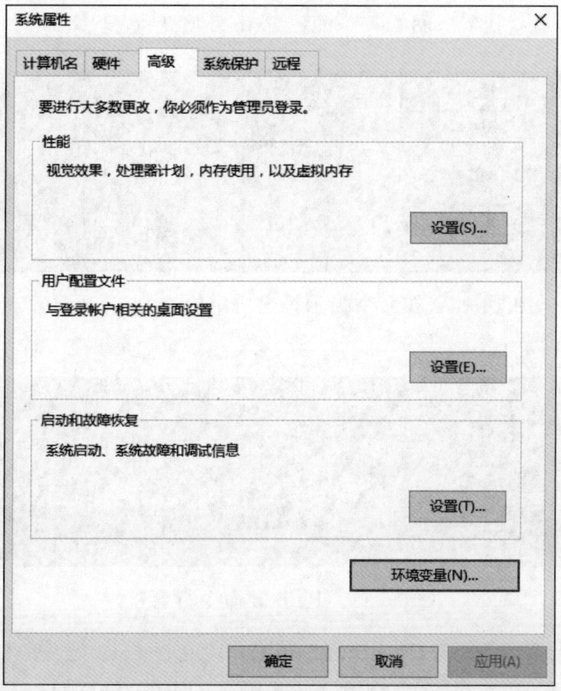

图 16-8　单击“环境变量”按钮

示 Python 的安装版本，如图 16-10 所示。

2. Python 命令行的使用

在成功安装 Python 后，就可以使用 Python 自带的命令行终端来执行代码了。双击 Python 安装目录下的 python.exe 程序即可打开 Python 命令行窗口，如图 16-11 所示。

在命令行中，可以直接向解释器输入语句来执行。读者在命令行中会看到符号“>>>”，这是 Python 语句提示符，也是输入 Python 语句的位置。

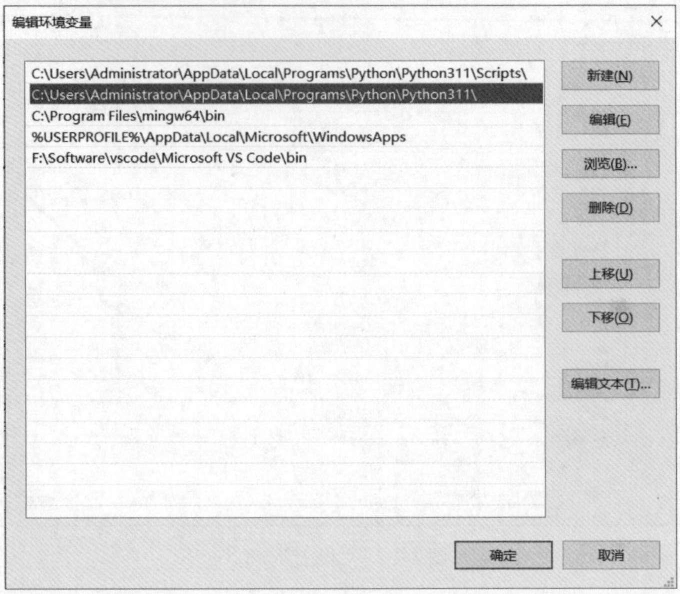

图 16-9　配置 Path 环境变量

图 16-10　在命令提示符窗口中检查 Python 配置

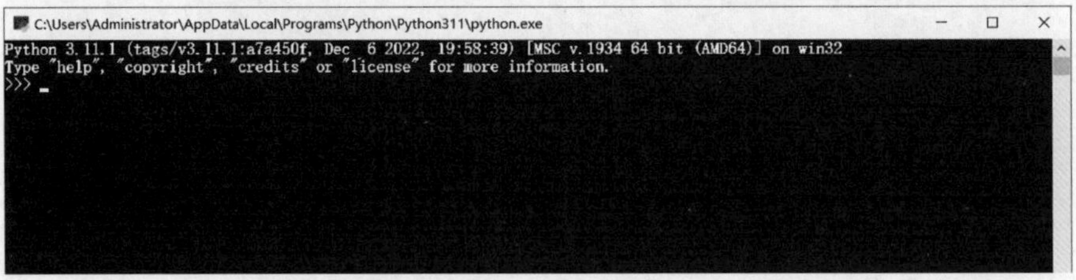

图 16-11　Python 命令行窗口

虽然读者可能还没有学习过 Python 的语法，但现在可以把 Python 命令行当作一个简单的计算器进行尝试，输入一个数学算式就能计算出结果，如图 16-12 所示。

图 16-12　在 Python 命令行中输入语句

16.3.3 配置项目环境

在配置好 Python 基础环境后，就具备了运行项目的基础。接下来就应该配置属于这个项目的环境。因为每个 Python 项目都会调用一些已经写好的集成库，所以需要在运行前导入，才能保证项目的正常运行。

本项目的环境要求为 Python 3.8 及以上版本，pytorch 1.12 及以上版本，推荐 2.0 及以上版本，CUDA 11.4 及以上版本(GPU 用户需考虑此选项)。

按 Win+R 组合键调出命令行窗口，下载项目所需要的 Pytorch 库，需要在命令行窗口中输入对应的指令，具体如下：

```
pip install torch == 1.13.0 + cu116 torchvision == 0.14.0 + cu116 torchaudio == 0.13.0
 -- extra - index - url https://download.pytorch.org/whl/cu116
```

下载完成后，就可以配置项目所需要的其他 Python 了。因为 QWen-VL 项目已经将所需配置列入 requirements.txt 文件中，所以用户可以使用以下代码快速配置。

首先进入 QWen-VL 的文件夹路径。复制 QWen-VL 文件夹所在的路径，然后在命令行窗口输入 cd xxx，其中 xxx 就是 QWen-VL 文件夹所在的路径。

在进入对应位置后，进入 QWen-VL 文件夹来读取其中的文件，命令如下：

```
cd Qwen - VL
```

然后读取配置文件的信息，并下载其中的库到本地计算机，命令如下：

```
pip install  - r requirements.txt
```

最后采用预训练模型来辅助测试。为了采用已经训练好的预训练模型进行测试，读者需要先使用代码连接 HuggingFace，再从其中下载 QWen-VL 的预训练模型，代码在之后可以扫码获取。一些读者可能会遇到无法连接到 HuggingFace 的情况，这可能是因为 urllib3 库的版本升级后，识别 https 前缀网址的部分不能兼容。因此，可以采用如下代码降低 urllib3 库的等级，来正确连接 HuggingFace。

```
pip install urllib3 == 1.25.11
```

16.3.4 运行项目代码

在调整完环境版本后，就可以使用测试代码尝试运行这个多模态大模型了，相关代码可以扫描下方二维码获取。

运行上面的 demo 后，可以看到输出结果如图中注释所示，其中原图如图 16-13 所示，生成的图像如图 16-14 所示。

```
Python
# 图中是两个美术生画的同一个人物,画面上是一个女学生坐在椅子上。左边的画面中,女学生坐在靠墙的椅子上,将身体靠在椅子的背位,将左手放在椅子上,右手放在身边。右边的画面是该学生坐在椅子上的线稿图。
# <ref>真人</ref><box>(21,29),(526,837)</box>
```

图 16-13 示例代码中的 picture.jpg

图 16-14 测试代码的运行结果

可以看到 QWen-VL 可以很好地理解中文问题,并对提出的问题做出正确、合理的回答。

16.4 本章小结

本章系统介绍了本地部署多模态大模型 QWen-VL 的技术实现与应用价值。QWen-VL 通过高分辨率视觉处理与多语言对话能力,突破传统模型的单一模态限制,支持文本、图像、检测框的多源输入输出。通过详细的环境配置与代码部署流程,读者可实现本地化多模态分析,保障敏感数据隐私。本章重点演示了 QWen-VL 在四大任务(图像描述、视觉问答、文档解析、目标定位)中的高效表现,并强调其在医疗、金融等领域的安全应用潜力。未来,结合第 15 章中介绍的个性化智能体技术,可进一步构建垂直领域多模态解决方案,推动 AI 在复杂场景中的深度落地。

16.5 实践题

本地医疗影像分析系统

提示:利用 QWen-VL 的多模态能力,输入 CT 图像与患者病历文本,生成诊断建议。重点关注在代码中配置“文档问答”模式,通过--prompt 参数指定医学术语解析需求,如“识别肺部结节并标注位置”。

附录A

Python编程基础

Python 作为人工智能领域的核心编程语言，以简洁语法与强大库生态成为技术落地的关键工具。从基础的四则运算到复杂的面向对象编程，其语法规则与编程范式是理解 AI 算法的前提。本附录将系统梳理 Python 编程基础，涵盖环境安装、数据类型、控制语句及编程思想等核心内容，为零基础读者搭建从语法认知到实战应用的桥梁，夯实 AI 技术学习的编程根基。

A.1　Python 简介

本节对 Python 进行简要介绍。

A.1.1　Python 是什么

Python 是一门语言，但是这门语言与现在印在书上的中文、英文这些自然语言不太一样，它是为了与计算机“对话”而设计的，所以相对来说 Python 作为一门语言更加结构化，表意更加清晰简洁。

Python 是一个工具，它可以帮助人们完成计算机日常操作中繁杂重复的工作，例如，把文件按照特定需求批量重命名，去掉手机通讯录中重复的联系人，或者把工作中的数据统一计算等，Python 都可以把人们从无聊重复的操作中解放出来。

Python 是一瓶胶水，例如，现在有数据在一个文件 A 中，但是需要上传到服务器 B 处理，最后存到数据库 C，这个过程就可以用 Python 轻松完成(别忘了 Python 是一个工具!)，而且人们并不需要关注这些过程背后系统做了多少工作，有什么指令被 CPU 执行——这一切都被放在了一个黑盒子中，只要把想实现的逻辑告诉 Python 就够了。

A.1.2　Python 的安装

最常用的 Python 安装包来自 Anaconda(https://www.anaconda.com/download/，见图 A-1)。除 Python 外，Anaconda 还囊括了诸多常用的 Python 模块。

安装 Python 时勾选 Add Anaconda to my PATH environment variable 复选框以便随后的运行(见图 A-2)。安装完成后，启动控制台或命令提示符(在 Windows 下可以直接按 Win+R 组合键调出运行，然后输入 cmd 来启动)，接着输入 python(或者 python3，视安装版本而定)后按 Enter 键即可运行。

A.1.3　初试 Python

在 Python 中可以很轻易地实现计算器的功能。注意“#”以后的内容(包括“#”本身)

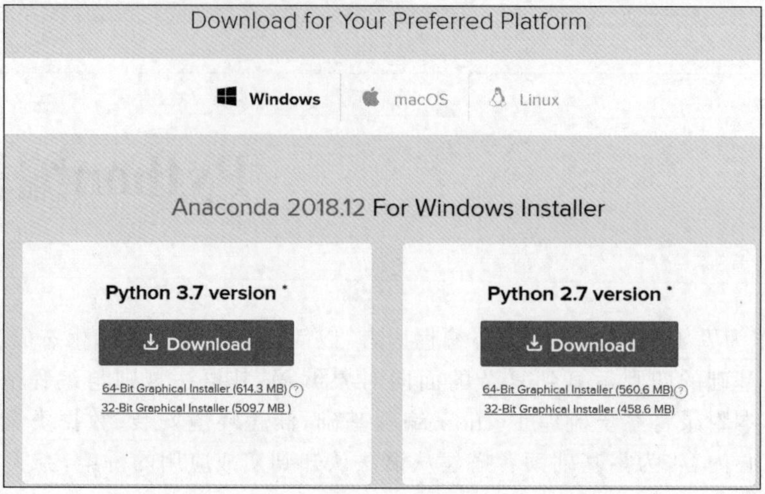

图 A-1　Anaconda Python

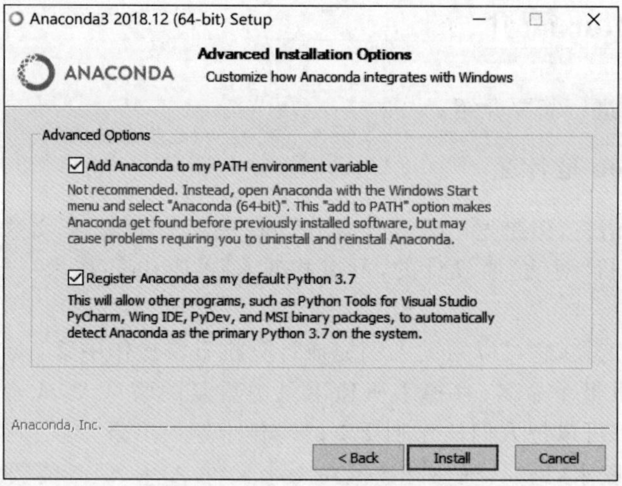

图 A-2　Python 安装

是代码的注释部分，对代码的执行没有影响，仅仅是为了方便说明，不输入不会对代码的执行造成任何影响。

实现基本加减法的代码如下：

```
>>> 1 + 1                                           # 整数
2
>>> 999999999999999999999999999999999 +
9999999999999999999999999999999999999999            # 很大也没关系
10000000999999999999999999999999999998
>>> 1.0 + 9.5                                       # 浮点数
10.5
>>> 1 - 900000000.5                                 # 实数运算
 - 899999999.5
>>>
```

实现乘除法的代码如下：

```
>>> 5 * 9                          # 乘法
45
>>> 9 / 5                          # 除法
1.8
>>> 9 // 5                         # 两个斜杠表示整除
1
>>> 9 % 5                          # 取模
4
>>> 5 * 9.5                        # 只要是实数就可以
47.5
>>>
```

实现幂运算的代码如下：

```
>>> 2 ** 10                        # 2 的 10 次方
1024
>>> 2 ** 0.5                       # 根号 2
1.4142135623730951
>>> 2 ** -0.5                      # 根号 2 分之一
0.7071067811865476
>>>
```

Python 的科学计算功能远不止这些，这里只是展示了最基本的运算功能。

A.2　基本元素

本节讲述基本元素。

A.2.1　四则运算

除 Python 命令外，还可以使用 ipython 指令来启动 IPython 解释器，IPython 是在 Python 原生交互式解释器的基础上，提供了诸如代码高亮、代码提示等功能，完美弥补了交互式解释器的不足，如果不是用来做项目，只是写一些小型的脚本的话，IPython 应该是首选。

打开终端，输入 ipython 指令启动一个 IPython 交互式解释器，随意输入一些表达式：

```
In [1]: 1 + 2
Out[1]: 3

In [2]: 5 * 4
Out[2]: 20

In [3]: 3 / 5
Out[3]: 0.6

In [4]: 123 - 321
Out[4]: -198
```

可以看到 IPython 的 Out 就是表达式的结果，接下来看看这个过程背后的知识有哪些。

A.2.2 数值类型

Python 实际上有三种内置的数值类型，分别是整型(integer，即整数)、浮点数(float，即小数)和复数(complex)。此外还有一种特殊的类型叫布尔类型(bool，用来判断真假)。这些数据类型都是 Python 的基本数据类型。

A.2.3 变量

在程序中需要保存一些值或者状态之后再使用，这种情况就需要用一个变量来存储它，这个概念与数学中的“变量”非常类似，例如：

```
In[38]: a = 1              # 声明了一个变量为 a 并赋值为 1
In[39]: b = a              # 声明了一个变量为 b 并且用 a 的值赋值
In[40]: c = b              # 声明了一个变量为 c 并且用 b 的值赋值
```

在 Python 中，变量类型是可以不断变化的，即动态类型，例如：

```
In[41]: a = 1              # 声明一个变量 a 并且赋值为整型 1
In[42]: a = 1.5            # 赋值为浮点数 1.5
In[43]: a = 1 + 5j         # 赋值为虚数 1+5j
In[44]: a = True           # 赋值为布尔型 True
```

A.2.4 运算符

除简单的加减乘除外，Python 还有诸多其他的运算符，如赋值、比较、逻辑、位运算等(见表 A-1)。

表 A-1 算术运算符

运 算 符	作 用
**	乘方
~,+,-	按位取反、数字的正负
*,/,%,//	乘、除、取模、取整除
+,-	二元加减法
<<,>>	移位运算符
&	按位与
^	按位异或
|	按位或
>=,>,<=,<,==,!=,is,is not,in,not in	大于或等于、大于、小于或等于、小于、is、is not、in、not in
= += -= *= /= **= …	复合赋值运算符
not	逻辑非运算
and	逻辑且运算
or	逻辑或运算

A. 2. 5　字符串

字符串的几种表示方式如下：

```
str1 = "I'm using double quotation marks"
str2 = 'I use "single quotation marks"'
str3 = """I am a
multi - line
double quotation marks string.
"""
str4 = '''I am a
multi - line
single quotation marks string.
'''
```

这里使用了 4 种字符串的表示方式。

str1 和 str2 使用了一对双引号或单引号来表示一个单行字符串。而 str3 和 str4 使用了三个双引号或单引号来表示一个多行字符串。

那么使用单引号和双引号的区别是什么呢？仔细观察一下 str1 和 str2，在 str1 中，字符串内容包含单引号，在 str2 中，字符串内容包括双引号。

如果在单引号字符串中使用单引号会怎么样呢？会出现如下报错：

```
In [1]: str1 = 'I'm a single quotation marks string'
  File "< ipython - input - 1 - e9eb8bee0cd7 >", line 1
    str1 = 'I'm a single quotation marks string'
              ^
SyntaxError: invalid syntax
```

其实在输入时就可以看到字符串的后半段完全没有正常的高亮，而且按 Enter 键执行后还报了 SyntaxError 的错误。这是因为单引号在单引号字符串内不能直接出现，Python 不知道单引号是字符串内本身的内容还是要作为字符串的结束符来处理。所以两种字符串最大的差别就是可以直接输出双引号或单引号，这是 Python 特有的一种方便的写法。

A. 2. 6　Tuple、List 与 Dict

Tuple 又叫元组，是一个线性结构，它的表达形式如下：

```
tuple = (1, 2, 3)
```

即用一个圆括号括起来的一串对象就可以创建一个 Tuple，之所以说它是一个线性结构，是因为在元组中元素是有序的，例如可以这样去访问它的内容：

```
    tuple1 = (1, 3, 5, 7, 9)
print(f'the second element is {tuple1[1]}')
```

这段代码会输出：

```
the second element is 3
```

这里可以看到，通过“[]”运算符直接访问了 Tuple 的内容。

List 又叫列表，也是一个线性结构，它的表达形式如下：

```
list1 = [1, 2, 3, 4, 5]
```

List 的性质和 Tuple 的性质是非常类似的，上述 Tuple 的操作都可以用在 List 上，但是 List 有一个最重要的特点就是元素可以修改，所以 List 的功能要比 Tuple 更加丰富。

Dict 中文名为字典，与上面的 Tuple 和 List 不同，是一种集合结构，因为它满足集合的三个性质，即无序性、确定性和互异性。创建一个字典的语法如下：

```
zergling = {'attack': 5, 'speed': 4.13, 'price': 50}
```

这段代码定义了一个 zergling，它拥有 5 点攻击力，具有 4.13 的移动速度，消耗 50 元钱。

Dict 使用花括号，里面的每一个对象都需要有一个键，称为 Key，也就是冒号前面的字符串，当然它也可以是 int、float 等基础类型。冒号后面的是值，称为 Value，同样可以是任何基础类型。所以 Dict 除了被叫作字典，还经常被称为键值对、映射等。

Dict 的互异性体现在它的键是唯一的，如果重复定义一个 Key，后面的定义会覆盖前面的，例如：

```
    # 请不要这么做
zergling = {'attack': 5, 'speed': 4.13, 'price': 50, 'attack': 6}
print(zergling['attack'])
```

这段代码会输出：

```
6
```

A.3 控制语句

本节讲述控制语句。

A.3.1 执行结构

对于一个结构化的程序来说，共只有三种执行结构，如果用圆角矩形表示程序的开始和结束，直角矩形表示执行过程，菱形表示条件判断，那么三种执行结构可以分别用下面三张图表示。

顺序结构：就是做完一件事后紧接着做另一件事，如图 A-3 所示。

选择结构：在某种条件成立的情况下做某件事，反之做另一件事，如图 A-4 所示。

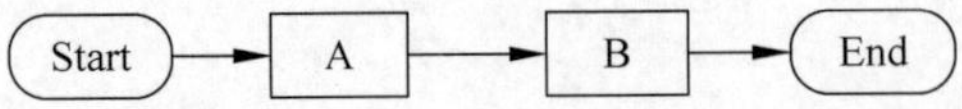

图 A-3 顺序结构

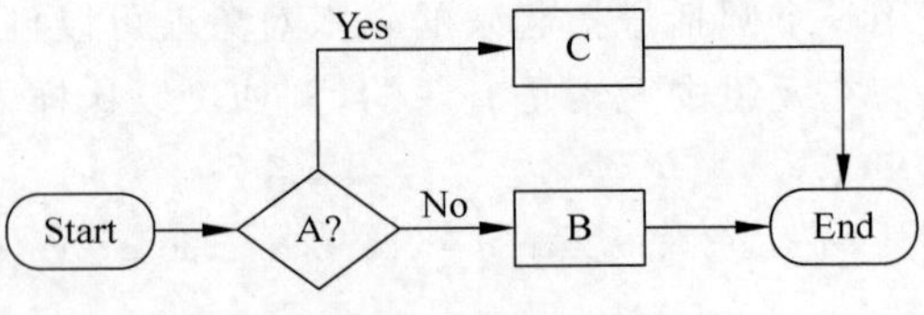

图 A-4 选择结构

循环结构：反复做某件事，直到满足某个条件为止，如图 A-5 所示。

程序语句的执行默认就是顺序结构，而条件结构和循环结构分别对应条件语句和循环语句，它们都是控制语句的一部分。

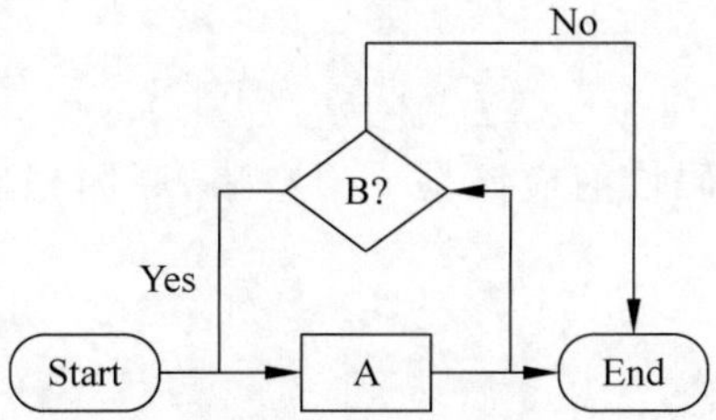

图 A-5　循环结构

A.3.2　控制语句

什么是控制语句呢？这个词出自 C 语言，对应的英文是 Control Statements。它的作用是控制程序的流程，以实现各种复杂逻辑。

1. 顺序结构

顺序结构在 Python 中就是代码一句一句地执行，举个简单的例子，可以连续执行几个 print 函数：

```
print('Here's to the crazy ones.')
print('The misfits. The rebels. The troublemakers.')
print('The round pegs in the square holes.')
print('The ones who see things differently.')
```

这是一段来自 Apple 的广告 Think Different 的文字，可以通过多个 print 语句来输出多行，Python 会顺序执行这些语句，结果就是会按照阅读顺序输出这段话。

```
Here's to the crazy ones.
The misfits. The rebels. The troublemakers.
The round pegs in the square holes.
The ones who see things differently.
```

但是，如果希望对不同情况能够有不同的执行结果，就要用到选择结构了。

2. 选择结构

在 Python 中，选择结构的实现是通过 if 语句，if 语句的常见语法如下：

```
if 条件 1:
    代码块 1
elif 条件 2:
    代码块 2
    ...
    ...
elif 条件 n-1:
    代码块 n-1
else
    代码块 n
```

这表示的是，如果条件 1 成立就执行代码块 1，接着如果条件 1 不成立而条件 2 成立就执行代码块 2，如果条件 1 到条件 $n-1$ 都不满足，那么就执行代码块 n。

另外，其中的 elif 和 else 以及相应的代码块是可以省略的，也就是说最简单的 if 语句格式是：

```
if 条件:
    代码段
```

要注意的是，这里所有代码块前应该是 4 个空格，原因稍后会提到，这里先看一段具体的 if 语句：

```
a = 4
if a < 5:
    print('a is smaller than 5.')
elif a < 6:
    print('a is smaller than 6.')
else:
    print('a is larger than 5.')
```

很容易得到结果：

```
a is smaller than 5.
```

这段代码表示的含义就是，如果 a 小于 5 则输出'a is smaller than 5.'，如果 a 不小于 5 而小于 6 则输出'a is smaller than 6.'，否则就输出'a is larger than 5.'。这里值得注意的一点是，虽然 a 同时满足 a<5 和 a<6 两个条件，但是由于 a<5 在前面，所以最终输出为'a is smaller than 5.'。

if 语句的语义非常直观易懂，但是这里还有一个问题没有解决，那就是为什么要在代码块之前空 4 个空格呢？

依旧是先看一个例子：

```
if 1 > 2:
    print('Impossible!')
print('done')
```

运行这段代码可以得到：

```
done
```

但是如果稍加改动，在 print('done')前也加 4 个空格：

```
if 1 > 2:
    print('Impossible!')
    print('done')
```

再运行的话什么也不会输出。

它们的区别是什么呢？对于第一段代码，print('done')和 if 语句是在同一个代码块中的，也就是说无论 if 语句的结果如何，print('done')一定会被执行。而在第二段代码中 print('done') 和 print('Impossible!') 在同一个代码块中的，也就是说如果 if 语句中的条件不成立，那么 print('Impossible!')和 print('done')都不会被执行。

我们称第二个例子中这种拥有相同的缩进的代码为一个代码块。虽然 Python 解释器支持使用任意多但是数量相同的空格或者制表符来对齐代码块，但是一般约定用 4 个空格作为对齐的基本单位。

另外值得注意的是，在代码块中是可以再嵌套另一个代码块的，以 if 语句的嵌套为例：

```
a = 1
b = 2
c = 3
if a > b: # 第 4 行
    if a > c:
        print('a is maximum.')
    elif c > a:
        print('c is maximum.')
    else:
        print('a and c are maximum.')
elif a < b: # 第 11 行
    if b > c:
        print('b is maximum.')
    elif c > b:
        print('c is maximum.')
    else:
        print('b and c are maximum.')
else: # 第 19 行
    if a > c:
        print('a and b are maximum')
    elif a < c:
        print('c is maximum')
    else:
        print('a, b, and c are equal')
```

首先最外层的代码块是所有的代码，它的缩进是 0，接着它根据 if 语句分成了三个代码块，分别是第 5～10 行，第 12～18 行，第 20～27 行，它们的缩进是 4，接着在这三个代码块内又根据 if 语句分成了三个代码块，其中每个 print 语句是一个代码块，它们的缩进是 8。

从这个例子中可以看到代码块是有层级的、是嵌套的，所以即使这个例子中所有的 print 语句拥有相同的空格缩进，仍然不是同一个代码块。

但是单有顺序结构和选择结构是不够的，有时某些逻辑执行的次数本身就是不确定的或者说逻辑本身具有重复性，那么这时就需要循环结构了。

3. 循环结构

Python 的循环结构有两个关键字可以实现，分别是 while 和 for。

1）while 循环

while 循环的常见语法如下：

```
while 条件:
    代码块
```

这个代码块表达的含义就是，如果条件满足就执行代码块，直到条件不满足为止，如果条件一开始不满足那么代码块一次都不会被执行。

看一个例子：

```
a = 0
while a < 5:
    print(a)
    a += 1
```

运行这段代码可以得到输出如下：

```
0
1
2
3
4
```

对于 while 循环，其实和 if 语句的执行结构非常接近，区别就是从单次执行变成了反复执行，以及条件除了用来判断是否进入代码块以外还被用来作为是否终止循环的判断。

对于上面这段代码，结合输出不难看出，前 5 次循环时 a<5 为真，因此循环继续，而第 6 次经过时，a 已经变成了 5，条件就为假，自然也就跳出了 while 循环。

2）for 循环

for 循环的常见语法如下：

```
for 循环变量 in 可迭代对象:
    代码段
```

Python 的 for 循环比较特殊，它并不是 C 系语言中常见的 for 语句，而是一种 foreach 的语法，也就是说本质上是遍历一个可迭代的对象，这听起来实在是太抽象了，看一个例子：

```
for i in range(5):
    print(i)
```

运行后这段代码输出如下：

```
0
1
2
3
4
```

for 循环实际上用到了迭代器的知识，但是在这里展开还为时尚早，只要知道用 range 配合 for 可以写出一个循环即可，如计算 0～100 整数的和：

```
sum = 0
for i in range(101):                    # 别忘了 range(n)的范围是[0, n-1)
    sum += i
print(sum)
```

那如果想计算 50～100 整数的和呢？实际上 range 产生区间的左边界也是可以设置的，只要多传入一个参数：

```
sum = 0
for i in range(50, 101):                # range(50 ,101) 产生的循环区间是 [50, 101)
    sum += i
print(sum)
```

有时希望循环是倒序的，如从 10 循环到 1，那该怎么写呢？只要再多传入一个参数作为步长即可：

```
for i in range(10, 0, -1):                # 这里循环区间是 (1, 10],但是步长是 -1
    print(i)
```

也就是说 range 的完整用法应该是 range(start, end, step)，循环变量 i 从 start 开始，每次循环后 i 增加 step 直到超过 end 跳出循环。

3）两种循环的转换

其实无论是 while 循环还是 for 循环，本质上都是反复执行一段代码，这就意味着二者是可以相互转换的，如之前计算整数 0～100 的代码，也可以用 while 循环完成，如下所示：

```
sum = 0
i= 0
while i <= 100:
    sum += i
    i ++
print(sum)
```

但是这样写之后至少存在三个问题：

• while 写法中的条件为 i>=100，而 for 写法是通过 range()来迭代，相比来说后者显然更具可读性。
• while 写法中需要在外面创建一个临时的变量 i，这个变量在循环结束依旧可以访问，但是 for 写法中 i 只有在循环体中可见，明显 while 写法增添了不必要的变量。
• 代码量增加了两行。

当然这个问题是辩证性的，有时 while 写法可能是更优解，但是对于 Python 来说，大多时候推荐使用 for 这种可读性强也更优美的代码。

4. break、continue、pass

学习了三种基本结构后相信读者已经可以写出一些有趣的程序了，但是 Python 还有一些控制语句可以让代码更加优美简洁。

1）break、continue

break 和 continue 只能用在循环体中，下面通过一个例子来认识一下作用：

```
i = 0
while i <= 50:
    i += 1
    if i == 2:
        continue
    elif i == 4:
        break
print(i)
print('done')
```

这段代码会输出：

```
1
3
done
```

这段循环中如果没有 continue 和 break 的话应该是输出 1 到 51 的，但是这里输出只有 1 和 3，为什么呢？

首先考虑当 i 为 2 的那次循环，它进入了 if i==2 的代码块中，执行了 continue，这次循环就被直接跳过了，也就是说后面的代码包括 print(i)都不会再被执行，而是直接进入了下一次 i=3 的循环。

接着考虑当 i 为 4 的那次循环，它进入了 elif i == 4 的代码块中，执行了 break，直接跳出了循环到最外层，然后接着执行循环后面的代码输出了 done。

所以总结一下，continue 的作用是跳过剩下的代码进入下一次循环，break 的作用是跳出当前循环然后执行循环后面的代码。

这里有一点需要强调的是，break 和 continue 只能对当前循环起作用，也就是说，如果在循环嵌套的情况下想对外层循环起控制作用，需要多个 break 或者 continue 联合使用。

2）Pass

pass 很有意思，它的功能就是没有功能。看一个例子：

```
a = 0
if a >= 10:
    pass
else:
    print('a is smaller than 10')
```

要想在 a>10 时什么都不执行，但是如果什么都不写又不符合 Python 的缩进要求，为了使得语法上正确，这里使用了 pass 来作为一个代码块，但是 pass 本身不会有任何效果。

A.4 面向对象编程

本节讲述面向对象编程。

A.4.1 面向对象简介

在编程领域，对象是对现实生活中各种实体和行为的抽象。例如，现实中一辆小轿车就可以看成一个对象，它有 4 个轮子、一个发动机、5 个座位，同时可以加速也减速，于是就可以用一个类来表示拥有这些特性的所有的小轿车，这就是面向对象编程的基本思想。

面向对象编程的两个核心概念是类和对象。

A.4.2 类

在介绍类之前，先简单了解一下 Python 的函数。

```
def add_one(number):
    return number + 1
```

这是一个基本的函数定义，函数会执行将输入值+1 并返回，定义函数后，例如执行 y=add_one(3)后，y 会被赋值 4。

类在 Python 中对应的关键字是 class，先看一段类定义的代码：

```
class Vehicle:
    def __init__(self):
        self.movable = True
```

```
4.          self.passengers = list()
5.          self.is_running = False
6.
7.      def load_person(self, person: str):
8.          self.passengers.append(person)
9.
10.     def run(self):
11.         self.is_running = True
12.
13.     def stop(self):
14.         self.is_running = False
```

这里定义了一个交通工具类,先看关键的部分。

- 第 1 行:包含了类的关键词 class 和一个类名 Vehicle,结尾有冒号,同时类里所有的代码为一个新的代码块。
- 第 2、7、10、13 行:这些都是类方法的定义,它们定义的语法与正常函数是完全一样的,但是它们都有一个特殊的 self 参数。
- 其他的非空行:类方法的实现代码。

这段代码实际上定义了一个属性为所有乘客和相关状态,方法为载人、开车、停车的交通工具类,但是这个类到目前为止还只是一个抽象,也就是说仅仅知道有这么一类交通工具,还没有创建相应的对象。

A.4.3 对象

按照一个抽象的、描述性的类创建对象的过程,叫作实例化。例如对于刚刚定义的交通工具类,可以创建两个对象,分别表示自行车和小轿车,代码如下:

```
1. car = Vehicle()
2. bike = Vehicle()
3. car.load_person('old driver')          # 对象加一个点再加上方法名可以调用相应的方法
4. car.run()
5. print(car.passengers)
6. print(car.is_running)
7. print(bike.is_running)
```

下面逐句来看这几行代码。

- 第 1 行:通过 Vehicle()即类名加括号来构造 Vehicle 的一个实例,并赋值给 car。要注意的是每个对象在被实例化时都会先调用类的__init__方法,更详细的用法后面见介绍。
- 第 2 行:类似地,构造 Vehicle 实例,赋值给 bike。
- 第 3 行:调用 car 的 load_people 方法,并装载了一个老司机作为乘客。注意方法的调用方式是一个点加上方法名。
- 第 4 行:调用 car 的 run 方法。
- 第 5 行:输出 car 的 passengers 属性。注意属性的访问方式是一个点加上属性名。
- 第 6 行:输出 car 的 is_running 属性。
- 第 7 行:输出 bike 的 is_running 属性。

同时这段代码会输出：

```
['old driver']
True
False
```

可以看到自行车和小轿车是从同一个类实例化得到的，但是却有着不同的状态，这是因为自行车和小轿车是两个不同的对象。

A.4.4 类和对象的关系

如果之前从未接触过面向对象的编程思想，那么有人可能会产生一个问题：类和对象有什么区别？

类将相似的实体抽象成相同的概念，也就是说类本身只关注实体的共性而忽略特性，例如，对于自行车、小轿车甚至是公共汽车，只关注它们能载人并且可以正常运动停止，所以抽象成了一个交通工具类。而对象是类的一个实例，有与其他对象独立的属性和方法，例如通过交通工具类还可以实例化出摩托车，它与之前的自行车和小轿车又是互相独立的对象。

如果用一个形象的例子来说明类和对象的关系，不妨把类看作设计汽车的蓝图，上面有一辆汽车的各种基本参数和功能，而对象就是用这张蓝图制造的所有汽车，虽然它们的基本构造和参数是一样的，但是颜色可能不一样，例如，有的是蓝色的而有的是白色的。

A.4.5 面向过程还是对象

对于交通工具载人运动这件事，难道用之前学过的函数不能抽象吗？当然可以，如下：

```
def get_car():
    return {'movable': True, 'passengers': [], 'is_running': False}


def load_passenger(car, passenger):
    car['passengers'].append(passenger)


def run(car):
    car['is_running'] = True


car = get_car()
load_passenger(car, 'old driver')
run(car)
print(car)
```

这段代码是“面向过程”的——就是说对于同一件事，抽象的方式是按照事情的发展过程进行的。所以这件事就变成了获得交通工具、乘客登上交通工具、交通工具动起来这三个过程，但是反观面向对象的方法，一开始就是针对交通工具这个类设计的，也就是说从这件事情中抽象出了交通工具这个类，然后思考它有什么属性，能完成什么事情。

虽然面向过程一般是更加符合人类思维方式的，但是随着学习的深入，会逐渐意识到面向对象是程序设计的一个利器，因为它把一个对象的属性和相关方法都封装到了一起，在设计复杂逻辑时可以有效降低思维负担。

但是面向过程和面向对象不是冲突的，有时面向对象也会用到面向过程的思想，反之亦然，二者没有优劣性可言，也不是对立的，都是为了解决问题而存在的。

参 考 文 献

［1］ 吴倩，王东强．人工智能基础及应用［M］．北京：机械工业出版社，2022．

［2］ 陈云志，胡韬，叶鲁彬．人工智能通识教程［M］．杭州：浙江大学出版社，2023．

［3］ 周苏，杨武剑．人工智能通识教程（微课版）［M］．2版．北京：清华大学出版社，2024．

［4］ 王东，马少平．人工智能通识［M］．北京：清华大学出版社，2025．

［5］ 张艺博，刘彧．人工智能通识［M］．北京：高等教育出版社，2025．

［6］ 林子雨．数字素养通识教程［M］．北京：人民邮电出版社，2025．

图书资源支持

感谢您一直以来对清华版图书的支持和爱护。为了配合本书的使用，本书提供配套的资源，有需求的读者请扫描下方的“书圈”微信公众号二维码，在图书专区下载，也可以拨打电话或发送电子邮件咨询。

如果您在使用本书的过程中遇到了什么问题，或者有相关图书出版计划，也请您发邮件告诉我们，以便我们更好地为您服务。

我们的联系方式：

清华大学出版社计算机与信息分社网站：https://www.shuimushuhui.com/

地　　址：北京市海淀区双清路学研大厦 A 座 714

邮　　编：100084

电　　话：010-83470236　010-83470237

客服邮箱：2301891038@qq.com

QQ：2301891038（请写明您的单位和姓名）

资源下载：关注公众号“书圈”下载配套资源。

资源下载、样书申请

书圈

图书案例

清华计算机学堂

观看课程直播